中国机械工程学科教程配套系列教材

教育部高等学校机械类专业教学指导委员会规划教材

U0267953

机械工程控制基础

（第3版）

祝守新　关英俊　李明颖　主编

清华大学出版社

北京

内 容 简 介

本书是在第 2 版的基础上,引入近年来的相关发展重新编写而成的。本书介绍工程上广为应用的经典控制论中信息处理和系统分析与综合的基本方法。全书共分 8 章,分别为:绪论、系统的数学模型、时间响应与误差分析、频率特性分析法、根轨迹法、控制系统的稳定性分析、系统的设计与校正、计算机采样控制系统。

本书的特点是在论述上注意深入浅出、精讲多练、简洁实用,每章都采用 MATLAB 软件对系统进行分析和计算。

本书可作为高等学校机械工程及自动化以及机械设计制造及其自动化等专业大学本科生教材,也可供有关专业工程技术人员参考。

图书在版编目(CIP)数据

机械工程控制基础/祝守新,关英俊,李明颖主编.—3 版.—北京:清华大学出版社,2022.5
中国机械工程学科教程配套系列教材 教育部高等学校机械类专业教学指导委员会规划教材
ISBN 978-7-302-60667-3

Ⅰ.①机… Ⅱ.①祝… ②关… ③李… Ⅲ.①机械工程－控制系统－高等学校－教材 Ⅳ.①TH-39

中国版本图书馆 CIP 数据核字(2022)第 087894 号

责任编辑:冯　昕　苗庆波
封面设计:常雪影
责任校对:王淑云
责任印制:杨　艳

出版发行:清华大学出版社
　　　　网　　址:http://www.tup.com.cn,http://www.wqbook.com
　　　　地　　址:北京清华大学学研大厦 A 座　　　邮　　编:100084
　　　　社 总 机:010-83470000　　　　　　　　邮　　购:010-62786544
　　　　投稿与读者服务:010-62776969,c-service@tup.tsinghua.edu.cn
　　　　质量反馈:010-62772015,zhiliang@tup.tsinghua.edu.cn
印 装 者:三河市天利华印刷装订有限公司
经　　销:全国新华书店
开　　本:185mm×260mm　　印　　张:16.75　　　　字　　数:404 千字
版　　次:2008 年 8 月第 1 版　2022 年 6 月第 3 版　　印　　次:2022 年 6 月第1 次印刷
定　　价:52.00 元

产品编号:088941-01

我曾提出过高等工程教育边界再设计的想法，这个想法源于社会的反应。常听到工业界人士提出这样的话题：大学能否为他们进行人才的订单式培养。这种要求看似简单、直白，却反映了当前学校人才培养工作的一种尴尬：大学培养的人才还不是很适应企业的需求，或者说毕业生的知识结构还难以很快适应企业的工作。

当今世界，科技发展日新月异，业界需求千变万化。为了适应工业界和人才市场的这种需求，也即是适应科技发展的需求，工程教学应该适时地进行某些调整或变化。一个专业的知识体系、一门课程的教学内容都需要不断变化，此乃客观规律。我所主张的边界再设计即是这种调整或变化的体现。边界再设计的内涵之一即是课程体系及课程内容边界的再设计。

技术的快速进步，使得企业的工作内容有了很大变化。如从20世纪90年代以来，信息技术相继成为很多企业进一步发展的瓶颈，因此不少企业纷纷把信息化作为一项具有战略意义的工作。但是业界人士很快发现，在毕业生中很难找到这样的专门人才。计算机专业的学生并不熟悉企业信息化的内容、流程等，管理专业的学生不熟悉信息技术，工程专业的学生可能既不熟悉管理，也不熟悉信息技术。我们不难发现，制造业信息化其实就处在某些专业的边缘地带。那么对那些专业而言，其课程体系的边界是否要变？某些课程内容的边界是否有可能变？目前不少课程的内容不仅未跟上科学研究的发展，也未跟上技术的实际应用。极端情况甚至存在有些地方个别课程还在讲授已多年弃之不用的技术。若课程内容滞后于新技术的实际应用好多年，则是高等工程教育的落后甚至是悲哀。

课程体系的边界在哪里？某一门课程内容的边界又在哪里？这些实际上是业界或人才市场对高等工程教育提出的我们必须面对的问题。因此可以说，真正驱动工程教育边界再设计的是业界或人才市场，当然更重要的是大学如何主动响应业界的驱动。

当然，教育理想和社会需求是有矛盾的，对通才和专才的需求是有矛盾的。高等学校既不能丧失教育理想、丧失自己应有的价值观，又不能无视社会需求。明智的学校或教师都应该而且能够通过合适的边界再设计找到适合自己的平衡点。

我认为，长期以来，我们的高等教育其实是"以教师为中心"的。几乎所有的教育活动都是由教师设计或制定的。然而，更好的教育应该是"以学生为中心"的,即充分挖掘、启发学生的潜能。尽管教材的编写完全是由教师完成的,但是真正好的教材需要教师在编写时常怀"以学生为中心"的教育理念。如此,方得以产生真正的"精品教材"。

教育部高等学校机械设计制造及其自动化专业教学指导分委员会、中国机械工程学会与清华大学出版社合作编写、出版了《中国机械工程学科教程》,规划机械专业乃至相关课程的内容。但是"教程"绝不应该成为教师们编写教材的束缚。从适应科技和教育发展的需求而言,这项工作应该不是一时的,而是长期的,不是静止的,而是动态的。《中国机械工程学科教程》只是提供一个平台。我很高兴地看到,已经有多位教授努力地进行了探索,推出了新的、有创新思维的教材。希望有志于此的人们更多地利用这个平台,持续、有效地展开专业的、课程的边界再设计,使得我们的教学内容总能跟上技术的发展,使得我们培养的人才更能为社会所认可,为业界所欢迎。

是以为序。

2009 年 7 月

前言
FOREWORD

本书是在祝守新、邢英杰和关英俊等编著的《机械工程控制基础(第 2 版)》的基础上重新编写的。《机械工程控制基础(第 2 版)》于 2015 年 3 月正式出版,至今已经有 7 年了。随着科学技术的飞跃进步,原书的一些内容已经陈旧,需要补充先进的内容。

本次再版主要是在保持原有特色和风格的前提下,进行全面更新和修订。为了配合教育部高等学校机械类专业教学指导委员会会同中国机械工程学会、清华大学出版社实施的"中国机械工程学科教程配套立体化系列教学资源"的建设而进行更新。改版对编写体系作少量微调,以更好地满足教学大纲要求和符合认知规律。在原书的基础上各章都作了或多或少的补充和修改。其中将原书第 7 章 控制系统的误差分析与计算的内容调整到第 3 章 时间响应与误差分析,第 2 章 系统的数学模型、第 4 章 频率特性分析法、第 6 章 控制系统的稳定性分析和第 8 章 系统的设计与校正进行了较大的改动,其余各章也有部分更新与修订,同时为了配合新形态教材的建设,对全书的习题部分全部进行了更新。

本书广泛参考了国内外同类教材和其他有关文献,力图形成以下特点:

(1) 突出机械运动作为主要控制对象,并对其数学模型和分析进行综合重点研究;

(2) 对自动调节原理的基本内容表达清楚,着重基本概念的建立和解决机电控制问题的基本方法的阐明,并简化或略去与机电工程距离较远、较难深入的严格的数学推导内容;

(3) 引入和编写较多的例题、习题,并采用扫二维码了解参考答案的方式,便于自学;

(4) 反映机电一体化新技术和新分析方法的内容;

(5) 加入大量的 MATLAB 计算实例,通过计算机的实践,加深学生对课程的理解。

全书共分 8 章,包括绪论、系统的数学模型、时间响应与误差分析、频率特性分析法、根轨迹法、控制系统的稳定性分析、系统的设计与校正和计算机采样控制系统。

本书适用于普通工科院校机械类各专业学生,也适用于其他各类成人高校、职业技术学院、电大、自学考试有关专业的学生,并可供从事自动控制和控制工程的科技工作者参考。

本书由湖州师范学院祝守新、长春工业大学关英俊和大连工业大学李明颖任主编。参加本书修订的有：祝守新(第 1、2 章)、湖州学院祝鹏飞(第 3、6 章)、关英俊(第 4 章)、大连工业大学高腾(第 5 章)、湖州师范学院李恩甫(第 7 章 7.1～7.4 节)、李明颖(第 7 章 7.5～7.8 节、第 8 章)和湖州学院郑慧萌(全书各章 MATLAB 程序、习题和参考答案)。

全书由浙江大学博士生导师陈鹰教授主审。在本书的编写过程中引用了书后有关文献中的材料和思想，谨向这些文献的作者表示谢意。

由于时间和水平的限制，本书难免有不少缺点和错误，恳切希望读者和专家批评指正。

编　者

2022 年 1 月

目 录
CONTENTS

第 1 章

绪 论

在科学技术日新月异的今天,自动控制在工业、农业、国防和科学技术的现代化中起着重要的作用,除了在宇宙飞船系统、导弹制导系统和机器人系统等领域中,自动控制具有关键的作用之外,它已成为现代机器制造业和工业生产过程中不可缺少的组成部分。例如,在制造工业的数控机床的控制中,在航空和航天工业的自动驾驶仪系统设计中,以及在汽车工业的小汽车和大卡车设计中,自动控制都是必不可少的。此外,在过程控制工业中,对压力、温度、黏度和流量等工业操作过程,自动控制也是不可缺少的。

自动控制理论和实践的不断发展,为人们提供了获得动态系统最佳性能的方法,提高了生产率,并且使人们从繁重的体力劳动和大量重复性的手工操作中解放出来。因此,自动控制理论是大多数工程技术人员和科技工作者必备的知识。

自动控制理论主要由经典控制理论、现代控制理论和智能控制理论组成。

经典控制理论是在复数域中以传递函数概念为基础的理论体系,主要研究单输入、单输出、线性定常系统的分析与设计。

现代控制理论是在时间域中以状态方程概念为基础的理论体系,主要研究具有高性能、高精度的多输入-多输出系统的分析与设计。系统可以是线性的或非线性的、定常的或时变的、连续的或离散的、确定型的或随机型的。

智能控制理论是一类无需人的干预就能够独立驱动智能机器实现其目标的自动控制理论体系,主要用来解决那些用传统方法难以解决的复杂系统的控制问题,主要研究具有不确定性的模型、高度非线性及复杂任务要求的系统。

经典控制理论是自动控制理论的基础。它在工业和运输领域,包括机械、化工、能源、交通、轻工甚至国防等大多数实际工程中有着重要的地位,很多工程问题还需要用它来解决。经典控制理论仍不失为解决工程问题的基本方法,因此本书将主要介绍经典控制理论,即控制工程基础。

现代化工业生产的主要方向是探求最大效益、最低成本、最高产品质量、最低能耗及最大可靠性等最佳状态,对于机械系统和过程(如生产过程、切削过程、锻压、焊接及热处理过程等)也要求最佳控制。因此,控制理论基础在机械系统以及机械工业生产中得到了广泛的应用,从而形成了一门新型科学"机械工程控制理论"。

机械工程控制理论是研究以机械工程技术为对象的控制理论问题。具体地讲,是研究在这一工程领域中广义系统的动力学问题,也就是研究系统及其输入、输出三者之间的动态关系。

学习机械工程控制基础要解决两个问题:一是如何分析某个给定控制系统的工作原理、稳定性和过渡过程品质;二是如何根据实际需要来进行控制系统的设计。前者主要是分析系统,后者是综合与设计。

1.1 机械工程控制理论研究的对象与任务

机械工程控制理论实质上是研究机械工程中系统动态特性的一门科学。

所谓系统,是指同类事物按一定的关系组成的整体。就其物理形态来说,可以是机械、电气、液压及光学等工程上的系统,也有可能为社会上的、生物学上的系统。但不管何种形态,它们的动态行为都可以用微分方程描述。这种系统在外界条件作用下所表现出来的动态历程,说明了系统输入、模型与输出的内在关系。

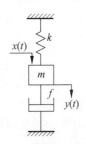

图 1-1 质量-阻尼-弹簧机械系统

下面就以大家熟悉的质量-阻尼-弹簧机械系统为例加以说明,如图 1-1 所示。图中 m、k 及 f 分别代表系统的质量、弹簧刚度系数及黏性阻尼系数。如果输入 $x(t)$ 代表系统的外力,而输出 $y(t)$ 代表系统的位移,那么系统的数学模型可由微分方程描述,其关系为

$$m \frac{\mathrm{d}^2 y(t)}{\mathrm{d}t^2} + f \frac{\mathrm{d}y(t)}{\mathrm{d}t} + ky(t) = x(t)$$

所谓系统的动态性能,主要归为三类:

(1) 已知系统的 m、k、f 及输入 $x(t)$,确定输出 $y(t)$;

(2) 已知输入 $x(t)$ 及输出 $y(t)$,确定系统的参数 m、k 及 f;

(3) 已知系统的参数 m、k 及 f,给定输出 $y(t)$ 时,确定输入 $x(t)$。

因此,就系统及其输入、输出三者之间的动态关系而言,控制工程(即工程控制理论)主要研究并解决如下几个方面的问题:

(1) 系统已定,并且输入已知时,求出系统的输出,并通过输出来研究系统本身的有关问题,即系统分析。

(2) 系统已定,且系统的输出也已给定,要确定系统的输入应使输出尽可能符合给定的最佳要求,即系统的最优控制。

(3) 输入已知,且输出也是给定时,确定系统应使得输出尽可能符合给定的最佳要求,即最优设计。

(4) 当输入与输出均已知时,求出系统的结构与参数,即建立系统的数学模型,此即系统的识别或系统辨识。

(5) 当系统已定时,以识别输入或输入中的有关信息,此即为系统的预测。

从本质上看,问题(1)是已知系统与输入求输出;问题(2)是已知系统与输出求输入;问题(3)和(4)是已知输入与输出求系统;问题(5)是已知系统求输入与输出。

本书主要是以经典控制理论来研究问题(1),同时也以适当篇幅来研究其他问题。

1.2 系统的基本概念

1.2.1 自动控制系统工作原理

在各种生产过程和生产设备中,常常需要使其中某些物理量(如温度、压力、位置、速度

等)保持恒定,或者让它们按照一定的规律变化,要满足这种需要,就应该对生产机械或设备进行及时的控制和调整,以抵消外界的扰动和影响。下面介绍自动控制系统如何对这些物理量实现自动控制。

首先研究恒温系统的例子。实现恒温控制有两种方法:人工控制和自动控制。图 1-2 所示为人工控制的恒温箱,恒温箱的温度是通过改变调压器的电压来达到控制温度的目的,箱内温度是由温度计测量的。人工控制恒温的过程可归结如下:

(1) 观测由测量元件(温度计)测出的恒温箱(被控制元件)的温度。

(2) 与要求的温度值(给定值)进行比较,得出偏差的大小和方向。

(3) 根据偏差的大小和方向再进行比较控制。当恒温箱温度高于所要求的给定温度值时,就调节调压器动触头使电压减小,温度降低;若恒温箱温度低于给定的值,则调节调压器动触头,使电压增加,温度升高。

(4) 如温度还达不到要求时,要反复进行上面的步骤操作。

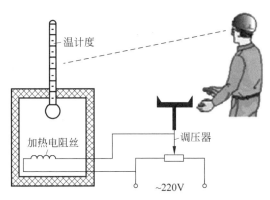

图 1-2　人工控制的恒温箱

以上的人工恒温控制可以用图 1-3 所示的操作框图来分析说明其动作,图 1-3 各部分的意思为:控制对象为恒温箱温度,即实际输出的温度;人通过眼睛观察恒温箱实际输出的温度,与实际要控制的温度进行比较,然后操作调压器,以实现目标温度。

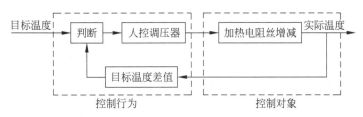

图 1-3　人工控制恒温箱的基本动作分析

因此,人工控制的过程就是测量、求偏差、再控制以纠正偏差的过程,也就是"检测偏差用以纠正偏差"的过程。

对于这样简单的控制形式,如果能找到一个控制器来代替人的职能,这样人工控制系统就变成自动控制系统了。图 1-4 所示的就是恒温箱自动控制系统。其中,恒温箱的温度是由给定信号电压 u_1 控制的。当外界因素引起箱内温度变化时,作为测量元件的热电偶,把温度转换成对应的电压信号 u_2 并反馈回去与给定信号 u_1 相比较,所得结果即为温度偏差对应的偏差信号 $\Delta u = u_1 - u_2$。经过电压、功率放大后,用以改变电动机的转速和方向,并通过传动装置带动调压器动触头。当温度偏高时,动触头向着减小电压的方向运动,反之加大电压,直到温度达到给定值为止,即只有在偏差信号 $\Delta u = 0$ 时,电动机才停转。这样就完成了所要求的控制任务。而所有这些装置便组成了一个自动控制系统。

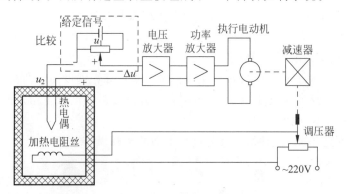

图 1-4　恒温箱自动控制系统

　　图 1-5 所示为恒温箱温度计自动控制系统职能方块图。"⊗"代表比较元件,"→"代表作用方向。从图中可以看到反馈控制的基本原理,也可以看到,各职能环节的作用是单向的,每个环节的输出是受输入控制的。总之,实现自动控制的装置可各不相同,但反馈控制原理却是相同的,可以说,反馈控制是实现自动控制最基本的方法。

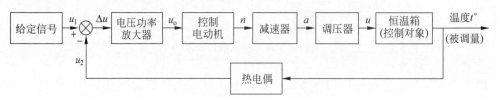

图 1-5　恒温箱温度计自动控制系统职能方块图

　　图 1-6 所示为发动机的瓦特式速度调节器的基本原理。该系统允许进入发动机内的燃料数量,根据希望的发动机速度与实际的发动机速度之差进行调整。

　　该系统的工作过程如下:速度调节器的调节原理是当工作于希望的速度时,高压油将不进入动力油缸的任何一侧。如果由于扰动,使得实际速度下降到低于希望值,则速度调节器的离心力下降,导致控制阀向下移动,从而对发动机的燃料供应增多,发动机的速度增大,直到达到希望的速度时为止。另外,如果发动机的速度增大,以至于超过了希望的速度值,则速度调节器的离心力增大,从而导致控制阀向上移动,这样就会减少燃料供应,导致发动机的速度减小,直至达到希望的速度时为止。

　　上述例子有一个共同的特点,就是都要检测偏差,并用检测到的偏差去纠正偏差,可见没有偏差便没有调节过程。在自动控制系统中,这一偏差是通过反馈建立起来的。给定量也叫控制系统的输入量,被控制量称为系统的输出量。反馈就是指输出量通过适当的测量装置将信号全部或一部分返回输入端,使之与输入量进行比较,比较的结果叫偏差。因此,基于反馈基础上的"检测偏差用以纠正偏差"的原理又称为反馈控制原理,利用反馈控制原

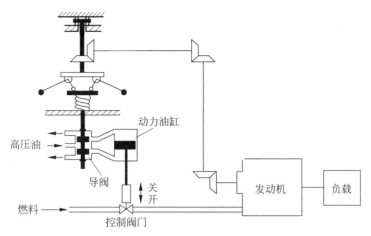

图 1-6　瓦特式速度调节器的基本原理

理组成的系统称为反馈控制系统。实现自动控制的装置可各不相同,但反馈控制的原理却是相同的。可以说,反馈控制是实现自动控制最基本的方法。

1.2.2　系统的分类

工程中的系统,按其物理结构来说,虽属性多种多样,大小与复杂程度也不尽相同,但可以人为地将其分类,以利于研究。

1. 按输入输出的关系分类

工业上用的控制系统,根据有无反馈作用,可分为两类:开环控制系统与闭环控制系统。

(1) 开环控制系统。当构成系统每一环节的输入不受系统的输出影响时,这样的系统称为开环控制系统。如图 1-7 所示的数控机床进给系统采用步进电动机直接驱动时,其系统就属于开环控制系统。这一系统中,系统的输出不对系统的输入有任何影响。

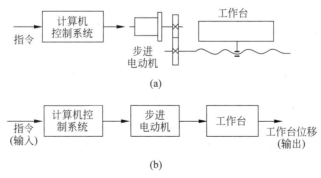

图 1-7　数控机床开环进给系统

(a) 系统原理图;(b) 框图

(2) 闭环控制系统。当构成系统的任一环节的输入受到系统的输出影响时,这样的系统称为闭环控制系统。如图 1-8 所示的数控机床进给系统采用检测装置控制时,其系统就属于闭环控制系统。

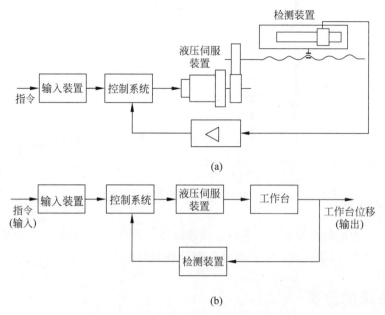

图 1-8　数控机床闭环进给系统

(a) 系统原理图;(b) 框图

这一系统中,由于工作台位移(输出)经检测装置测出实际的位移后与给定的位移指令比较,从而产生控制作用,达到控制工作台位移的目的。因此,如果实际的位移没达到指令要求时,这种控制作用始终作用于工作台,直到工作台达到所要求的位置。图 1-4 和图 1-6 所示的恒温箱自动控制系统和速度控制系统都是闭环控制系统,它们的输出都通过反馈作用到输入端。

开环控制系统的优点是结构简单、调试方便,且造价低廉;缺点是精度较低。

闭环控制系统突出的优点是精度高,不管出现什么干扰,只要被控制量的实际值偏离给定值时,闭环控制就会产生控制作用来减小这一偏差。

闭环系统也有它的缺点,这类系统是检测偏差用以纠正偏差,或者说是靠偏差进行控制。在工作过程中系统总会存在偏差,由于元件的惯性(如负载的惯性),很容易引起振荡,使系统不稳定。因此精度和稳定性是闭环系统存在的一对矛盾。

从稳定性的角度看,开环系统比较容易建造,结构也比较简单,因为开环系统一般不存在稳定性问题。

2. 按输出的变化规律分类

(1)恒值系统。在外界作用下,系统的输出能基本保持为常值的系统称为恒值系统,如恒温、恒压及恒速系统。

(2)随动系统。系统的输出能相应于输入在广阔范围里按任意规律变化的系统称为随动系统,如仿形车床的液压仿形刀架,其中仿形靠模为给定的系统输入,刀架仿形运动为系统输出。

（3）程序控制系统。在外界作用下，系统的输出按预定程序变化的系统称为程序控制系统，如前面介绍过的数控机床的进给系统，都属于程序控制系统。

3. 连续系统与采样系统

如果系统每个环节之间所传递的信息都是时间的连续信号，这样的系统称为连续系统。如果在系统中，计算机参与工作时，环节之间所传递的信息除了有连续信号外，还有离散信号，这样的系统称为采样系统或离散系统。

4. 定常系统与时变系统

描述系统微分方程的系数不随时间而变化的系统称为定常系统，其系数随时间变化的系统称为时变系统。

1.2.3　反馈控制系统的基本组成

图 1-9 所示是一个典型的反馈控制系统，该图表示了这些元件在系统中的位置及其相互间的关系。由图可以看出，作为一个典型的反馈控制系统应该包括反馈元件、给定元件、比较元件、放大元件、执行元件及校正元件等。

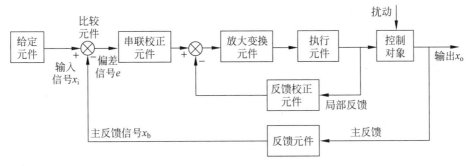

图 1-9　典型的反馈控制系统框图

（1）给定元件：主要用于产生给定信号或输入信号。例如，恒温系统的给定电位计。

（2）反馈元件：它测量被控量或输出量，产生主反馈信号，该信号与输出量存在着确定的函数关系（通常为比例关系）。例如，数控机床系统用于位移测速的位移传感器。

（3）比较元件：用来比较输入信号和反馈信号之间的偏差。可以通过电路实现，它往往不是一个专门的物理元件，有时也叫比较环节；而自整角机、旋转变压器、机械式差动装置都是物理的比较元件。

（4）放大变换元件：对偏差信号进行信号放大和功率放大的元件，例如功率伺服放大器、电液伺服阀等。

（5）执行元件：直接对控制对象进行操作的元件，例如执行电动机、液压马达等。

（6）控制对象：控制系统所要操纵的对象，它的输出量即为系统的控制量，例如机床工作台等。

（7）校正元件：或称校正装置，用以提高控制系统动态性能，有反馈校正和串联校正等形式。

1.2.4　名词术语

（1）输入信号（又称输入量、控制量或给定量）：控制输出量变化规律的信号。而输入量则又广义地泛指输入控制系统中的信号，如扰动信号，也包括给定信号。

（2）输出信号（又称输出量、被控制量或被调整量）：它的变化规律是要加以控制的，应保持与输入信号之间有一定的函数关系。

（3）反馈信号（或称反馈）：从系统（或元件）输出端取出信号，经过变换后加到系统（或元件）输入端，这就是反馈信号。当它与输入信号符号相同，即反馈结果有利于加强输入信号的作用时叫正反馈。反之，符号相反抵消输入信号作用时叫负反馈。直接取自系统最终输出端的反馈叫主反馈。主反馈一定是负反馈，否则偏差越来越大，直至使系统失去控制。除主反馈外，有的系统还有局部反馈，这主要是用来对系统进行校正、补偿或线性化而加入的。

（4）偏差信号（或称偏差）：控制信号与主反馈信号之差。有时也称为作用误差。

（5）误差信号（或称误差）：系统输出量的实际值与希望值之差。在很多情况下，希望值就是系统的输入量。

这里要注意，误差和偏差不是同一概念。只有在全反馈系统中，误差才等于偏差。

（6）扰动信号（又称扰动或干扰）：除控制信号以外，对系统输出量产生影响的因素。如果扰动产生在系统内部，称为内扰；产生在系统外部，则称外扰。外扰也是系统的一种输入量。

1.3　对控制系统的基本要求

自动控制系统用于不同的目的，要求也往往不一样。但自动控制技术是研究各类控制系统共同规律的一门技术，对控制系统有一个共同的要求，一般可归结为稳定性、准确性、快速性三个方面。

（1）稳定性：由于系统存在着惯性，当系统的各个参数匹配不妥时，将会引起系统的振荡而失去工作能力。稳定性就是指动态过程的振荡倾向和系统能否恢复平衡状态的能力。稳定性的要求是系统工作的首要条件。

（2）准确性：是指在调整过程结束后输出量与给定量之间的偏差，或称为静态精度，这也是衡量系统工作性能的重要指标。例如数控机床精度越高，则加工精度也越高。而一般恒温和恒速系统的精度都可在给定值的±1%以内。

（3）快速性：是在系统稳定的前提下提出的。快速性是指当系统输出量与给定量之间产生偏差时，消除这种偏差过程的快速程度。

综上所述，对控制系统的基本要求是在稳定的前提下，系统要求稳、准、快。

由于受控对象的具体情况不同，各种系统对稳、准、快的要求各有侧重，例如，随动系统对快速性要求较高，而调速系统则对稳定性提出较严格的要求。

同一系统稳、准、快是相互制约的。快速性好,可能会有强烈振荡;改善稳定性,控制过程可能又过于迟缓,精度也可能变坏。分析和解决这些矛盾,也是本学科讨论的重要内容。对于机械动力学系统的要求,首要也是稳定性,因为过大的振荡将会使部件过载而损坏,此外还要降低噪声、增加刚度等,这些都是控制理论研究的主要问题。

1.4 机械工程中的控制问题

机械控制工程是研究控制论在机械工程中应用的科学。它是一门技术科学,也是一门跨控制论与机械工程领域的边缘学科。随着工业生产和科学技术的不断发展,机械工程控制论这门新兴学科越来越为人们所重视。原因是它不仅满足了今天自动化技术高度发展的需要,同时也与信息科学和系统科学紧密相关,更重要的是它提供了辩证的系统分析方法,即不但从局部,而且从整体上认识和分析机械系统,以满足科技发展和工业生产的实际需要。

随着信息化技术的普及,越来越多的事物与信息化技术相结合,引入控制工程的机械学科将抽象、依靠经验的控制概念以具体、可操作的方式展现出来。比如时域分析中二阶振荡环节的时域响应涉及振动频率、系统激励、系统响应、响应幅值的概念,若以汽车的振动现象作为例子,汽车的行走是系统激励,汽车的上下振动就是系统响应,振动的大小是振动幅值。汽车的质量、弹簧和阻尼的不同,其汽车的振动频率和幅值也不同。

无论是经典控制理论,还是现代控制理论,它们都起源于机械工程。控制理论是一门极其重要、极其有用的科学理论,将控制理论同机械工程结合起来,运用控制理论和方法,结合机械工程实际,来考察、提出、分析和解决机械工程中的问题。机械制造是制造业的基础与核心,机械制造技术发展的一个重要方向是越来越广泛而深刻地引入控制理论。控制理论在机械制造领域中主要应用在以下四个方面。

1. 机械制造过程自动化

现代生产的发展向机械制造过程自动化和智能化提出了越来越多、越来越高的要求。现代生产所采用的生产设备与控制系统越来越复杂,所要求的技术经济指标越来越高,这必然导致机械制造过程与自动化、最优化、可靠性的不断相互结合,从而使得机械制造过程的自动化技术从一般的自动机床、自动生产线发展到数控机床、多微机控制设备、柔性制造单元、柔性制造系统、无人化车间乃至设计、制造、管理一体化的计算机集成制造系统。

2. 加工过程研究

现代生产一方面是生产效率越来越高,另一方面是加工质量特别是加工精度要求越来越高。高水平的加工技术以及高质量的机械生产已经成为企业发展过程中追逐的重要目标,高速切削、强力切削技术日益获得广泛应用,因此,加工过程中的"动态效应"必须被高度重视,其过程作为一个动态控制系统应加以研究。

3. 产品与设备的设计

控制理论的发展早已摆脱经验设计、试凑设计、类比设计的束缚,优化设计、并行设计、虚拟设计、人工智能专家系统等新的设计方法不断出现。要在充分考虑产品与设备的动态特性的条件下,密切结合其制造过程,探索建立它们的数学模型,采用计算机仿真优化设计。

4. 动态过程和参数的测试

以控制理论为基础、以信息技术为手段的动态测试技术发展十分迅速。以控制技术与测试技术紧密结合的测控系统在动态误差与动态机械参数的测试与控制方面获得了长足进展。现代测试和故障诊断技术从基本概念、测试方法、测试手段到数据处理方法等无不同控制理论息息相关。

1.5　本课程的特点及学习方法

本课程是机械类专业的技术基础课,是一门比较抽象、理论性较强的课程,它起着为自动控制的基础理论与专业课程之间搭设桥梁的作用。

没有机械工程控制理论作为基础,机械类专业的一些后续课,如测试技术、液压与气压传动等的一些要求,将无法实现。

本课程用到了本专业所学的全部数学知识,甚至在某些方面还需加深。因此掌握所学的数学知识是十分必要的。但是,不一定要过分地追求数学论证中的严密性。由于本课仅是专业基础课,在结合专业知识时,不应该忽略本课程的系统性与理论性。

本门课程主要是研究数学模型的建立方法,并在此基础上分析系统的动态特性。因此,在学习本课程时,注意力要放在基础理论上,而不要过分追求系统的原理与实际工作的情况。

为了对基础理论有较好的理解,必须重视习题与实验环节,以加深理论的理解与深化,培养正确的思维能力与实际解决问题的能力。

习 题 1

1. 单选题

(1) 经典控制理论是研究系统的(　　)特性的科学。
　　A. 动态　　　　　　B. 时变　　　　　　C. 非线性　　　　　D. 多输入多输出
(2) 下列控制系统中,属于闭环控制系统的有(　　)。
　　A. 调光台灯　　　　　　　　　　　B. 冰箱
　　C. 自动电子报时钟　　　　　　　　D. 普通车床
(3) 系统的输出信号对控制系统的输入(　　)影响。
　　A. 开环有　　　　　　　　　　　　B. 闭环有
　　C. 开环闭环都没有　　　　　　　　D. 开环闭环都有
(4) 如果系统不稳定,则系统(　　)。
　　A. 不能工作　　　　　　　　　　　B. 可以工作,但稳态误差很大
　　C. 可以工作,但过渡过程时间很长　D. 可以正常工作
(5) 自动控制系统的反馈环节中必须具有(　　)。
　　A. 给定元件　　　B. 检测元件　　　C. 放大元件　　　D. 执行元件

(6) 闭环控制系统中( )反馈作用。

    A. 依输入信号的大小而存在   B. 不一定存在

    C. 必然存在

(7) 关于反馈的说法正确的是( )。

    A. 反馈实质上就是信号的并联

    B. 负反馈就是输入信号与反馈信号相加

    C. 反馈都是人为加入的

    D. 反馈是输出以不同的方式对系统产生作用

(8) 对控制系统的首要要求是( )。

    A. 系统的经济性   B. 系统的自动化程度

    C. 系统的稳定性   D. 系统的响应速度

(9) 闭环控制系统的特点是系统中存在( )。

    A. 执行环节   B. 运算放大环节

    C. 比例环节   D. 反馈环节

(10) 闭环自动控制的工作过程是( )。

    A. 测量系统输出的过程   B. 检测系统偏差的过程

    C. 检测偏差并消除偏差的过程   D. 使系统输出不变的过程

2. 填空题

(1) 对控制系统的基本要求为( )、( )和( )三个方面。

(2) 若按系统是否存在反馈分,可以将系统分为( )和( )。

(3) 控制系统由( )和( )两部分组成。

(4) 系统输出能够以不同方式作用于系统,就称为( )。

(5) 机械控制工程基础是研究工程领域中广义系统的动力学问题,也就是研究( )、( )及其( )三者之间的动态关系。

3. 简答题

(1) 什么是控制系统? 开环系统和闭环系统有哪些区别?

(2) 什么是开环控制系统?

(3) 什么是闭环控制系统? 什么是正反馈、负反馈?

(4) 组成控制系统的主要环节有哪些? 它们各有什么特点? 起什么作用?

(5) 对控制系统的基本要求有哪些?

4. 分析题

(1) 指出下列系统中哪些属于开环控制系统,哪些属于闭环控制系统?

家用空调机 抽水马桶 数控机床工作台位置自动控制系统 电饭煲 多速电风扇 高楼水箱 红绿灯定时控制系统 楼道灯声控延时控制系统 校园铃声控制系统 雷达天线跟踪系统 汽车定速巡航系统

(2) 习题 1-1 图是液位自动控制系统原理示意图。在任意情况下,希望液面高度 h 维持不变,试说明系统工作原理并画出系统框图。

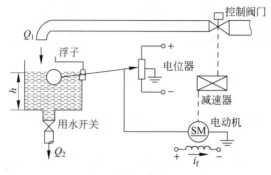

习题 1-1 图

（3）习题 1-2 图是一个带测速反馈的位置随动系统。图中，1 为控制电位器，2 为反馈电位器，K 为电压与功率放大器，SM 为电动机，TG 为测速发电机，试说明其工作原理并画出系统原理框图。

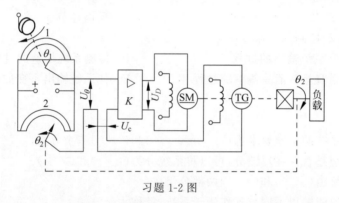

习题 1-2 图

（4）习题 1-3 图为一种简单的液压系统工作原理图。其中，X 为输入位移，Y 为输出位移，试画出该系统的职能框图。

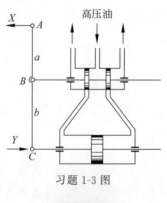

习题 1-3 图

习题 1 参考答案

第 2 章

系统的数学模型

所谓系统的数学模型就是描述系统输入输出关系的数学表达式。建立起控制系统的数学模型,并在此基础上对控制系统进行分析、设计、综合,以上是控制系统的基本研究方法。

本章首先介绍拉普拉斯变换,其次介绍线性微分方程式的建立及微分方程线性化的方法,再次介绍传递函数的概念,并通过系统方块图和信号流程图的概念,得出系统的传递函数。在本章最后,将介绍用 MATLAB 语言求取传递函数的部分分式展开式以及拉普拉斯反变换。

2.1 拉普拉斯变换

利用拉普拉斯变换,可将微分方程转换为代数方程,使求解大为简化,因而拉普拉斯变换成为分析工程控制系统的基本数学方法之一。

2.1.1 拉普拉斯变换的定义

如果 $f(t)$ 为实变数 t 函数,且 $t<0$ 时,$f(t)=0$,则函数 $f(t)$ 的拉普拉斯变换的定义为

$$F(s)=L\big[f(t)\big]=\int_0^{+\infty}f(t)\mathrm{e}^{-st}\,\mathrm{d}t \tag{2-1}$$

式中,$s=\sigma+\mathrm{j}\omega$;$F(s)$ 称为 $f(t)$ 的像函数;$f(t)$ 又称为 $F(s)$ 的原函数。

若式(2-1)的积分收敛于一确定值,则有函数 $f(t)$ 的拉普拉斯变换 $F(s)$ 存在,这时 $f(t)$ 必须满足:

(1) 在任一有限区间内,$f(t)$ 分段连续,只有有限个间断点;

(2) 当时间 $t\to+\infty$,$f(t)$ 不超过某一指数函数,即满足下式:

$$|f(t)|\leqslant M\mathrm{e}^{at} \tag{2-2}$$

式中,M、a 为实常数。

在复平面上,对于 $\mathrm{Re}s>a$ 的所有复数 s($\mathrm{Re}s$ 表示 s 的实部)都使式(2-1)的积分绝对收敛,则 $\mathrm{Re}s>a$ 为拉普拉斯变换的定义域。

利用上面的定义,可以求出一些最基本时间函数的拉氏变换(今后为方便,把拉普拉斯变换简称为拉氏变换)。

例 2-1 求单位阶跃函数 $f(t)=1(t)$ 的拉氏变换。单位阶跃函数如图 2-1(a)所示,定义为

$$1(t) = \begin{cases} 0, & t < 0 \\ 1, & t \geqslant 0 \end{cases}$$

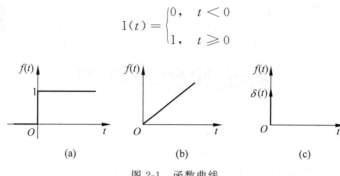

图 2-1　函数曲线

(a) 单位阶跃函数；(b) 单位斜坡函数；(c) 单位脉冲函数

【解】

利用式(2-1)，可得

$$F(s) = \int_0^{+\infty} 1 \cdot e^{-st} dt = -\frac{1}{s} e^{-st} \Big|_0^{+\infty} = \frac{1}{s}$$

例 2-2　求单位斜坡函数 $f(t) = t$ 的拉氏变换。单位斜坡函数如图 2-1(b)所示，定义为

$$f(t) = \begin{cases} 0, & t < 0 \\ t, & t \geqslant 0 \end{cases}$$

【解】

利用式(2-1)，可得

$$F(s) = \int_0^{+\infty} t \cdot e^{-st} dt$$

利用分部积分公式

$$\int u \, dv = uv - \int v \, du$$

令

$$u = t, \quad dv = e^{-st} dt$$

则

$$du = dt, \quad v = -\frac{1}{s} e^{-st}$$

所以

$$F(s) = \left[-\frac{1}{s} t \cdot e^{-st} \right]_0^{+\infty} + \frac{1}{s} \int_0^{+\infty} e^{-st} dt = 0 + \frac{1}{s} \left(-\frac{1}{s} \right) e^{-st} \Big|_0^{+\infty} = \frac{1}{s^2}$$

例 2-3　求单位脉冲函数的拉氏变换。单位脉冲函数如图 2-1(c)所示。定义为

$$\delta(t) = \begin{cases} 0, & t \neq 0 \\ +\infty, & t = 0 \end{cases} \quad \text{或} \quad \int_{-\infty}^{+\infty} \delta(t) dt = 1$$

且 $\delta(t)$ 有如下特性：

$$\int_{-\infty}^{+\infty} \delta(t) f(t) dt = f(0)$$

式中，$f(0)$ 表明 $t=0$ 时刻的 $f(t)$ 的函数值。

【解】

利用式(2-1)求得 $\delta(t)$ 的拉氏变换为

$$F(s)=\int_0^{+\infty}\delta(t)\mathrm{e}^{-st}\,\mathrm{d}t=\mathrm{e}^{-st}\bigg|_{t=0}=1$$

例 2-4　求指数函数 $f(t)=\mathrm{e}^{at}$ 的拉氏变换。

【解】

利用式(2-1)，可得

$$F(s)=\int_0^{+\infty}\mathrm{e}^{at}\,\mathrm{e}^{-st}\,\mathrm{d}t=\int_0^{+\infty}\mathrm{e}^{-(s-a)t}\,\mathrm{d}t=-\frac{1}{s-a}\mathrm{e}^{-(s-a)t}\bigg|_0^{+\infty}=\frac{1}{s-a}$$

例 2-5　求正弦函数 $f(t)=\sin\omega t$ 的拉氏变换。

【解】

利用式(2-1)，可得

$$F(s)=\int_0^{+\infty}\sin\omega t\cdot\mathrm{e}^{-st}\,\mathrm{d}t$$

由欧拉公式

$$\sin\omega t=\frac{1}{2\mathrm{j}}(\mathrm{e}^{\mathrm{j}\omega t}-\mathrm{e}^{-\mathrm{j}\omega t})$$

所以

$$F(s)=\int_0^{+\infty}\frac{\mathrm{e}^{\mathrm{j}\omega t}-\mathrm{e}^{-\mathrm{j}\omega t}}{2\mathrm{j}}\cdot\mathrm{e}^{-st}\,\mathrm{d}t=\frac{1}{2\mathrm{j}}\int_0^{+\infty}\left[\mathrm{e}^{-(s-\mathrm{j}\omega)t}-\mathrm{e}^{-(s+\mathrm{j}\omega)t}\right]\mathrm{d}t$$

$$=\frac{1}{2\mathrm{j}}\left[-\frac{\mathrm{e}^{-(s-\mathrm{j}\omega)t}}{s-\mathrm{j}\omega}+\frac{\mathrm{e}^{-(s+\mathrm{j}\omega)t}}{s+\mathrm{j}\omega}\right]_0^{+\infty}=\frac{1}{2\mathrm{j}}\left[\frac{1}{s-\mathrm{j}\omega}-\frac{1}{s+\mathrm{j}\omega}\right]$$

$$=\frac{1}{2\mathrm{j}}\cdot\frac{s+\mathrm{j}\omega-(s-\mathrm{j}\omega)}{(s-\mathrm{j}\omega)(s+\mathrm{j}\omega)}=\frac{1}{2\mathrm{j}}\frac{2\mathrm{j}\omega}{s^2+\omega^2}=\frac{\omega}{s^2+\omega^2}$$

常用函数的拉氏变换列于表 2-1。

表 2-1　拉氏变换表

序号	$f(t)$	$F(s)$
1	$\delta(t)$	1
2	$1(t)$	$1/s$
3	t	$1/s^2$
4	e^{-at}	$1/(s+a)$
5	$t\mathrm{e}^{-at}$	$1/(s+a)^2$
6	$\sin\omega t$	$\dfrac{\omega}{s^2+\omega^2}$
7	$\cos\omega t$	$\dfrac{s}{s^2+\omega^2}$
8	$t^n\,(n=1,2,3,\cdots)$	$\dfrac{n!}{s^{n+1}}$
9	$t^n\mathrm{e}^{-at}\,(n=1,2,3,\cdots)$	$\dfrac{n!}{(s+a)^{n+1}}$

序号	$f(t)$	$F(s)$
10	$\dfrac{1}{b-a}(e^{-at}-e^{-bt})$	$\dfrac{1}{(s+a)(s+b)}$
11	$\dfrac{1}{b-a}(be^{-bt}-ae^{-at})$	$\dfrac{s}{(s+a)(s+b)}$
12	$\dfrac{1}{ab}\left[1+\dfrac{1}{a-b}(be^{-at}-ae^{-bt})\right]$	$\dfrac{1}{s(s+a)(s+b)}$
13	$e^{-at}\sin\omega t$	$\dfrac{\omega}{(s+a)^2+\omega^2}$
14	$e^{-at}\cos\omega t$	$\dfrac{s+a}{(s+a)^2+\omega^2}$
15	$\dfrac{1}{a^2}(at-1+e^{-at})$	$\dfrac{1}{s^2(s+a)}$
16	$\dfrac{\omega_n}{\sqrt{1-\zeta^2}}e^{-\zeta\omega_n t}\sin\omega_n\sqrt{1-\zeta^2}\,t$	$\dfrac{\omega_n^2}{s^2+2\zeta\omega_n s+\omega_n^2}$
17	$\dfrac{-1}{\sqrt{1-\zeta^2}}e^{-\zeta\omega_n t}\sin(\omega_n\sqrt{1-\zeta^2}\,t-\phi)$ $\phi=\arctan\dfrac{\sqrt{1-\zeta^2}}{\zeta}$	$\dfrac{s}{s^2+2\zeta\omega_n s+\omega_n^2}$
18	$1-\dfrac{1}{\sqrt{1-\zeta^2}}e^{-\zeta\omega_n t}\sin(\omega_n\sqrt{1-\zeta^2}\,t+\phi)$ $\phi=\arctan\dfrac{\sqrt{1-\zeta^2}}{\zeta}$	$\dfrac{\omega_n^2}{s(s^2+2\zeta\omega_n s+\omega_n^2)}$

2.1.2　拉氏变换的主要定理

1. 线性定理

设 $L[f_1(t)]=F_1(s)$，$L[f_2(t)]=F_2(s)$，k_1、k_2 为常数，则

$$L[k_1f_1(t)+k_2f_2(t)]=k_1L[f_1(t)]+k_2L[f_2(t)]=k_1F_1(s)+k_2F_2(s) \qquad (2\text{-}3)$$

线性定理说明某一时间内，函数为几个时间函数的代数和，其拉氏变换等于每个时间函数拉氏变换的代数和。

2. 微分定理

设 $L[f(t)]=F(s)$，则有

$$L\left[\frac{\mathrm{d}f(t)}{\mathrm{d}t}\right]=sF(s)-f(0^+) \qquad (2\text{-}4)$$

式中，$f(0^+)$ 表示当 t 在时间坐标轴的右端趋于零时的 $f(t)$ 的值，相当于初始条件。

证明：由式(2-1)可得

$$L\left[\frac{\mathrm{d}f(t)}{\mathrm{d}t}\right]=\int_0^{+\infty}\frac{\mathrm{d}f(t)}{\mathrm{d}t}\cdot e^{-st}\,\mathrm{d}t$$

利用分部积分法，令

$$u = \mathrm{e}^{-st}, \quad \mathrm{d}v = \frac{\mathrm{d}f(t)}{\mathrm{d}t} \cdot \mathrm{d}t$$

则

$$L\left[\frac{\mathrm{d}f(t)}{\mathrm{d}t}\right] = \left[\mathrm{e}^{-st}f(t)\right]_0^{+\infty} + s\int_0^{+\infty} f(t) \cdot \mathrm{e}^{-st}\,\mathrm{d}t = s \cdot F(s) - f(0^+)$$

同理,可进一步推出 $f(t)$ 的各阶导数的拉氏变换分别为

$$\begin{cases} L\left[\dfrac{\mathrm{d}^2 f(t)}{\mathrm{d}t^2}\right] = s^2 F(s) - sf(0^+) - f^{(1)}(0^+) \\ \vdots \\ L\left[\dfrac{\mathrm{d}^n f(t)}{\mathrm{d}t^n}\right] = s^n F(s) - s^{n-1}f(0^+) - s^{n-2}f^{(1)}(0^+) - \cdots - \\ \qquad sf^{(n-2)}(0^+) - f^{(n-1)}(0^+) = s^n F(s) - \displaystyle\sum_{k=1}^n s^{n-k} f^{(k-1)}(0^+) \end{cases} \tag{2-5}$$

式中,$f^{(k-1)}(0^+) = \left.\dfrac{\mathrm{d}^{k-1}}{\mathrm{d}t^{k-1}}f(t)\right|_{t=0^+}$ 为各阶导数在 t 时间坐标轴的右端趋于零时的 $f(t)$ 的值。如果所有这些初值为零,则

$$L\left[\frac{\mathrm{d}^n f(t)}{\mathrm{d}t^n}\right] = s^n F(s) \tag{2-6}$$

例 2-6 试求下面微分方程式的拉氏变换式,已知各阶导数初值为零。

$$5\frac{\mathrm{d}^3 y}{\mathrm{d}t^3} + 6\frac{\mathrm{d}^2 y}{\mathrm{d}t^2} + \frac{\mathrm{d}y}{\mathrm{d}t} + 2y = 4\frac{\mathrm{d}x}{\mathrm{d}t} + x$$

【解】

利用线性定理和微分定理,可得

$$5s^3 Y(s) + 6s^2 Y(s) + sY(s) + 2Y(s) = 4sX(s) + X(s)$$

3. 积分定理

设 $L[f(t)] = F(s)$,则有

$$L\left[\int f(t)\,\mathrm{d}t\right] = \frac{1}{s}F(s) + \frac{1}{s}f^{(-1)}(0^+) \tag{2-7}$$

式中,$f^{(-1)}(0^+)$ 为 $\int f(t)\mathrm{d}t$ 在 t 时间坐标轴的右端趋于零时的 $f(t)$ 的值,相当于初始条件。

证明:由式(2-1)可得

$$L\left[\int f(t)\,\mathrm{d}t\right] = \int_0^{+\infty}\left[\int f(t)\,\mathrm{d}t\right]\mathrm{e}^{-st}\,\mathrm{d}t$$

利用分部积分法,令

$$u = \int f(t)\,\mathrm{d}t, \quad \mathrm{d}v = \mathrm{e}^{-st}\,\mathrm{d}t$$

则有

$$L\left[\int f(t)\,\mathrm{d}t\right] = -\frac{1}{s}\left[\mathrm{e}^{-st}\int f(t)\,\mathrm{d}t\right]_0^{+\infty} + \frac{1}{s}\int_0^{+\infty} f(t)\mathrm{e}^{-st}\,\mathrm{d}t = \frac{1}{s}f^{(-1)}(0^+) + \frac{1}{s}F(s)$$

同理,对于 $f(t)$ 多重积分的拉氏变换可得

$$
\begin{cases}
L\left[\iint f(t)(\mathrm{d}t)^2\right]=\dfrac{1}{s^2}F(s)+\dfrac{1}{s^2}f^{(-1)}(0^+)+\dfrac{1}{s}f^{(-2)}(0^+) \\
\vdots \\
L\left[\int\cdots\int f(t)(\mathrm{d}t)^n\right]=\dfrac{1}{s^n}F(s)+\dfrac{1}{s^n}f^{(-1)}(0^+)+\dfrac{1}{s^{n-1}}f^{(-2)}(0^+)+\cdots+ \\
\qquad\qquad\qquad\qquad \dfrac{1}{s}f^{(-n)}(0^+)
\end{cases}
\tag{2-8}
$$

式中,$f^{(-1)}(0^+),f^{(-2)}(0^+),\cdots,f^{-n}(0^+)$ 为 $f(t)$ 的各重积分在 $t=0^+$ 时的值,如果这些初值为零,则有

$$
L\left[\int\cdots\int f(t)\mathrm{d}t^n\right]=\frac{1}{s^n}F(s)
\tag{2-9}
$$

4. 初值定理

设 $f(t)$ 及其一阶导数均为可拉氏变换的,则 $f(t)$ 的初值为

$$
f(0^+)=\lim_{t\to 0}f(t)=\lim_{s\to+\infty}sF(s)
\tag{2-10}
$$

证明：由微分定理得知

$$
L\left[\frac{\mathrm{d}f(t)}{\mathrm{d}t}\right]=\int_0^{+\infty}\frac{\mathrm{d}f(t)}{\mathrm{d}t}e^{-st}\mathrm{d}t=sF(s)-f(0^+)
$$

由于 $s\to+\infty$ 时,$e^{-st}\to 0$,所以

$$
\lim_{s\to+\infty}\int_0^{+\infty}\frac{\mathrm{d}f(t)}{\mathrm{d}t}e^{-st}\mathrm{d}t=\lim_{s\to+\infty}\left[sF(s)-f(0^+)\right]=0
$$

所以

$$
f(0^+)=\lim_{t\to 0}f(t)=\lim_{s\to+\infty}sF(s)
$$

应用初值定理可以确定系统或元件的初始状态。

例 2-7　求 $f(t)=e^{-at}$ 的初值。

【解】

可以由 e^{-at} 直接求出初值,亦可按初值定理求出。

直接法可得

$$
f(0^+)=\lim_{t\to 0}e^{-at}=1
$$

利用初值定理,$L[e^{-at}]=\dfrac{1}{s+\alpha}$,所以 $f(0^+)=\lim\limits_{s\to+\infty}s\dfrac{1}{s+\alpha}=1$。

由上可见,两种算法结果是一致的。

5. 终值定理

设 $f(t)$ 及其一阶导数均为可拉氏变换的,则 $f(t)$ 的终值为

$$
f(+\infty)=\lim_{t\to+\infty}f(t)=\lim_{s\to 0}sF(s)
\tag{2-11}
$$

证明：由微分定理得知

$$L\left[\frac{\mathrm{d}f(t)}{\mathrm{d}t}\right]=\int_0^{+\infty}\frac{\mathrm{d}f(t)}{\mathrm{d}t}\mathrm{e}^{-st}\mathrm{d}t=sF(s)-f(0^+)$$

由于 $s\to 0$，$\mathrm{e}^{-st}\to 1$，所以

$$\lim_{s\to 0}\int_0^{+\infty}\frac{\mathrm{d}f(t)}{\mathrm{d}t}\mathrm{e}^{-st}\mathrm{d}t=f(t)\Big|_0^{+\infty}=f(+\infty)-f(0^+)$$

即

$$\lim_{s\to 0}[sF(s)-f(0^+)]=f(+\infty)-f(0^+)$$

所以

$$f(+\infty)=\lim_{t\to+\infty}f(t)=\lim_{s\to 0}sF(s)$$

应用终值定理，可以确定系统或元件的稳态值。但要注意，如果当 $t\to+\infty$ 时，$\lim_{t\to+\infty}f(t)$ 极限不存在，则不能应用终值定理。如正弦函数等周期函数，它们的极限不存在，因此就不能使用终值定理。

例 2-8　已知 $F(s)=\dfrac{5}{s(s^2+s+2)}$，求 $f(t)$ 的终值。

【解】

利用终值定理

$$f(+\infty)=\lim_{t\to+\infty}f(t)=\lim_{s\to 0}sF(s)=\lim_{s\to 0}\frac{5}{s^2+s+2}=\frac{5}{2}$$

6. 时域位移定理（延迟定理）

设 $L[f(t)]=F(s)$，对任一正实数 a 有

$$L[f(t-a)]=\int_0^{+\infty}f(t-a)\mathrm{e}^{-st}\mathrm{d}t=\mathrm{e}^{-as}F(s) \tag{2-12}$$

式中，$f(t-a)$ 为函数 $f(t)$ 延迟时间 a 之后的函数，如图 2-2 所示，当 $t<a$ 时 $f(t)=0$。

证明：设 $(t-a)=\tau$，则

$$L[f(t-a)]=\int_0^{+\infty}f(t-a)\mathrm{e}^{-st}\mathrm{d}t=\int_0^{+\infty}f(\tau)\mathrm{e}^{-s(\tau+a)}\mathrm{d}\tau$$

$$=\mathrm{e}^{-as}\int_0^{+\infty}f(\tau)\mathrm{e}^{-s\tau}\mathrm{d}\tau=\mathrm{e}^{-as}F(s)$$

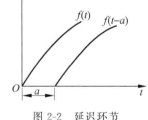

图 2-2　延迟环节

7. 复域位移定理（位移定理）

设 $L[f(t)]=F(s)$，对任一常数 a（实数或复数），有

$$L[\mathrm{e}^{-at}f(t)]=\int_0^{+\infty}\mathrm{e}^{-at}f(t)\mathrm{e}^{-st}\mathrm{d}t=F(s+a) \tag{2-13}$$

证明：$L[\mathrm{e}^{-at}f(t)]=\int_0^{+\infty}\mathrm{e}^{-at}f(t)\mathrm{e}^{-st}\mathrm{d}t=\int_0^{+\infty}f(t)\mathrm{e}^{-(s+a)t}\mathrm{d}t=F(s+a)$

此定理常常在计算有指数函数项的复合函数的拉氏变换时用到。

例 2-9 求 $e^{-at}\sin\omega t$ 的拉氏变换。

【解】

可直接运用复域位移定理及正弦函数的拉氏变换求得

$$L[e^{-at}\sin\omega t] = \frac{\omega}{(s+a)^2+\omega^2}$$

同理,可求得

$$L[e^{-at}\cos\omega t] = \frac{s+a}{(s+a)^2+\omega^2}$$

$$L[e^{-at}t^n] = \frac{n!}{(s+a)^{n+1}}$$

8. 相似定理

设 $L[f(t)]=F(s)$,对任一常数 a,则

$$L[f(at)] = \frac{1}{a}F\left(\frac{s}{a}\right) \tag{2-14}$$

证明: $L[f(at)] = \int_0^{+\infty} f(at)e^{-st}\mathrm{d}t$

令 $at=\tau$,则

$$L[f(at)] = \int_0^{+\infty} f(\tau)e^{-\left(\frac{s}{a}\right)\tau}\frac{1}{a}\mathrm{d}\tau = \frac{1}{a}\int_0^{+\infty} f(\tau)e^{-\left(\frac{s}{a}\right)\tau}\mathrm{d}\tau = \frac{1}{a}F\left(\frac{s}{a}\right)$$

9. 卷积定理

两个时间函数 $f_1(t)$,$f_2(t)$ 积分的拉氏变换可由下式得到:

$$L\left[\int_0^{+\infty} f_1(t-\tau)f_2(\tau)\mathrm{d}\tau\right] = F_1(s)F_2(s) \tag{2-15}$$

式中,$F_1(s)=L[f_1(t)]$,$F_2(s)=L[f_2(t)]$。

2.1.3 拉普拉斯反变换

已知像函数 $F(s)$,求出与之对应的原函数 $f(t)$,就称为拉普拉斯反变换(今后为方便,把拉普拉斯反变换简称为拉氏反变换),可以写成

$$f(t) = L^{-1}[F(s)] = \frac{1}{2\pi\mathrm{j}}\int_{-\mathrm{j}\infty}^{+\mathrm{j}\infty} F(s)e^{st}\mathrm{d}s \tag{2-16}$$

简写为 $f(t)=L^{-1}[F(s)]$。

对于比较简单的像函数,可以利用表 2-1 查出其原函数。例如表 2-1 中的 $F(s)=1/(s+1)$,其对应的原函数就是 $f(t)=e^{-t}$,但是当 $F(s)=\dfrac{3s+4}{s^2+3s+2}$ 时,表中就没有直接对应的 $f(t)$,此式的分母多项式可以分解为 $s^2+3s+2=(s+1)(s+2)$,其分子的系数可用待定系数法求取。

$$F(s) = \frac{3s+4}{s^2+3s+2} = \frac{A_1}{s+1} + \frac{A_2}{s+2} = \frac{(A_1+A_2)s+(2A_1+A_2)}{s^2+3s+2}$$

即 $A_1+A_2=3,2A_1+A_2=4$,可求得 $A_1=1,A_2=2$。

所以 $F(s)=\dfrac{1}{s+1}+\dfrac{2}{s+2}$。

利用表 2-1 中的有关公式,求出 $f(t)=\mathrm{e}^{-t}+2\mathrm{e}^{-2t}$。

该待定系数法,适用于分母次数较低的函数,当分母次数较高或有多重极点时,就不适用了,将采用下面介绍的求留数法。

在工程中经常遇到的都是比较复杂的像函数,此时,通常先利用部分分式展开法将复杂的像函数展开成简单的像函数之和,再利用表 2-1,分别查出各个原函数,其和即为所求。

如某一原函数 $f(t)$ 的像函数为 $F(s)$,可以把 $F(s)$ 分解成一些分量之和,即

$$F(s)=F_1(s)+F_2(s)+\cdots+F_{n-1}(s)+F_n(s)$$

式中的 $F_1(s)$,$F_2(s)\cdots F_{n-1}(s)$、$F_n(s)$ 又很容易由表 2-1 得到所对应的原函数 $f_1(t)$、$f_2(t)\cdots f_{n-1}(t)$、$f_n(t)$,即

$$f(t)=L^{-1}[F(s)]=L^{-1}[F_1(s)]+L^{-1}[F_2(s)]+\cdots+L^{-1}[F_{n-1}(s)]+L^{-1}[F_n(s)]$$
$$=f_1(t)+f_2(t)+\cdots+f_{n-1}(t)+f_n(t)$$

控制工程中,像函数 $F(s)$ 通常可以表示成有理分式形式,即

$$F(s)=\frac{B(s)}{A(s)}=\frac{b_m s^m+b_{m-1}s^{m-1}+b_{m-2}s^{m-2}+\cdots+b_1 s+b_0}{a_n s^n+a_{n-1}s^{n-1}+a_{n-2}s^{n-2}+\cdots+a_1 s+a_0} \qquad (2\text{-}17)$$

为把式(2-17)表示成部分分式,先要把 $A(s)$ 写成因式形式,即

$$A(s)=(s+p_1)(s+p_2)(s+p_3)\cdots(s+p_n) \qquad (2\text{-}18)$$

多项式 $A(s)$ 的根即 $-p_1,-p_2,-p_3,\cdots,-p_n$ 称为 $F(s)$ 的极点,此极点可为实数亦可为复数,$B(s)$ 等于零的点称为零点,因此式(2-17)可以写成部分分式形式

$$F(s)=\frac{B(s)}{A(s)}=\frac{A_1}{s+p_1}+\frac{A_2}{s+p_2}+\cdots+\frac{A_n}{s+p_n} \qquad (2\text{-}19)$$

由于极点 $-p_1,-p_2,-p_3,\cdots,-p_n$ 可为实数或复数,所以系数 $A_1,A_2,\cdots,A_{n-1},A_n$ 也可为实数或复数,这些系数有的书中又称留数。求留数的方法可分为下面三种情况。

1. 不同实数极点的情况

$$\left[\frac{B(s)}{A(s)}(s+p_k)\right]_{s=-p_k}=\left[\frac{A_1}{s+p_1}(s+p_k)+\frac{A_2}{s+p_2}(s+p_k)+\cdots+\right.$$
$$\left.\frac{A_k}{s+p_k}(s+p_k)+\cdots+\frac{A_n}{s+p_n}(s+p_k)\right]_{s=-p_k}=A_k$$

由这里可以看出任一留数 A_k 可以用下式求出:

$$A_k=\left[\frac{B(s)}{A(s)}(s+p_k)\right]_{s=-p_k} \qquad (2\text{-}20)$$

例 2-10　求 $F(s)=\dfrac{5s+3}{(s+1)(s+2)(s+3)}$ 的拉氏反变换。

【解】

$$F(s)=\frac{5s+3}{(s+1)(s+2)(s+3)}=\frac{A_1}{s+1}+\frac{A_2}{s+2}+\frac{A_3}{s+3}$$

由式(2-20)得

$$A_1 = [F(s)(s+1)]_{s=-1} = \frac{5 \times (-1) + 3}{(2-1)(3-1)} = -1$$

$$A_2 = [F(s)(s+2)]_{s=-2} = \frac{5 \times (-2) + 3}{(1-2)(3-2)} = 7$$

$$A_3 = [F(s)(s+3)]_{s=-3} = \frac{5 \times (-3) + 3}{(1-3)(2-3)} = -6$$

$$F(s) = -\frac{1}{s+1} + \frac{7}{s+2} - \frac{6}{s+3}$$

利用表 2-1 中的有关公式,求出

$$f(t) = L^{-1}[F(s)] = L^{-1}\left[-\frac{1}{s+1} + \frac{7}{s+2} - \frac{6}{s+3}\right]$$

$$= -e^{-t} + 7e^{-2t} - 6e^{-3t}$$

2. 包含有共轭极点的情况

如果 p_1 和 p_2 是共轭复数极点,那么式(2-19)可以展开成下式:

$$F(s) = \frac{B(s)}{A(s)} = \frac{\alpha_1 s + \alpha_2}{(s+p_1)(s+p_2)} + \frac{A_3}{s+p_3} + \cdots + \frac{A_n}{s+p_n} \tag{2-21}$$

α_1 和 α_2 的值是用 $(s+p_1)(s+p_2)$ 乘以式(2-21)的两边,并令 $s=-p_1$(或 $s=-p_2$)而求得

$$\left[\frac{B(s)}{A(s)}(s+p_1)(s+p_2)\right]_{s=-p_1} = \left[(\alpha_1 s + \alpha_2) + \frac{A_3}{s+p_3}(s+p_1)(s+p_2) + \cdots + \right.$$

$$\left. \frac{A_n}{s+p_n}(s+p_1)(s+p_2)\right]_{s=-p_1}$$

可以看出:除项 $(\alpha_1 s + \alpha_2)$ 外,其余所有被展开的项都没有了。于是

$$(\alpha_1 s + \alpha_2)_{s=-p_1} = \left[\frac{B(s)}{A(s)}(s+p_1)(s+p_2)\right]_{s=-p_1} \tag{2-22}$$

因为 p_1 是一个复数值,方程两边也都是复数值。使方程式(2-22)两边的实数部分相等,得到一个方程。同样,使方程两边的虚数部分相等,得到另一个方程,根据这两个方程就可以确定 α_1 和 α_2。

例 2-11　求 $F(s) = \dfrac{s+1}{s(s^2+s+1)}$ 的拉氏反变换。

【解】

$F(s)$ 可展开如下:

$$F(s) = \frac{s+1}{s(s^2+s+1)} = \frac{\alpha_1 s + \alpha_2}{(s^2+s+1)} + \frac{A}{s} \tag{2-23}$$

为了确定 α_1、α_2 和 A,可分别采用求留数法和待定系数法。

1) 采用求留数法

注意到

$$s^2 + s + 1 = (s+0.5+j0.866)(s+0.5-j0.866)$$

由式(2-22)知

$$(\alpha_1 s + \alpha_2)_{s=-0.5-j0.866} = \left(\frac{s+1}{s}\right)_{s=-0.5-j0.866}$$

或

$$\frac{0.5-\mathrm{j}0.866}{-0.5-\mathrm{j}0.866}=\alpha_1(-0.5-\mathrm{j}0.866)+\alpha_2$$

使方程两边实部和虚部分别相等,得

$$\begin{cases} -0.5\alpha_1-0.5\alpha_2=0.5 \\ 0.866\alpha_1-0.866\alpha_2=-0.866 \end{cases}$$

或

$$\begin{cases} \alpha_1+\alpha_2=-1 \\ \alpha_1-\alpha_2=-1 \end{cases}$$

由此得 $\alpha_1=-1,\alpha_2=0$。

为了确定 A,用 s 乘以方程两边,并令 $s=0$,得

$$A=\left[\frac{s+1}{s(s^2+s+1)}\cdot s\right]_{s=0}=1$$

2) 采用待定系数法

$$F(s)=\frac{s+1}{s(s^2+s+1)}=\frac{\alpha_1 s+\alpha_2}{(s^2+s+1)}+\frac{A}{s}=\frac{\alpha_1 s^2+\alpha_2 s+As^2+As+A}{s(s^2+s+1)}$$

$$=\frac{(\alpha_1+A)s^2+(\alpha_2+A)s+A}{s(s^2+s+1)}$$

即 $\alpha_1+A=0,\alpha_2+A=1,A=1$

求得 $\alpha_1=-1,\alpha_2=0,A=1$。

所以

$$F(s)=\frac{-s}{s^2+s+1}+\frac{1}{s}=\frac{1}{s}-\frac{s+0.5}{(s+0.5)^2+0.866^2}+\frac{0.5}{(s+0.5)^2+0.866^2}$$

则 $F(s)$ 的拉氏反变换为

$$f(t)=L^{-1}[F(s)]=1(t)-\mathrm{e}^{-0.5t}\cos0.866t+0.578\mathrm{e}^{-0.5t}\sin0.866t,\quad t\geqslant 0$$

由此例题可以看出:如果存在共轭极点,则反变换式中一定包括三角函数与指数函数的复合函数。

3. 包含多重极点的情况

设 $F(s)=B(s)/A(s)$,在 $A(s)=0$ 处有 r 个 $-p_1$ 重根(假设其余的根是不同的),$A(s)$ 就可以写成

$$A(s)=(s+p_1)^r(s+p_{r+1})(s+p_{r+2})\cdots(s+p_n)$$

$F(s)$ 的部分分式展开式为

$$F(s)=\frac{B(s)}{A(s)}=\frac{A_r}{(s+p_1)^r}+\frac{A_{r-1}}{(s+p_1)^{r-1}}+\cdots+\frac{A_1}{s+p_1}+$$

$$\frac{B_{r+1}}{s+p_{r+1}}+\frac{B_{r+2}}{s+p_{r+2}}+\cdots+\frac{B_n}{s+p_n} \tag{2-24}$$

式中,$A_r,A_{r-1},\cdots,A_1$ 分别按下式求得

$$\begin{cases} A_r = \left[\dfrac{B(s)}{A(s)}(s+p_1)^r\right]_{s=-p_1} \\[3mm] A_{r-1} = \left\{\dfrac{\mathrm{d}}{\mathrm{d}s}\left[\dfrac{B(s)}{A(s)}(s+p_1)^r\right]\right\}_{s=-p_1} \\[2mm] \vdots \\[1mm] A_{r-j} = \dfrac{1}{j!}\left\{\dfrac{\mathrm{d}^j}{\mathrm{d}s^j}\left[\dfrac{B(s)}{A(s)}(s+p_1)^r\right]\right\}_{s=-p_1} \\[2mm] \vdots \\[1mm] A_1 = \dfrac{1}{(r-1)!}\left\{\dfrac{\mathrm{d}^{r-1}}{\mathrm{d}s^{r-1}}\left[\dfrac{B(s)}{A(s)}(s+p_1)^r\right]\right\}_{s=-p_1} \end{cases} \tag{2-25}$$

$\dfrac{1}{(s+p_1)^n}$ 的拉氏反变换是由式

$$L^{-1}\left[\dfrac{1}{(s+p_1)^n}\right] = \dfrac{t^{n-1}}{(n-1)!}\mathrm{e}^{-p_1 t} \tag{2-26}$$

给出的。而对应于实数极点的留数 $B_{r+1}, B_{r+2}, \cdots, B_n$ 仍由前面推导出的公式计算,即

$$B_k = \left[\dfrac{B(s)}{A(s)}(s+p_k)\right]_{s=-p_k}, \quad k = r+1, r+2, \cdots, n$$

下面得到的就是 $F(s)$ 的拉氏反变换:

$$f(t) = L^{-1}[F(s)] = \left[\dfrac{A_r}{(r-1)!}t^{r-1} + \dfrac{A_{r-1}}{(r-2)!}t^{r-2} + \cdots + A_2 t + A_1\right]\mathrm{e}^{-p_1 t} +$$

$$B_{r+1}\mathrm{e}^{-p_{r+1}t} + B_{r+2}\mathrm{e}^{-p_{r+2}t} + \cdots + B_n\mathrm{e}^{-p_n t}, \quad t \geqslant 0$$

例 2-12 求 $F(s) = \dfrac{1}{s(s+2)(s+3)^2}$ 的拉氏反变换。

【解】

可把 $F(s)$ 写成

$$F(s) = \dfrac{A_2}{(s+3)^2} + \dfrac{A_1}{s+3} + \dfrac{B_1}{s} + \dfrac{B_2}{s+2}$$

那么

$$A_2 = [F(s)(s+3)^2]_{s=-3} = \dfrac{1}{(-3)(-3+2)} = \dfrac{1}{3}$$

$$A_1 = \left\{\dfrac{\mathrm{d}}{\mathrm{d}s}[F(s)(s+3)^2]\right\}_{s=-3} = \left\{\dfrac{\mathrm{d}}{\mathrm{d}s}\left[\dfrac{1}{s(s+2)}\right]\right\}_{s=-3} = \dfrac{4}{9}$$

$$B_1 = [F(s) \cdot s]_{s=0} = \dfrac{1}{2 \times 3^2} = \dfrac{1}{18}$$

$$B_2 = [F(s)(s+2)]_{s=-2} = \dfrac{1}{(-2)(-2+3)^2} = -\dfrac{1}{2}$$

因而上式拉氏反变换为

$$f(t) = \dfrac{1}{18}(t) - \dfrac{1}{2}\mathrm{e}^{-2t} + \dfrac{4}{9}\mathrm{e}^{-3t} + \dfrac{1}{3}t\mathrm{e}^{-3t} = \dfrac{1}{18}(1(t) - 9\mathrm{e}^{-2t} + 8\mathrm{e}^{-3t} + 6t\mathrm{e}^{-3t})$$

2.1.4 用拉氏变换解常系数线性微分方程

用拉氏变换解微分方程的步骤是：

（1）对微分方程进行拉氏变换；

（2）代入初始条件，整理因式，求留数，对其进行拉氏反变换，即求出微分方程的时间解。

例 2-13 解方程 $\dfrac{\mathrm{d}^2 y(t)}{\mathrm{d}t^2} + 5\dfrac{\mathrm{d}y(t)}{\mathrm{d}t} + 6y(t) = 6$，其中，$\dfrac{\mathrm{d}y(t)}{\mathrm{d}t}\Big|_{t=0} = 2$，$y(0) = 2$。

【解】

将方程两边取拉氏变换，得

$$s^2 Y(s) - sy(0) - \dot{y}(0) + 5[sY(s) - y(0)] + 6Y(s) = \frac{6}{s}$$

将 $\dfrac{\mathrm{d}y(t)}{\mathrm{d}t}\Big|_{t=0} = 2$，$y(0) = 2$ 代入，并整理，得

$$Y(s) = \frac{2s^2 + 12s + 6}{s(s+2)(s+3)} = \frac{1}{s} + \frac{5}{s+2} - \frac{4}{s+3}$$

所以

$$y(t) = 1(t) + 5\mathrm{e}^{-2t} - 4\mathrm{e}^{-3t}$$

2.2 系统的微分方程

2.2.1 系统的数学模型

数学模型分为静态模型和动态模型。在静态条件下得到的方程称为静态模型，一般用代数方程来表示。在动态条件下得到的方程称为动态模型，一般用微分方程式来描述。

工程上常用的描述动态系统的数学模型包括微分方程、传递函数和状态方程。微分方程是基本的数学模型，是列写传递函数的基础。

系统的数学模型可以从理论分析和试验的方法中获取，两种方法是相辅相成的。理论分析可以大致确定数学模型的阶次、参数与结构，而试验的方法可以最终确定数学模型的形式。

从理论上建立系统的数学模型，常称为理论建模。

2.2.2 线性系统

如果系统的数学模型是线性的，这种系统称为线性系统。一个系统，无论是用代数方程还是用微分方程来描述，其组成项的最高指数称为方程的次数。一次微分方程称为线性微分方程；非一次的微分方程称为非线性微分方程。

当系统的动态特性可由线性微分方程来描述时，该系统称为线性系统。

$$3y = 2x + 4 \tag{a}$$

$$\frac{\mathrm{d}^2 y}{\mathrm{d}t^2} + 2\frac{\mathrm{d}y}{\mathrm{d}t} + y = 6\frac{\mathrm{d}x}{\mathrm{d}t} + 3x \tag{b}$$

$$\frac{\mathrm{d}^3 y}{\mathrm{d}t^3} + 5\frac{\mathrm{d}^2 y}{\mathrm{d}t^2} + 5\frac{\mathrm{d}y}{\mathrm{d}t} + 6y = 4x \tag{c}$$

$$3y = x^2 + 3xy + x \tag{d}$$

$$\frac{\mathrm{d}^2 y}{\mathrm{d}t^2} + \left(\frac{\mathrm{d}y}{\mathrm{d}t}\right)^2 + y = x \tag{e}$$

上面的方程中,式(a)、式(b)、式(c)为线性方程,式(d)、式(e)为非线性方程。

线性系统最重要的特性,就是叠加原理。叠加原理说明,两个不同的输入函数同时作用于系统的总输出,等于两个输入函数单独作用的输出之和。因此,线性系统对几个输入量的输出,可以一个一个地处理,然后对它们分别产生的输出结果进行叠加。

2.2.3 非线性系统

用非线性方程表示的系统,叫做非线性系统。

虽然许多物理关系常以线性方程来表示,但是在大多数情况下,实际的关系并非是真正线性的。事实上,对物理系统进行仔细研究后可以发现,如果在一定的工作范围内或忽略那些影响较小的非线性因素所引起的误差,工程上又允许的话,这一系统就可以作为线性系统来处理。图 2-3 所示为常见的非线性特性曲线。

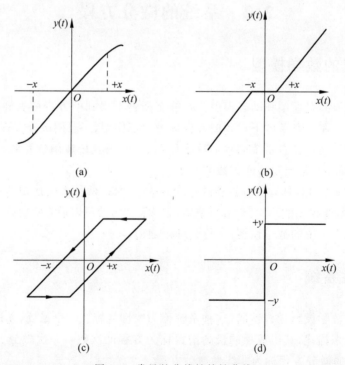

图 2-3　常见的非线性特性曲线
(a) 饱和非线性；(b) 死区非线性；(c) 间隙非线性；(d) 干摩擦与黏性摩擦非线性

非线性系统不能应用叠加原理。因此,对包含有非线性系统问题的求解过程是非常复杂的。为了绕过由非线性系统而造成的数学上的难关,常需引入"等效"线性系统来代替非线性系统,如图2-3中的饱和非线性和死区非线性。这种等效线性系统,仅在一定的工作范围内是正确的。

在非线性特性中,有些具有间断点、折断点或非单值关系,这些非线性特性称为本质非线性。具有本质非线性的系统,只能用非线性理论去处理。对于具有非本质非线性特性的系统,可用线性化处理的数学模型来近似表示非线性系统。在2.4节中,将介绍线性化处理的方法。

2.3 线性微分方程式的建立

2.3.1 建立线性微分方程式的步骤

(1)首先将系统划分为若干个环节,确定每一环节的输入信号和输出信号。确定输入信号和输出信号时,应使前一环节的输出信号是后一环节的输入信号。

(2)写出每一环节(或元件)输出信号和输入信号相互关系的运动方程式,找出联系输出量与输入量的内部关系,并确定反映这种内在联系的物理规律。而这些物理定律的数学表达式就是环节(或元件)的原始方程式。在此同时再做一些数学上的处理,如非线性函数的线性化,忽略一些次要因素等。

(3)消去中间变量,最后得到只包含输入量和输出量的方程式。

(4)化成标准形式,即输出量放在方程式的左端,而输入量放在方程式的右端,且各阶导数项按导数的阶数递减排列。

下面通过一些常见的例子说明微分方程式的列写方法。

2.3.2 举例

1. 机械系统的微分方程式

机械系统设备大致分两类:平移的和旋转的。它们之间的区别在于前者施加的力而产生的是位移,而后者施加的是扭矩产生的是转角。牛顿定律和胡克定律等物理定律是建立机械系统数学模型的基础。

1)机械平移系统

图2-4为一具有质量 m、弹性刚度系数为 k 的弹簧和阻尼系数为 f 的阻尼器组成的机械系统。施加外力 $x(t)$,研究外力 $x(t)$ 与输出位移 $y(t)$ 的关系。假设参考坐标 y_0 是静止的。

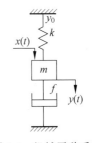

图 2-4 机械平移系统

系统的原始方程的建立:根据牛顿第二定律,外力 $x(t)$ 应该与质量 m 产生的惯性力 $x_1(t)$、弹簧产生的弹性力 $x_2(t)$ 以及阻尼器产生的阻尼力 $x_3(t)$ 相平衡,即

$$x_1(t) + x_2(t) + x_3(t) = x(t) \tag{2-27}$$

式中,

$$x_1(t) = m\frac{\mathrm{d}^2 y(t)}{\mathrm{d}t^2}$$

$$x_2(t) = ky(t)$$

$$x_3(t) = f\frac{\mathrm{d}y(t)}{\mathrm{d}t}$$

因而式(2-27)可写成

$$m\frac{\mathrm{d}^2 y(t)}{\mathrm{d}t^2} + f\frac{\mathrm{d}y(t)}{\mathrm{d}t} + ky(t) = x(t) \tag{2-28}$$

例 2-14　图 2-5(a)所示为组合机床动力滑台铣平面时的情况。当切削力 $f_i(t)$ 变化时,滑台可能产生振动,从而降低被加工工件质量。

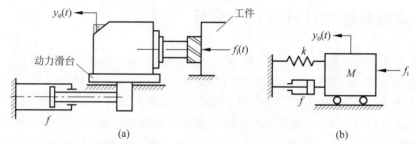

图 2-5　组合机床动力滑台及其力学模型

为了分析这个系统,首先将动力滑台连同铣刀抽象成如图 2-5(b)所示的质量-弹簧-阻尼系统的力学模型(其中,M 为受控质量,k 为弹性刚度,f 为黏性阻尼系数,$y_o(t)$ 为输出位移)。根据牛顿第二定律可得

$$f_i(t) - f\frac{\mathrm{d}y_o(t)}{\mathrm{d}t} - ky_o(t) = M\frac{\mathrm{d}^2 y_o(t)}{\mathrm{d}t^2}$$

将输出变量项写在等号右边,阶数由高向低排列,得

$$M\frac{\mathrm{d}^2 y_o(t)}{\mathrm{d}t^2} + f\frac{\mathrm{d}y_o(t)}{\mathrm{d}t} + ky_o(t) = f_i(t)$$

2) 机械旋转系统

图 2-6 所示的转动惯量为 J 的转子与弹性系数为 k 的弹性轴和阻尼系数为 f 的阻尼器连接。假设外部施加扭矩 $m(t)$,则系统产生一个偏离平衡位置的角位移 $\theta(t)$。现研究外扭矩 $m(t)$ 和角位移 $\theta(t)$ 的关系。

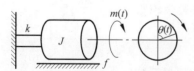

图 2-6　具有惯性矩、扭矩和阻尼器的旋转系统

列出系统原始方程:在平衡位置时,外加扭矩 $m(t)$ 应与惯性矩 $m_1(t)$、阻尼矩 $m_2(t)$ 和弹性阻力矩 $m_3(t)$ 平衡,即

$$m_1(t) + m_2(t) + m_3(t) = m(t) \tag{2-29}$$

式中,

$$m_1(t) = J \frac{\mathrm{d}^2 \theta(t)}{\mathrm{d}t^2}$$

$$m_2(t) = f \frac{\mathrm{d}\theta(t)}{\mathrm{d}t}$$

$$m_3(t) = k\theta(t)$$

所以系统的运动方程式为

$$J \frac{\mathrm{d}^2 \theta(t)}{\mathrm{d}t^2} + f \frac{\mathrm{d}\theta(t)}{\mathrm{d}t} + k\theta(t) = m(t) \tag{2-30}$$

例 2-15　齿轮传动系统的动力分析。如图 2-7 所示的齿轮传动链，由电动机 M 输入的扭矩为 T_m，L 为输出端负载，T_L 为负载扭矩。图中所示的 z_1、z_2、z_3、z_4 为各齿轮齿数；J_1、J_2、J_3 及 θ_1、θ_2、θ_3 分别为各轴及相应齿轮的转动惯量和转角。假设各轴均为绝对刚性，即扭转弹簧常数 $k_J = +\infty$，根据式（2-30），可得到如下动力学方程式：

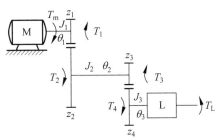

图 2-7　齿轮传动系统

$$T_m = J_1 \ddot{\theta}_1 + f_1 \dot{\theta}_1 + T_1 \tag{2-31}$$

$$T_2 = J_2 \ddot{\theta}_2 + f_2 \dot{\theta}_2 + T_3 \tag{2-32}$$

$$T_4 = J_3 \ddot{\theta}_3 + f_3 \dot{\theta}_3 + T_L \tag{2-33}$$

式中，f_1、f_2 及 f_3 为传动中齿轮的阻尼系数；T_1 为齿轮 z_1 对 T_m 的反力矩；T_3 为 z_2 对 T_2 的反力矩；T_L 为输出端负载对 T_4 的反力矩，即负载力矩。若将各轴转动惯量、阻尼及负载转换到电动机轴，列写 T_m 与 θ_1 间的微分方程，由齿轮传动的基本关系可知

$$T_2 = \frac{z_2}{z_1} T_1, \quad \theta_2 = \frac{z_1}{z_2} \theta_1$$

$$T_4 = \frac{z_4}{z_3} T_3, \quad \theta_3 = \frac{z_3}{z_4} \theta_2 = \frac{z_1}{z_2} \frac{z_3}{z_4} \theta_1$$

于是由式（2-31）、式（2-32）、式（2-33）可求得

$$T_m = J_1 \ddot{\theta}_1 + f_1 \dot{\theta} + \frac{z_1}{z_2} \left[J_2 \ddot{\theta}_2 + f_2 \dot{\theta}_2 + \frac{z_3}{z_4} (J_3 \ddot{\theta}_3 + f_3 \dot{\theta}_3 + T_L) \right]$$

$$= \left[J_1 + \left(\frac{z_1}{z_2}\right)^2 J_2 + \left(\frac{z_1}{z_2} \frac{z_3}{z_4}\right)^2 J_3 \right] \ddot{\theta}_1 + \left[f_1 + \left(\frac{z_1}{z_2}\right)^2 f_2 + \left(\frac{z_1}{z_2} \frac{z_3}{z_4}\right)^2 f_3 \right] \dot{\theta}_1 + \left(\frac{z_1}{z_2} \frac{z_3}{z_4}\right)^2 T_L \tag{2-34}$$

如令 $J_{eq} = J_1 + \left(\dfrac{z_1}{z_2}\right)^2 J_2 + \left(\dfrac{z_1}{z_2} \dfrac{z_3}{z_4}\right)^2 J_3$，称为等效转动惯量；

$f_{eq} = f_1 + \left(\dfrac{z_1}{z_2}\right)^2 f_2 + \left(\dfrac{z_1}{z_2} \dfrac{z_3}{z_4}\right)^2 f_3$，称为等效阻尼系数；

$T_{eq} = \left(\dfrac{z_1}{z_2} \dfrac{z_3}{z_4}\right) T_L$，称为等效输出扭矩。

则可将式（2-34）写成

$$T_m = J_{eq}\ddot{\theta}_1 + f_{eq}\dot{\theta}_1 + T_{eq} \tag{2-35}$$

于是图 2-7 可简化成图 2-8 所示的等效齿轮传动。

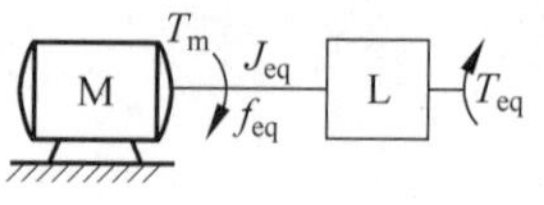

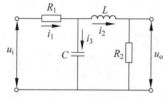

图 2-8　图 2-7 的等效系统

2. 电气系统的微分方程

电气系统和元件种类繁多,但根据有关电、磁及电路的基本定律,无论其结构多么复杂,总可以建立起相应的数学模型。电气系统的微分方程主要根据基尔霍夫定律和电磁感应定律等基本物理规律列写。

图 2-9 所示的无源网络中,$u_i(t)$ 为输入电压,$u_o(t)$ 为输出电压。根据基尔霍夫定律和欧姆定律,有

图 2-9　无源电路

$$u_i = i_1 R_1 + \frac{1}{C}\int i_3 \, dt \tag{2-36}$$

$$\frac{1}{C}\int i_3 \, dt = L\frac{di_2}{dt} + i_2 R_2 \tag{2-37}$$

$$i_1 = i_2 + i_3 \tag{2-38}$$

$$u_o = i_2 R_2 \tag{2-39}$$

消去中间变量:将方程联立求解,消去中间变量 $i_1(t)$、$i_2(t)$、$i_3(t)$ 后,即可得到以 $u_i(t)$ 为输入量,以 $u_o(t)$ 为输出量的电路微分方程式,即

$$R_1 LC\frac{d^2 u_o(t)}{dt^2} + (R_1 R_2 C + L)\frac{du_o(t)}{dt} + (R_1 + R_2)u_o(t) = R_2 u_i(t) \tag{2-40}$$

2.4　系统数学模型的线性化

2.3 节中列举的元件或系统的数学模型都是线性微分方程式,即它们都不包含变量及其导数非一次幂项。对于这类系统一个很重要的性质就是可以应用叠加原理,以及应用线性理论对系统进行分析和设计。

严格地说,一切系统都存在非线性因素,因而都是非线性系统。即使对所谓的线性系统来说,也只是在一定的工作范围内才保持真正的线性关系。许多机电系统、液压系统、气动系统等,在变量之间都包含有非线性关系。例如:元件的死区、传动的间隙和摩擦,在输入信号作用下元件的输出量的饱和以及元件存在的非线性函数关系等。因此,精确地反映各种因素对系统或元件的动态影响就变得很复杂,以至难于获得解析解。在这种情况下,就不得不首先略去某些对控制过程的进行不会产生重大影响的因素,以便使方程简化。此外,有时系统中所发生的过程是用非线性方程来描述的,这样,为了用线性理论对系统进行分析和设计,就必须绕过由非线性系统而造成的数学上的困难。在这种情况下我们采用了一种方法,就是将这些非线性方程式在一定的工作范围内用近似的线性方程来代替。这种近似的转化过程,称为系统的线性化。

对于非线性函数的线性化方法有两种:一种是忽略非线性因素,如果非线性因素对系统的影响很小,就可以忽略,如死区、磁滞以及某些干摩擦等,一般情况下就可以忽略;另一

种方法就是切线法,或称微小偏差法。

下面我们来介绍切线法。如果工程中存在着一些元件(或系统),其输出与输入的静态关系如图 2-10 所示。系统在平衡点 $A(x_0,y_0)$ 工作,当输入量 x 在平衡点 A 附近很小范围内变化时,众所周知,输入与输出关系可以近似用切于 A 点的一段直线 BC 来代替实际的曲线 $B'C'$。这种代替虽然存在误差,但在工程实际中,其误差是允许的。

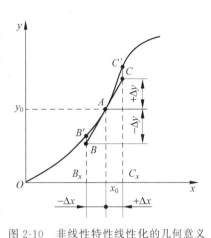

若 BC 的斜率为 k,则输入与输出关系可以表示为

$$\Delta y = k\Delta x \tag{2-41}$$

式中,Δy 为在平衡点 A 附近输出量的变化;Δx 为在平衡点 A 附近输入量的变化。

图 2-10　非线性特性线性化的几何意义

由此可见,一个非线性系统,如果在平衡点附近工作时,就可以用线性关系描述其输出与输入的关系。

当非线性关系可以用解析关系描述时,且仍然在平衡点附近工作,系统的线性关系应该如何表达呢?下面就来分析此种情况。

非线性关系如果可用下述解析式表达时:

$$y = f(x) \tag{2-42}$$

平衡工作点为 $A(x_0,y_0)$,则式(2-42)在平衡点展成泰勒级数为

$$y = f(x) = f(x_0) + \frac{\mathrm{d}f}{\mathrm{d}x}\Big|_{x=x_0}(x-x_0) + \frac{1}{2!}\frac{\mathrm{d}^2 f}{\mathrm{d}x^2}\Big|_{x=x_0}(x-x_0)^2 + \cdots \tag{2-43}$$

假设 $(x-x_0)$ 很小,那么可以忽略高次项,只保留一次项,则式(2-43)可以写成

$$y \approx f(x_0) + \frac{\mathrm{d}f}{\mathrm{d}x}\Big|_{x=x_0}(x-x_0) = y_0 + k(x-x_0) \tag{2-44}$$

式中,

$$y_0 = f(x_0)$$

$$k = \frac{\mathrm{d}f}{\mathrm{d}x}\Big|_{x=x_0}$$

所以,式(2-44)变为

$$y - y_0 = k(x - x_0)$$

即

$$\Delta y = k\Delta x \tag{2-45}$$

如果输出量 y 为两个输入量 x_1 与 x_2 的函数时,即

$$y = f(x_1, x_2) \tag{2-46}$$

为了得到线性系统的近似线性关系,仍然在平衡点展成泰勒级数,即

$$y = f(x_{10}, x_{20}) + \left[\frac{\partial f}{\partial x_1}\Big|_{\substack{x_1=x_{10}\\x_2=x_{20}}}(x_1-x_{10}) + \frac{\partial f}{\partial x_2}\Big|_{\substack{x_1=x_{10}\\x_2=x_{20}}}(x_2-x_{20}) \right] +$$

$$\frac{1}{2!}\left[\frac{\partial^2 f}{\partial x_1^2}\Big|_{\substack{x_1=x_{10}\\x_2=x_{20}}}(x_1-x_{10})^2 + \frac{\partial^2 f}{\partial x_1 \partial x_2}\Big|_{\substack{x_1=x_{10}\\x_2=x_{20}}}(x_1-x_{10}) \cdot (x_2-x_{20}) + \right.$$

$$\left. \frac{\partial^2 f}{\partial x_2^2} \right| (x_2 - x_{20})^2 \right] + \cdots \tag{2-47}$$

当系统在平衡点附近工作,忽略高次项,于是式(2-47)可以写成

$$y - y_0 = k_1(x_1 - x_{10}) + k_2(x_2 - x_{20}) \tag{2-48}$$

式中,

$$y_0 = f(x_{10}, x_{20})$$

$$k_1 = \left. \frac{\partial f}{\partial x_1} \right|_{\substack{x_1 = x_{10} \\ x_2 = x_{20}}}$$

$$k_2 = \left. \frac{\partial f}{\partial x_2} \right|_{\substack{x_1 = x_{10} \\ x_2 = x_{20}}}$$

式(2-48)又可以写成

$$\Delta y = k_1 \Delta x_1 + k_2 \Delta x_2 \tag{2-49}$$

今后,为了书写方便起见,增量 Δy 与 Δx 均可以用变量 y 与 x 代替,但在理解时,应看作在工作点附近小范围内的关系。这样,式(2-41)、式(2-45)与式(2-49)则可以分别写成

$$y = kx \tag{2-50}$$

$$y = k_1 x_1 + k_2 x_2 \tag{2-51}$$

这里需指出,前面所讲过的线性化方法只能用在没有间断点、折断点的非线性特性,即所谓非本质线性特性。

例 2-16　列出图 2-11 所示单摆的运动方程式(其中,$T_i(t)$ 为输入力矩,$\theta_o(t)$ 为输出摆角,m 为单摆质量,l 为单摆摆长)。

【解】
根据牛顿第二定律,有

$$T_i(t) - [mg\sin\theta_o(t)]l = (ml^2)\ddot{\theta}_o(t) \tag{2-52}$$

这是一个非线性微分方程,将 $\sin\theta_o$ 在 $\theta_o = 0$ 附近用泰勒级数展开,得

$$\sin\theta_o = \theta_o - \frac{\theta_o^3}{3!} + \frac{\theta_o^5}{5!} - \cdots$$

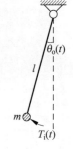

图 2-11　单摆

当 θ_o 很小时,可忽略高阶小量,则 $\sin\theta_o = \theta_o$,可近似为线性方程:

$$ml^2\ddot{\theta}_o(t) + mgl\theta_o(t) = T_i(t) \tag{2-53}$$

式(2-53)即为单摆线性化后的数学模型。

通过上面举例和分析,可以看出线性化有如下特点:

(1) 线性化是相对某一额定工作点进行的。工作点不同,得到的线性化微分方程的系数也不同。

(2) 若使线性化具有足够的精度,调节过程中变量偏离工作点的偏差信号必须足够小。

(3) 线性化后的运动方程是相对额定工作点以增量来描述的。因此,可以认为其初始条件为零。

(4) 线性化只能运用没有间断点、折断点和非单值关系的函数。

2.5 传 递 函 数

本节我们研究描述系统运动规律的另一种数学表达式——传递函数。它是一个复变量函数。按传递函数,可以把工程中所遇到的元件、部件或系统用典型环节表示出来。引用了传递函数的概念之后,可以更直观、更形象地表示一个系统的结构和系统各变量间的数学关系,并可以使运算大为简化。

2.5.1 传递函数的概念

线性定常系统的传递函数定义为:在零初始条件下,输出量 $y(t)$ 的拉氏变换 $Y(s)$ 与输入量 $x(t)$ 的拉氏变换 $X(s)$ 之比。

零初始条件如下:

(1) $t < 0$ 时,输入量及其各阶导数均为 0。

(2) 输入量施加于系统之前,系统处于稳定的工作状态,即 $t < 0$ 时,输出量及其各阶导数也均为 0。

设线性定常系统输入为 $x(t)$,输出为 $y(t)$,描述系统的微分方程的一般形式为

$$a_n \frac{\mathrm{d}^n y}{\mathrm{d}t^n} + a_{n-1} \frac{\mathrm{d}^{n-1} y}{\mathrm{d}t^{n-1}} + a_{n-2} \frac{\mathrm{d}^{n-2} y}{\mathrm{d}t^{n-2}} + \cdots + a_1 \frac{\mathrm{d}y}{\mathrm{d}t} + a_0 y$$

$$= b_m \frac{\mathrm{d}^m x}{\mathrm{d}t^m} + b_{m-1} \frac{\mathrm{d}^{m-1} x}{\mathrm{d}t^{m-1}} + b_{m-2} \frac{\mathrm{d}^{m-2} x}{\mathrm{d}t^{m-2}} + \cdots + b_1 \frac{\mathrm{d}x}{\mathrm{d}t} + b_0 x \qquad (2\text{-}54)$$

式中,$n \geqslant m$;a_n、b_m 均为系统结构参数所决定的定常数($n, m = 0, 1, 2, 3, \cdots$)。

如果变量及其各阶导数初值为零,等式两边取拉氏变换后得

$$a_n s^n Y(s) + a_{n-1} s^{n-1} Y(s) + \cdots + a_1 s Y(s) + a_0 Y(s)$$

$$= b_m s^m X(s) + b_{m-1} s^{m-1} X(s) + \cdots + b_1 s X(s) + b_0 X(s) \qquad (2\text{-}55)$$

根据传递函数的定义,系统的传递函数 $G(s)$ 为

$$G(s) = \frac{Y(s)}{X(s)} = \frac{b_m s^m + b_{m-1} s^{m-1} + \cdots + b_1 s + b_0}{a_n s^n + a_{n-1} s^{n-1} + \cdots + a_1 s + a_0} \qquad (2\text{-}56)$$

传递函数是通过输入和输出之间的关系来描述系统本身特性的,而系统本身的特性与输入量无关;传递函数不表明所描述系统的物理结构,不同的物理系统,只要它们的动态特性相同,就可用同一传递函数来描述。例如图 2-4 和图 2-9 所描述的系统都可以用二阶微分方程式描述,其变换后的传递函数也是同一类型。

传递函数分母多项式中 s 的最高幂数代表了系统的阶数,如 s 的最高幂数为 n,则该系统为 n 阶系统。

在机电控制工程中,传递函数是个非常重要的概念,它是分析线性定常系统的有力数学工具,它有如下特点:

(1) 它比微分方程简单,通过拉氏变换,实数域内复杂的微积分运算已经转化为简单的代数运算;

(2) 当系统输入典型信号时,其输出与传递函数有一定的对应关系,当输入是单位脉冲函数时,输入的像函数为 1,其输出像函数与传递函数相同;

（3）令传递函数中的 $s=j\omega$，则系统可在频率域内分析；

（4）$G(s)$ 的零点、极点分布决定系统的动态特性。

例 2-17　试写出具有下述零初始条件微分方程式的传递函数：

（1）$5\dfrac{d^3 y}{dt^3}+2\dfrac{d^2 y}{dt^2}+\dfrac{dy}{dt}+2y=6\dfrac{dx}{dt}+7x$

（2）$\dfrac{d^4 y}{dt^4}+2\dfrac{d^3 y}{dt^3}+6\dfrac{d^2 y}{dt^2}+3\dfrac{dy}{dt}+2y=4x$

【解】

按式（2-56），则传递函数为

（1）$G(s)=\dfrac{Y(s)}{X(s)}=\dfrac{6s+7}{5s^3+2s^2+s+2}$

（2）$G(s)=\dfrac{Y(s)}{X(s)}=\dfrac{4}{s^4+2s^3+6s^2+3s+2}$

2.5.2　典型环节的传递函数

工程中常见的各式各样的系统，虽然物理结构及其工作原理不同，但从传递函数的角度来看，却都是由一些典型的传递函数构成的。我们把这些典型传递函数通称为环节，它并不代表一个元件，有时可以由多个元件构成一个部件或系统，甚至有时它不是一个元件，而是代表一种作用。

熟悉和掌握典型环节有助于对复杂系统的分析和研究。

1. 比例环节

比例环节的方程式为

$$y(t)=Kx(t) \qquad (2\text{-}57)$$

则传递函数为

$$G(s)=\dfrac{Y(s)}{X(s)}=K \qquad (2\text{-}58)$$

式中，K 为比例系数，或称放大系数。

这类环节在工程中是很多的，比如齿轮系统中的输出转速与输入转速的关系；杠杆中的输出位移和输入位移的关系；电位计中的输出电压与输入转角的关系；电子放大器中输出信号与输入信号的关系等。表 2-2 表示了一些常见的比例环节。

表 2-2　一些常见的比例环节

名称	输入	输出	增益	$G(s)$	图例
齿轮系统	转速 n_1	转速 n_2	齿轮比 $\dfrac{z_1}{z_2}$	$\dfrac{N_2(s)}{N_1(s)}=\dfrac{z_1}{z_2}$	

续表

名称	输入	输出	增益	$G(s)$	图例
杠杆	位移 x	位移 y	杠杆比 $\dfrac{L_y}{L_x}$	$\dfrac{Y(s)}{X(s)} = \dfrac{L_y}{L_x}$	
电位计	转角 φ	电压 u	加于电位计的电势 E 与最大转角 φ_{max} 之比 $\dfrac{E}{\varphi_{max}}$	$\dfrac{U_2(s)}{\Phi(s)} = \dfrac{E}{\varphi_{max}}$	
放大器	电压 u_1	电压 u_2	增益系数 K	$\dfrac{U_2(s)}{U_1(s)} = K$	
油缸	输入流量 q	活塞速度 v	$\dfrac{1}{A}$	$\dfrac{V(s)}{Q(s)} = \dfrac{1}{A}$	

比例环节的特点为：输入信号加于比例环节上时，输出信号以一定比例复现输入量。但纯比例环节是少见的，只是在忽略一些因素的前提下才可以看作比例环节。

2. 积分环节

积分环节的方程式为

$$y(t) = K \int x(t) \mathrm{d}t \tag{2-59}$$

传递函数为

$$G(s) = \frac{Y(s)}{X(s)} = \frac{K}{s} \tag{2-60}$$

具有上式传递函数的环节，称为积分环节。积分环节很多，仅举几个例子加以说明。

例 2-18　如图 2-12 所示的油缸，其输入为流量 q，输出为油缸活塞的位移 x，试写出其传递函数。

【解】

活塞的速度为

$$\frac{\mathrm{d}x}{\mathrm{d}t} = \frac{q}{A}$$

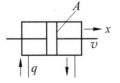

图 2-12　液压积分环节

所以位移

$$x = \int \frac{q}{A} \mathrm{d}t \tag{2-61}$$

式中,A 为活塞的面积。

对式(2-61)取拉氏变换,并整理,则得其传递函数为

$$G(s) = \frac{X(s)}{Q(s)} = \frac{1}{As} \tag{2-62}$$

从上式可见,位移对流量来说是积分环节,而速度对流量来说,则是一个比例环节。因此对一个具体的物理系统而言,究竟属于哪一个环节,要看确定出输入量与输出量后的传递函数而定。这一点具有普遍的意义,应引起注意。

例 2-19　如图 2-13 的无源网络,输入量为回路电流 i,而输出量为 u_C,试写出其传递函数。

【解】

电容器充电电流 i 与电容器两端的电压 u_C 关系为

$$u_C = \frac{1}{C} \int i \, \mathrm{d}t \tag{2-63}$$

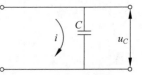

图 2-13　电气积分环节

对于式(2-63)的传递函数为

$$G(s) = \frac{U_C(s)}{I(s)} = \frac{1}{Cs} \tag{2-64}$$

3. 惯性环节

惯性环节的微分方程为

$$T \frac{\mathrm{d}y}{\mathrm{d}t} + y = Kx \tag{2-65}$$

式中,y 为输出量;x 为输入量。

两边取拉氏变换后得

$$G(s) = \frac{Y(s)}{X(s)} = \frac{K}{Ts + 1} \tag{2-66}$$

具有式(2-66)传递函数的环节,称为惯性环节。式中,T 为时间常数;k 为比例系数。

例 2-20　如图 2-14 所示的无源网络,输入电压 $u_i(t)$,输出电压 $u_o(t)$,试写出其传递函数。

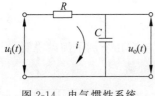

图 2-14　电气惯性系统

【解】

按基尔霍夫定律建立回路电压方程式得到

$$u_i = iR + \frac{1}{C} \int i \, \mathrm{d}t \tag{2-67}$$

$$u_o = \frac{1}{C} \int i \, \mathrm{d}t \tag{2-68}$$

由式(2-68)得

$$i = C \frac{\mathrm{d}u_o}{\mathrm{d}t} \tag{2-69}$$

将式(2-68)、式(2-69)代入式(2-67),且两边取拉氏变换,得到

$$U_i(s) = RCsU_o(s) + U_o(s)$$

则传递函数为

$$G(s) = \frac{U_o(s)}{U_i(s)} = \frac{1}{Ts+1} \tag{2-70}$$

式中，$T = RC$。

例 2-21 如图 2-15 所示为弹簧-阻尼系统，$x(t)$ 为输入位移，$y(t)$ 为输出位移，求该环节的传递函数。

【解】

根据受力平衡关系，可得其动力学方程为

$$f\frac{\mathrm{d}y(t)}{\mathrm{d}t} + ky(t) = kx(t) \tag{2-71}$$

故传递函数为

$$G(s) = \frac{Y(s)}{X(s)} = \frac{1}{Ts+1} \tag{2-72}$$

图 2-15 弹簧-阻尼系统

式中，$T = f/k$ 为时间常数。

4. 微分环节

微分环节可有两种，一种为理想微分环节，另一种为一阶微分环节，分别如下式所示。

理想微分环节：

$$y = T\frac{\mathrm{d}x}{\mathrm{d}t} \tag{2-73}$$

一阶微分环节：

$$y = x + T\frac{\mathrm{d}x}{\mathrm{d}t} \tag{2-74}$$

对应于上面两个微分方程式的传递函数分别为

理想微分环节

$$G(s) = \frac{Y(s)}{X(s)} = Ts \tag{2-75}$$

一阶微分环节

$$G(s) = \frac{Y(s)}{X(s)} = 1 + Ts \tag{2-76}$$

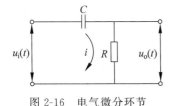

图 2-16 电气微分环节

例 2-22 如图 2-16 所示的电气环节，输入电压 $u_i(t)$，输出电压为 $u_o(t)$，试写出其传递函数。

【解】

按基尔霍夫定律建立回路电压方程式得到

$$u_i(t) = \frac{1}{C}\int i\,\mathrm{d}t + u_o(t) \tag{2-77}$$

$$u_o(t) = iR \tag{2-78}$$

经拉氏变换后，整理，可得传递函数为

$$G(s) = \frac{U_o(s)}{U_i(s)} = \frac{Ts}{Ts+1} \tag{2-79}$$

式中，$T = RC$。

如果 RC 很小，式(2-79)可以近似写成

$$G(s) = Ts$$

因此，当 $T = RC$ 很小时，可以把图 2-16 所示的 RC 电路看成理想微分环节。此电路在脉冲电路中经常用到。

5. 二阶振荡环节

其微分方程式为

$$T^2 \frac{d^2 y}{dt^2} + 2\zeta T \frac{dy}{dt} + y = Kx \tag{2-80}$$

传递函数为

$$G(s) = \frac{Y(s)}{X(s)} = \frac{K}{T^2 s^2 + 2\zeta Ts + 1} \tag{2-81}$$

式中，$0 < \zeta < 1$，ζ 为阻尼比。

图 2-4 所示的机械系统可以看作这种环节。

对于平移机械系统，微分方程式为

$$m \frac{d^2 y}{dt^2} + f \frac{dy}{dt} + ky = F$$

其传递函数为

$$G(s) = \frac{Y(s)}{F(s)} = \frac{1}{ms^2 + fs + k} \tag{2-82}$$

6. 延迟环节

输出与输入关系具有延迟关系的环节，称为延迟环节。

微分方程为

$$y = x(t - \tau)$$

传递函数为

$$G(s) = \frac{Y(s)}{X(s)} = e^{-\tau s} \tag{2-83}$$

2.5.3　相似原理

从以上对机械系统和电气系统微分方程的列写中，我们可以发现，不同的物理系统(环节)可用形式相同的微分方程来描述。例如，将图 2-4 所示的机械平移运动系统的微分方程式(2-28)同图 2-9 所示的电气系统的微分方程式(2-40)比较，可见它们形式相同。一般称能用形式相同的数学模型来描述的物理系统(环节)为相似系统(环节)，称在数学模型中相同位置的物理量为相似量。注意，这里讲的"相似"只是就数学形式而言，而不是就物理实质而

言的。

表 2-3 给出了在机械-电气中的相似变量。

表 2-3　机械-电气中的相似变量

机械(平移运动系统)		机械(旋转运动系统)		电 气 系 统	
力	F	力矩	T	电压	U
质量	M	转动惯量	J	电感	L
黏性摩擦系数	f	黏性摩擦系数	f	电阻	R
弹簧刚度	k	扭转弹簧刚度	k	电容的倒数	$1/C$
位移	x	角位移	θ	电量	Q
速度	v	角速度	ω	电流	I

由于相似系统(环节)的数学模型在形式上相同,因此可以用相同的数学方法对相似系统进行研究,可以通过一种物理系统去研究另一种相似的物理系统。在研究各种系统(如电气系统、机械系统、热系统、液压系统等)时,相似系统的概念是一种有用的技术。若了解了一个系统,则可以将其推广到与它相似的所有系统上去。一般,电气系统更易于实验研究,依据它们的相似来研究机械系统是很方便的。特别是现代电气、电子技术的发展,为采用相似原理对不同系统(环节)的研究提供了良好条件。在数字计算机上,采用数字仿真技术进行研究,非常方便有效。

2.6　方块图及其应用

在控制工程中,人们习惯用方块图来说明和讨论问题,方块图是系统中各个元件功能和信号流向的图解表示。用方块图表示系统的优点是,只要依据信号的流向,将各环节的方块图连接起来,就能容易地构成整个系统;通过方块图可以评价每一个环节对系统性能的影响,便于对系统进行分析和研究。方块图和传递函数表达式一样包含了与系统动态性能有关的信息,但和系统的物理结构无关。因此,不同的物理系统,可以用同一方块图表示;另外,由于分析角度的不同,对于同一系统,可以画出许多不同的方块图。

方块图又分为结构方块图和函数方块图,结构方块图是将系统中各元件的名称或功用写在方块图单元中,并标明它们之间的连接顺序和信号流向,主要用来说明系统构成和工作原理。函数方块图是把元件或环节的传递函数写在方块图单元内,并用表明信号传递方向的箭头将这些方块图单元连接起来,主要用来说明环节特性、信号流向及变量关系,便于分析系统。本节主要讲述函数方块图。

2.6.1　方块图单元、相加点和分支点

(1) 方块图单元如图 2-17 所示,图中指向方块图单元的箭头表示输入,从方块图出来的箭头表示输出,箭头上标明了相应的信号,$G(s)$ 表示其传递函数。

方块图的运算功能为

$$Y(s) = G(s)X(s) \tag{2-84}$$

（2）相加点又称为比较点,如图 2-18 所示。相加点代表两个或两个以上的输入信号进行相加或相减的元件,或称比较器。箭头上的"+"或"－"表示信号相加还是相减,相加减的量应具有相同的量纲。

（3）分支点又称为引出点,如图 2-19 所示。分支点表示信号引出和测量的位置,同一位置引出的几个信号,在大小和性质上完全一样。

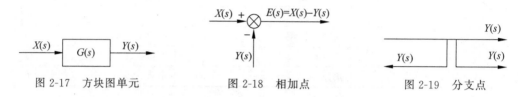

图 2-17　方块图单元　　　　图 2-18　相加点　　　　图 2-19　分支点

2.6.2　方块图基本连接方式

1. 串联

各环节一个个顺序连接称为串联,如图 2-20 所示,前一方块图的输出为后一方块图的输入。$G_1(s)$、$G_2(s)$ 为各个环节的传递函数,综合后总的传递函数为

$$G(s) = \frac{Y(s)}{X(s)} = \frac{Y_1(s)}{X(s)} \frac{Y(s)}{Y_1(s)} = G_1(s)G_2(s)$$

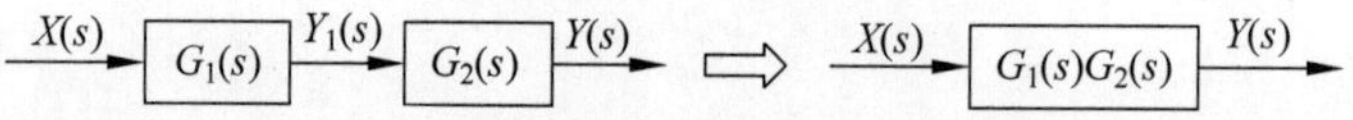

图 2-20　串联连接

上式说明,由串联环节所构成的系统,当无负载效应影响时,它的总传递函数等于各环节传递函数的乘积。当系统由 n 个环节串联而成时,总传递函数为

$$G(s) = \prod_{i=1}^{n} G_i(s) \tag{2-85}$$

式中,$G_i(s)$ 为第 i 个串联环节的传递函数($i=1,2,\cdots,n$)。

2. 并联

凡有几个环节的输入相同,输出相加或相减的连接形式称为并联。图 2-21 为两个环节的并联,共同的输入为 $X(s)$,总输出为

$$Y(s) = Y_1(s) + Y_2(s)$$

总的传递函数为

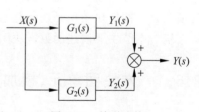

图 2-21　并联连接

$$G(s) = \frac{Y(s)}{X(s)} = \frac{Y_1(s)}{X(s)} + \frac{Y_2(s)}{X(s)} = G_1(s) + G_2(s)$$

这说明并联环节所构成的总传递函数,等于各个并联环节传递函数之和(或差)。推广

到 n 个环节并联,其总的传递函数等于各并联环节传递函数的代数和,即

$$G(s) = \sum_{i=1}^{n} G_i(s) \tag{2-86}$$

式中,$G_i(s)$ 为第 i 个并联环节的传递函数($i = 1, 2, \cdots, n$)。

3. 反馈连接

所谓反馈,是将系统或某一环节的输出量,全部或部分地通过反馈回路回馈到输入端,又重新输入到系统中,图 2-22 所示为基本闭环系统。反馈信号与输入信号相加的称为"正反馈",与输入信号相减的称为"负反馈"。

由图 2-22 可见

$$Y(s) = [X(s) \mp B(s)]G(s) \tag{2-87}$$

$$B(s) = Y(s)H(s) \tag{2-88}$$

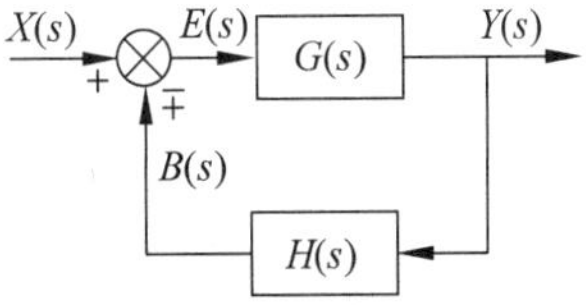

将式(2-88)代入式(2-87),经整理后,可得传递函数为

$$\frac{Y(s)}{X(s)} = \frac{G(s)}{1 \pm G(s)H(s)} \tag{2-89}$$

图 2-22 反馈连接

式(2-89)中,传递函数分母的"＋"号对应于负反馈情况,而"－"号对应于正反馈情况。

这里还要说明今后常用的几个术语。信号沿箭头方向从输入直到输出,并且每一路径不要重复的通道,称为前向通路。在前向通路中,所有经过的环节的乘积称为前向通路传递函数,可由下式计算:

$$G(s) = \prod_{i=1}^{n} G_i(s) \tag{2-90}$$

$H(s)$ 称为反馈回路传递函数,它是信号沿着输出端开始,而回到输入端时所有经过的环节乘积,即

$$H(s) = \prod_{j=1}^{m} H_j(s) \tag{2-91}$$

$G(s)H(s)$ 称为闭环系统的开环传递函数,可表示为

$$G(s)H(s) = \prod_{i=1}^{n} G_i(s) \prod_{j=1}^{m} H_j(s) \tag{2-92}$$

注意:开环传递函数和开环系统传递函数是不一样的。

将式(2-90)、式(2-91)和式(2-92)代入式(2-89)中,则系统的闭环传递函数为

$$\frac{Y(s)}{X(s)} = \frac{\displaystyle\prod_{i=1}^{n} G_i(s)}{1 \pm \displaystyle\prod_{i=1}^{n} G_i(s) \prod_{j=1}^{m} H_j(s)} \tag{2-93}$$

当 $H(s) = 1$ 时,我们将系统称为单位反馈系统或全反馈系统。

系统除了有输入量外,有时还要研究存在干扰时,输出量对于干扰也存在传递函数。

如图 2-23 所示的系统,同时存在输入量 $X(s)$ 与干扰量 $N(s)$。此时,可以对输入量与干扰量单独地进行处理,然后再叠加,就可以得到总的输出 $Y(s)$。

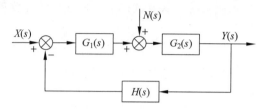

图 2-23   同时存在输入量与干扰量的系统

在输入量 $X(s)$ 的作用下(可把干扰量 $N(s)$ 看作为零),系统的输出为 $Y_X(s)$,则

$$Y_X(s) = G_X(s)X(s) = \frac{G_1(s)G_2(s)}{1 + G_1(s)G_2(s)H(s)}X(s) \tag{2-94}$$

在干扰量 $N(s)$ 作用下(可把输入量 $X(s)$ 看作为零),系统的输出为 $Y_N(s)$,则

$$Y_N(s) = G_N(s)N(s) = \frac{G_2(s)}{1 + G_1(s)G_2(s)H(s)}N(s) \tag{2-95}$$

在式(2-94)中,称 $G_X(s)$ 为输出量对输入量的传递函数,即

$$G_X(s) = \frac{Y_X(s)}{X(s)} = \frac{G_1(s)G_2(s)}{1 + G_1(s)G_2(s)H(s)} \tag{2-96}$$

在式(2-95)中,称 $G_N(s)$ 为输出量对干扰量的传递函数,即

$$G_N(s) = \frac{Y_N(s)}{N(s)} = \frac{G_2(s)}{1 + G_1(s)G_2(s)H(s)} \tag{2-97}$$

系统总的输出量

$$Y(s) = Y_X(s) + Y_N(s) = \frac{G_2(s)}{1 + G_1(s)G_2(s)H(s)}[G_1(s)X(s) + N(s)] \tag{2-98}$$

2.6.3   绘制系统方块图的方法

在绘制系统方块图时,首先列出描述系统各个环节的运动方程式,然后假定初始条件等于零,对方程式进行拉氏变换,求出环节的传递函数,并将它们分别以方块的形式表示出来。最后将这些方块单元结合在一起,以组成系统完整的方块图。下面就通过具体例子说明绘制方块图的方法。

例 2-23   绘制图 2-24 所示的二阶 RC 回路的方块图。

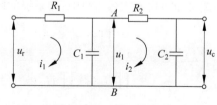

图 2-24   二阶 RC 回路

【解】
首先列出系统原始方程:

$$\frac{u_r(t) - u_1(t)}{R_1} = i_1(t) \tag{2-99}$$

$$u_1(t) = \frac{1}{C_1}\int [i_1(t) - i_2(t)]dt \tag{2-100}$$

$$\frac{u_1(t) - u_c(t)}{R_2} = i_2(t) \tag{2-101}$$

$$u_c(t) = \frac{1}{C_2}\int i_2(t)dt \tag{2-102}$$

求出与上述方程式相对应的拉氏变换式：

$$\frac{U_r(s) - U_1(s)}{R_1} = I_1(s) \tag{2-103}$$

$$U_1(s) = \frac{I_1(s) - I_2(s)}{C_1 s} \tag{2-104}$$

$$\frac{U_1(s) - U_c(s)}{R_2} = I_2(s) \tag{2-105}$$

$$U_c = \frac{I_2(s)}{C_2 s} \tag{2-106}$$

根据方程中间变量间的关系画出与拉氏变换式(2-103)～式(2-106)相对应的方块图，并表示于图 2-25(a)～(d)中。

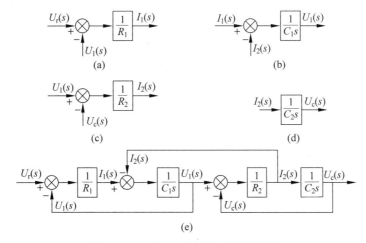

图 2-25　二阶 RC 回路方块图的绘制

将上面四张单元方块图中相同的变量连接起来，即得二阶 RC 回路的方块图，如图 2-25(e)所示。

2.6.4　方块图的变换法则

系统可以由多个典型环节以不同方式连接，通常采用方块图的变换法则将其变换成最基本的连接方式，可以轻而易举地得到系统的传递函数。

常见的变换法则见表 2-4。

表 2-4　方块图变换法则

序号	原框图	等效框图	说　明
1	A, $+$, $-B$, $A-B$, $+$, $+C$, $A-B+C$	A, $+$, $+C$, $A+C$, $+$, $-B$, $A-B+C$	加法交换律
2	C, $+$, A, $+$, $-B$, $A-B+C$	A, $+$, $A-B$, $+C$, $+$, $-B$, $A-B+C$	加法结合律
3	$A \to \boxed{G_1} \xrightarrow{AG_1} \boxed{G_2} \xrightarrow{AG_1G_2}$	$A \to \boxed{G_2} \xrightarrow{AG_2} \boxed{G_1} \xrightarrow{AG_1G_2}$	乘法交换律
4	$A \to \boxed{G_1} \xrightarrow{AG_1} \boxed{G_2} \xrightarrow{AG_1G_2}$	$A \to \boxed{G_1G_2} \xrightarrow{AG_1G_2}$	乘法结合律
5	$A \to \boxed{G_1} \xrightarrow{AG_1} +,\ \boxed{G_2} \xrightarrow{AG_2} +,\ AG_1+AG_2$	$A \to \boxed{G_1+G_2} \xrightarrow{AG_1+AG_2}$	并联环节简化
6	$A \to \boxed{G} \xrightarrow{AG} +,\ -B,\ AG-B$	A, $A-\dfrac{B}{G}$, $\boxed{G}$, $AG-B$; $\dfrac{B}{G}$, $\boxed{\dfrac{1}{G}}$, B	相加点前移
7	A, $+$, $-B$, $A-B$, $\boxed{G}$, $AG-BG$	$A \to \boxed{G} \xrightarrow{AG} AG-BG$; $B \to \boxed{G} \xrightarrow{BG}$	相加点后移
8	$A \to \boxed{G} \xrightarrow{AG}$; AG	$A \to \boxed{G} \xrightarrow{AG}$; $\boxed{G} \xrightarrow{AG}$	分支点前移
9	$A \to \boxed{G} \xrightarrow{AG}$; A	$A \to \boxed{G} \xrightarrow{AG}$; $AG \to \boxed{\dfrac{1}{G}} \to A$	分支点后移
10	A, $+$, $-B$, $A-B$, $A-B$	B, $+$, $A-B$; A, $+$, $-B$, $A-B$	分支点前移越过比较点
11	A; A, $+$, $-B$, $A-B$	B, $+$, A; A, $+$, $A-B$, $-B$	分支点后移越过比较点

表 2-4 中间一列画出了等效方块图。所谓等效,其含义是这一方块图与原方块图不管内部连接如何变化,但从进入到方块图的输入信号以及输出信号来看,这些量都是不变的。

由表 2-4,可以得到如下一些结论:

（1）分支点可以互换；

（2）相加点可以互换；

（3）分支点可以前移或后移，但移动之后，需在此回路中乘或除以所跨接的传递函数；

（4）相加点可以前移或后移，但移动之后，需在此回路中除或乘以所跨接的传递函数。

注意：前移是迎着信号输入方向移动，后移是顺着信号输出方向移动。

表 2-4 所述的一些原则，是很容易证明的。

2.6.5　系统传递函数的求法

一个系统，只要可以画出方块图连接方式，然后应用变换法则与基本连接公式，就很容易求得系统的传递函数。下面举例说明系统传递函数的求法。

例 2-24　求出如图 2-26 所示方块图的传递函数。

【解】

（1）图 2-26(a)的分支点 A 后移到分支点 B 处，因而得到图 2-26(b)所示的方框图。它包括三个回路，分别以①、②、③标明。

（2）第①回路的传递函数为

$$F_1(s) = \frac{G_3 G_4}{1 + G_3 G_4 G_6}$$

以 $F_1(s)$ 代替第①回路，从而得到图 2-26(c)。

（3）第②回路的传递函数为

$$F_2(s) = \frac{G_2 G_3 G_4}{1 + G_2 G_3 G_5 + G_3 G_4 G_6}$$

以 $F_2(s)$ 代替第②回路，从而得到图 2-26(d)。

（4）最后，得到系统的传递函数为

$$\frac{Y(s)}{X(s)} = \frac{G_1 G_2 G_3 G_4}{1 + G_2 G_3 G_5 + G_3 G_4 G_6 + G_1 G_2 G_3 G_4 G_7}$$

可以将其表示在图 2-26(e)的方块图中。

例 2-25　图 2-27 所示为一质量-弹簧-阻尼系统，输入为外力 $f(t)$，输出为位移 $x_3(t)$，求传递函数 $\dfrac{X_3(s)}{F(s)}$。

【解】

根据牛顿第二定律，可得物体 M_1、M_2、M_3 的动力学方程为

$$M_1 \ddot{x}_1 = f(t) - B_1 \dot{x}_1 - K_1 x_1 - K_3(x_1 - x_2) \tag{2-107}$$

$$M_2 \ddot{x}_2 = -B_2 \dot{x}_2 - K_2 x_2 - K_3(x_2 - x_1) - K_4(x_2 - x_3) \tag{2-108}$$

$$M_3 \ddot{x}_3 = -K_4(x_3 - x_2) \tag{2-109}$$

对式(2-107)～式(2-109)进行拉氏变换得

$$(M_1 s^2 + B_1 s + K_1 + K_3) X_1(s) = F(s) + K_3 X_2(s) \tag{2-110}$$

$$(M_2 s^2 + B_2 s + K_2 + K_3 + K_4) X_2(s) = K_3 X_1(s) + K_4 X_3(s) \tag{2-111}$$

$$(M_3 s^2 + K_4) X_3(s) = K_4 X_2(s) \tag{2-112}$$

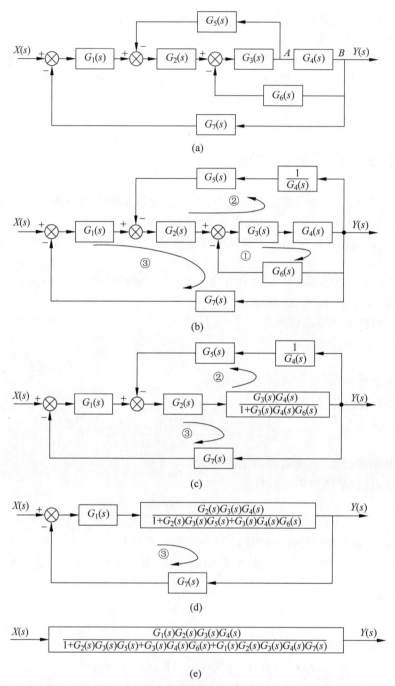

图 2-26 系统方块图变换

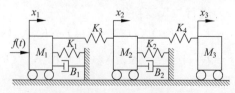

图 2-27 质量-弹簧-阻尼系统

式(2-109)~式(2-112)对应的方块图表示于图 2-28(a)~(c)中。

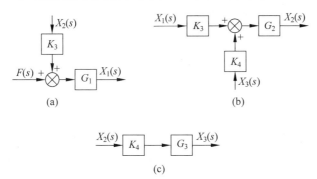

(a)

(b)

(c)

图 2-28 中间变量对应的方块图

图中，$G_1 = \dfrac{1}{M_1 s^2 + B_1 s + K_1 + K_3}$

$G_2 = \dfrac{1}{M_2 s^2 + B_2 s + K_2 + K_3 + K_4}$

$G_3 = \dfrac{1}{M_3 s^2 + K_4}$

将上面三个单元方块图中相同的变量连接起来，即得质量-弹簧-阻尼系统的方块图，如图 2-29 所示。

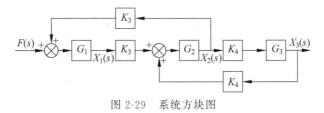

图 2-29 系统方块图

根据方块图变换法则，可将图 2-29 一步步简化为图 2-30(a)~(c)。

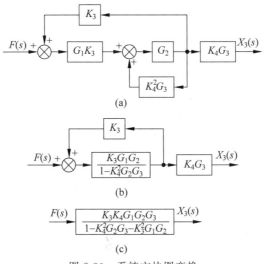

(a)

(b)

(c)

图 2-30 系统方块图变换

$$G(s) = \frac{X_3(s)}{F(s)} = \frac{K_3 K_4 G_1 G_2 G_3}{1 - K_4^2 G_2 G_3 - K_3^2 G_1 G_2}$$ 为其所求传递函数。

2.7　信号流程图及梅森公式

方块图对于图解表示控制系统是很有用的。但当系统很复杂时,方块图的简化过程就显得很复杂。信号流程图是另一种分析复杂系统的有用工具,它可以直接采用梅森公式求出系统的传递函数,信号流程图不仅应用在自动控制系统中,在计算机辅助设计及其他学科中,也有其广泛的应用。

2.7.1　信号流程图

信号流程图是一种网络,如图 2-31 所示。

信号流程图由节点与连接节点的定向线段两部分构成。节点以小圆圈"o"表示,它表示了系统中的一个变量,在"o"下标以 x_1,x_2,…。而定向线段表明了信号由一节点到另一节点的流向,因此要把节点间以线段(直线或曲线)连接,为表示流向,在线段上标以箭头。并在定向线段上方(或下方)标以两个节点之间的传递函数。

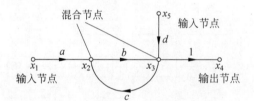

图 2-31　信号流程图的一些组成要素

2.7.2　定义

为了正确利用梅森公式,下面对一些常用术语作以说明。

1. 节点

节点是用来表示系统变量的点,如图 2-31 中的 x_1、x_2、x_3 及 x_4 点。但这些节点是有区别的。只有输出线段的节点,我们称为输入节点,又叫原点,如图 2-31 中的 x_1、x_5 点。只有输入线段的节点,称为输出节点,也叫阱点,如图中的 x_4 点。既有输入线段又有输出线段的节点,如图中的 x_2 点,叫做混合节点。

2. 传输

两个节点间的增益,叫做传输。当把信号流程图用在控制系统中时,传输指的是传递函数。

3. 支路

连接两个节点的定向线段,叫做支路。

4. 通路

沿箭头方向穿过各相联支路的途径,叫做通路。通路与任一节点相交不多于一次,就叫开通路。通路的终点与通路的起点相重合,并且与其他节点相交不多于一次,就叫闭通路,也叫回路。如果通路的起点为输入节点,而通路的终点为输出节点,且通过任何一点不多于一次,这样的通路就叫前向通路。

2.7.3　系统信号流程图的画法

信号流程图的画法很多,这里介绍由系统方块图直接画出信号流程图的方法。

图 2-32(a)的方块图可表示成图 2-32(b)的信号流程图。

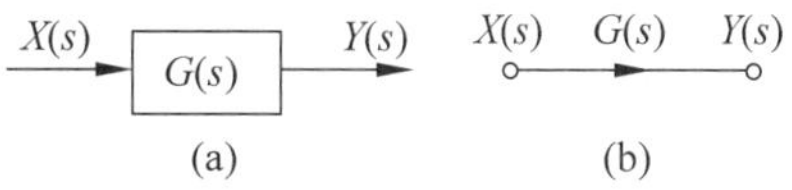

信号流程图中的输入节点表明方块图的输入信号 $X(s)$,输出节点表示输出信号 $Y(s)$,支路的传输表示传递函数。

图 2-33 表示一个反馈回路的方块图与信号流程图的对应关系。

图 2-32　方块图与信号流程图

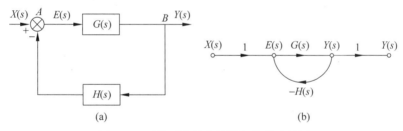

图 2-33　反馈回路的方块图与信号流程图
(a) 方块图;(b) 信号流程图

信号流程图中的 $E(s)$ 点为只有一个输出支路的混合节点,它对应于方块图中的相加点 A。信号流程图中的混合节点 $Y(s)$ 对应于方块图中的分支点 B。通常可以把这样的混合节点通过增加一个具有单位传输的支路,将其变为输出节点来处理,如图 2-33(b)中的 $Y(s)$ 节点。方块图中,反馈回路中的传递函数 $H(s)$ 可用信号流程图中的 $Y(s)$ 节点到 $E(s)$ 节点的传输表示,如为负反馈,传输前加"—"号。

下面通过例子说明如何把方块图化为信号流程图。

例 2-26　试将图 2-34 的方块图化为信号流程图。

【解】

图 2-34 方块图可化为图 2-35 的信号流程图。

例 2-27　试将图 2-36 的方块图化为信号流程图。

【解】

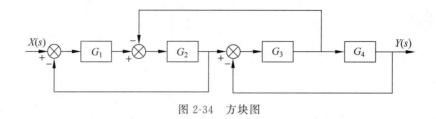

图 2-34　方块图

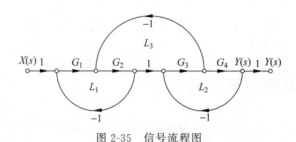

图 2-35　信号流程图

图 2-36 方块图可化为图 2-37 的信号流程图。

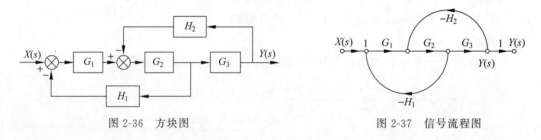

图 2-36　方块图　　　　　　　　图 2-37　信号流程图

2.7.4　梅森公式

在信号流程图上,利用梅森公式可以直接计算出系统的传递函数。

梅森公式可表示为

$$P = \frac{1}{\Delta} \sum_K P_K \cdot \Delta_K \qquad (2\text{-}113)$$

式中,P_K 为第 K 条前向通路的通路传递函数;Δ 为信号流程图的特征式,可由下式计算:

$$\Delta = 1 - \sum_a L_a + \sum_{b,c} L_b L_c - \sum_{d,e,f} L_d L_e L_f + \cdots \qquad (2\text{-}114)$$

式中,$\sum_a L_a$ 为所有不同回路的传递函数之和;$\sum_{b,c} L_b L_c$ 为每两个互不接触回路传递函数的乘积之和;$\sum_{d,e,f} L_d L_e L_f$ 为每三个互不接触回路传递函数乘积之和;Δ_K 为第 K 条前向通路特征式的余因式,其值是除去与第 K 条前向通路相接触回路传递函数以后的 Δ 值。

下面举例说明梅森公式的应用。

例 2-28　试求出图 2-35 信号流程图表示的系统传递函数。

【解】

此例中仅有一条前向通路 P_1，3 条反馈回路分别为 L_1、L_2 及 L_3，且 L_1 及 L_2 互不接触（即为独立回路），所以

$$P_1 = G_1 G_2 G_3 G_4$$

$$L_1 = -G_1 G_2$$

$$L_2 = -G_3 G_4$$

$$L_3 = -G_2 G_3$$

$$L_1 L_2 = G_1 G_2 G_3 G_4$$

$$\Delta = 1 - (L_1 + L_2 + L_3) + L_1 L_2 = 1 + G_1 G_2 + G_3 G_4 + G_2 G_3 + G_1 G_2 G_3 G_4$$

$$\Delta_1 = 1（因为 L_1、L_2 及 L_3 都同前向通路 P_1 相接触）$$

最后可以求出系统传递函数为

$$G(s) = \frac{G_1 G_2 G_3 G_4}{1 + G_1 G_2 + G_3 G_4 + G_2 G_3 + G_1 G_2 G_3 G_4}$$

例 2-29 试求出图 2-38 信号流程图所示系统的传递函数。

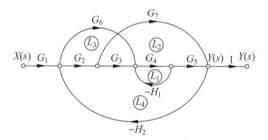

图 2-38 信号流程图

【解】

此例有 3 条前向通路，分别为 P_1、P_2 与 P_3，还有 4 条反馈回路 L_1、L_2、L_3 与 L_4，且 L_1 与 L_2 不接触，所以

$$P_1 = G_1 G_2 G_3 G_4 G_5$$

$$P_2 = G_1 G_6 G_4 G_5$$

$$P_3 = G_1 G_2 G_7$$

$$L_1 = -G_4 H_1$$

$$L_2 = -G_2 G_7 H_2$$

$$L_3 = -G_6 G_4 G_5 H_2$$

$$L_4 = -G_2 G_3 G_4 G_5 H_2$$

$$L_1 L_2 = G_4 G_2 G_7 H_1 H_2$$

$$\Delta = 1 - (L_1 + L_2 + L_3 + L_4) + L_1 L_2$$

$$= 1 + G_4 H_1 + G_2 G_7 H_2 + G_4 G_6 G_5 H_2 + G_2 G_3 G_4 G_5 H_2 + G_2 G_7 G_4 H_1 H_2$$

$$\Delta_1 = 1（全部回路都与 P_1 接触）$$

$\Delta_2=1$（全部回路都与 P_2 接触）

$\Delta_3=1-L_1$（L_1 与 P_3 不接触）

最后可以求出系统的传递函数

$$G(s)=\frac{G_1G_2G_3G_4G_5+G_1G_6G_4G_5+G_1G_2G_7(1+G_4H_1)}{1+G_4H_1+G_2G_7H_2+G_4G_6G_5H_2+G_2G_3G_4G_5H_2+G_2G_7G_4H_1H_2}$$

2.8　利用 MATLAB 语言进行数学模型的描述

1. 简单函数的拉氏变换与反变换

在 MATLAB 的符号功能中，可以对简单函数进行拉氏变换、拉氏反变换。

拉氏变换：laplace(f(t))

拉氏反变换：ilaplace(F(s))

其中 $f(t)$ 为原函数，$F(s)$ 为像函数。

例 2-30　求 $f=2t$ 的拉氏变换。

【解】

MATLAB 程序如下：

```
syms t
f=2 * t;
F=laplace(f)
```

程序执行结果为

F =2/s^2

例 2-31　求 $f=e^{at}$ 的拉氏变换。

【解】

MATLAB 程序如下：

```
syms t a
f=exp(a * t);
F=laplace(f)
```

程序执行结果为

F =−1/(a − s)

例 2-32　求 $F(s)=1/(s-1)$ 的拉氏反变换。

【解】

MATLAB 程序如下：

```
syms s
F=1/(s−1);
f=ilaplace(F)
```

程序执行结果为

f ＝exp(t)

例 2-33　求 $F(s) = \dfrac{a}{s^2 + a^2}$ 的拉氏反变换。

【解】

MATLAB 程序如下：

```
syms s a
f＝ilaplace(a/(s^2＋a^2))
```

程序执行结果为

f ＝sin(a * t)

2. 传递函数的两种形式

传递函数通常表达成 s 的有理分式形式及零、极点增益形式。

1）有理分式形式

$$G(s) = \frac{\displaystyle\sum_{i=1}^{m} a_{m-i} s^i}{\displaystyle\sum_{j=0}^{n} a_{n-j} s^j} \Rightarrow \frac{\text{num}}{\text{den}}$$

分别将分子、分母中 s 多项式的系数按降幂排列成行矢量，缺项的系数用 0 补齐。

如 $G(s) = \dfrac{2s + 1}{s^3 + 2s^2 + 2s + 1}$ 函数可表示为

num1＝[2　1]　（注意：方括号，同一行的各元素间留空格或逗号）。
den1＝[1　2　2　1]
　　sys＝tf(num1,den1)

运行后，返回传递函数 $G(s)$ 的形式。

2）零、极点增益形式

$$G(s) = \frac{K \displaystyle\prod_{i=1}^{m} (s + z_i)}{\displaystyle\prod_{j=1}^{n} (s + p_j)}$$

[r,p,k]＝residue (num,den)

部分分式展开后留数返回列向量 r，极点返回列向量 p，余数返回至 k。若无零点、极点或常数则返回[ ]（空矩阵）。

3. 利用 MATLAB 语言进行部分分式展开

在 MATLAB 语言中，用下面的语句格式表示出式(2-17)的分子与分母多项式：

$$\text{num} = [b_m, b_{m-1}, \cdots, b_0] \qquad 传递函数分子多项式系数$$
$$\text{den} = [a_n, a_{n-1}, \cdots, a_0] \qquad 传递函数分母多项式系数$$

命令

$$[r, p, k] = \text{residue}(\text{num}, \text{den}) \qquad 求留数、极点和余项$$

可求出多项式 $Y(s)$ 和 $X(s)$ 之比的部分分式展开式中的留数、极点和余项：

$$\frac{Y(s)}{X(s)} = \frac{r(1)}{s - p(1)} + \frac{r(2)}{s - p(2)} + \cdots + \frac{r(n)}{s - p(n)} + k(s) \qquad (2\text{-}115)$$

将方程式(2-19)和式(2-115)进行比较,可以看出 $p(1) = -p_1, p(2) = -p_2, \cdots, p(n) = -p_n$; $r(1) = A_1, r(2) = A_2, \cdots, r(n) = A_n$; $k(s)$ 是余项。

例 2-34　求下列传递函数的部分分式：

$$\frac{Y(s)}{X(s)} = \frac{2s^3 + 5s^2 + 3s + 6}{s^3 + 6s^2 + 11s + 6}。$$

【解】

对于该函数有

```
num = [2 5 3 6]
den = [1 6 11 6]
[r, p, k] = residue(num, den)
```

于是得到下列结果：

```
[r, p, k] = residue(num, den)
r = -6.0000
    -4.0000
     3.0000
p = -3.0000
    -2.0000
    -1.0000
k = 2
```

则

$$\frac{Y(s)}{X(s)} = \frac{2s^3 + 5s^2 + 3s + 6}{s^3 + 6s^2 + 11s + 6} = \frac{-6}{s + 3} + \frac{-4}{s + 2} + \frac{3}{s + 1} + 2$$

如果 $p(j) = p(j+1) = \cdots = p(j+m-1)$（即 $p_j = p_{j+1} = \cdots = p_{j+m-1}$），则极点 $p(j)$ 是一个 m 重极点,部分分式展开式将包括下列诸项：

$$\frac{r(j)}{s - p(j)} + \frac{r(j+1)}{[s - p(j+1)]^2} + \cdots + \frac{r(j+m-1)}{[s - p(j+m-1)]^m}$$

例 2-35　用 MATLAB 将 $\dfrac{Y(s)}{X(s)} = \dfrac{s^2 + 2s + 3}{(s+1)^3} = \dfrac{s^2 + 2s + 3}{s^3 + 3s^2 + 3s + 1}$ 展开成部分分式。

【解】

对此函数,有

```
num = [1 2 3]
den = [1 3 3 1]
[r, p, k] = residue(num, den)
```

运算结果为

```
r＝1.0000
   0.0000
   2.0000
p＝－1.0000
  －1.0000
  －1.0000
k＝[ ]
```

以下是 $Y(s)/X(s)$ 的部分分式展开的 MATLAB 的表达式：

$$\frac{Y(s)}{X(s)}=\frac{1}{s+1}+\frac{0}{(s+1)^2}+\frac{2}{(s+1)^3}$$

例 2-36 用 MATLAB 的方法求例 2-11 的部分分式展开。

```
num＝[1 1]
den＝[1 1 1 0]
[r,p,k]＝residue(num,den)
```

```
r ＝－0.5000 － 0.2887i
   －0.5000 ＋ 0.2887i
    1.0000
p ＝－0.5000 ＋ 0.8660i
   －0.5000 － 0.8660i
        0
k ＝[ ]
```

即

$$\frac{Y(s)}{X(s)}=\frac{-0.5-0.2887i}{s+0.5-0.866i}+\frac{-0.5+0.2887i}{s+0.5+0.866i}+\frac{1}{s}$$

$$=\frac{1}{s}-\frac{s+0.5}{(s+0.5)^2+0.866^2}+\frac{0.5}{(s+0.5)^2+0.866^2}$$

与例 2-11 结果一样。

习 题 2

1. 单选题

(1) 系统的传递函数( )。

    A. 与外界无关

    B. 反映了系统、输出、输入三者之间的关系

    C. 完全反映了系统的动态特性

    D. 与系统的初始状态有关

(2) 系统的传递函数是系统在( )域中的数学模型。

    A. 时间   B. 频率   C. 复数   D. 时延

(3) 已知 $f(t)=0.5t+1(t)$，其 $L[f(t)]=($)。

    A. $s+0.5s^2$ B. $0.5s^2$ C. $\dfrac{1}{2s^2}+\dfrac{1}{s}$ D. $\dfrac{1}{2s}$

(4) 若 $f(t)=te^{-2t}$，则 $L[f(t)]=($)。

    A. $\dfrac{1}{s+2}$ B. $\dfrac{1}{(s+2)^2}$ C. $\dfrac{1}{s-2}$ D. $\dfrac{1}{(s-2)^2}$

(5) 设 $F(s)=\dfrac{s+1}{s(s+3)}$，则 $f(0)=($)。

    A. $+\infty$ B. 0   C. 1/3   D. 1

(6) 某环节的传递函数为 $\dfrac{1}{Ts+1}$，它是(   )。

    A. 惯性环节   B. 比例环节   C. 微分环节   D. 积分环节

(7) 振荡环节的传递函数为 $\dfrac{25}{s^2+2s+4}$，其阻尼比为(   )。

    A. 5   B. 0.33   C. 2   D. 0.5

(8) 如习题 2-1 图所示的电路系统，其传递函数为(   )。

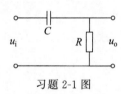

习题 2-1 图

    A. $G(s)=\dfrac{RCs}{RCs+1}$ B. $G(s)=\dfrac{1}{RCs+1}$

    C. $G(s)=\dfrac{Cs}{RCs+1}$ D. $G(s)=\dfrac{Rs}{RCs+1}$

(9) 系统 $G(s)=\dfrac{10(s+2)(s+5)}{s(s+1)(3s+10)}$，其零点是(   )。

    A. $s_1=1,s_2=10/3,s_3=0$ B. $s_1=-2,s_2=-5$

    C. $s_1=-1,s_2=-10/3,s_3=0$ D. $s_1=2,s_2=5,s_3=1$

(10) 某像函数 $F(s)=\dfrac{s^2+s+1}{s(s^2+2s+4)}$，则原函数的 $f(+\infty)=($)。

    A. 1   B. 1/2   C. 1/4   D. $+\infty$

2. 填空题

(1) 工程上常用的描述动态系统的数学模型包括(   )、(   )和(   )等。

(2) 按其数学模型是否满足(   )，控制系统可分为线性系统和非线性系统。

(3) 一系统传递函数 $G_K(s)=\dfrac{1}{s(Ts+1)}$，该系统可以看成由(   )和(   )两环节串联而成。

(4) 建立系统数学模型的方法有(   )和(   )两种。

（5）某系统的传递函数为 $G(s)=\dfrac{18}{(3s+1)(6s+1)}$，其极点是（　　）和（　　）。

（6）传递函数与输入输出无关，只与系统（　　）有关。

（7）单位斜坡信号的拉氏变换为（　　），单位脉冲信号的拉氏变换为（　　）。

（8）已知系统的传递函数为 $G(s)=\dfrac{Y(s)}{X(s)}=\dfrac{2s+1}{3s^2+8s+6}$，则系统的微分方程为（　　）。

（9）二阶系统的极点分别为 $s_1=-0.5$，$s_2=-4$，系统的开环增益为 5，则系统的开环传递函数为（　　）。

（10）传递函数的定义是对于线性定常系统，在（　　）的条件下，系统输出量的拉氏变换与（　　）之比。

3. 简答题

（1）拉氏变换的定义是什么？

（2）线性系统的特征是什么？

（3）什么是系统传递函数？

（4）传递函数的主要特点是什么？

4. 分析计算题

（1）试求如习题 2-2 图所示机械系统的作用力 $F(t)$ 与位移 $y(t)$ 之间的微分方程和传递函数。

（2）对于如习题 2-3 图所示系统，试求出作用力 $F_1(t)$ 到位移 $x_2(t)$ 的传递函数。其中，f 为黏性阻尼系数。$F_2(t)$ 到位移 $x_1(t)$ 的传递函数又是什么？

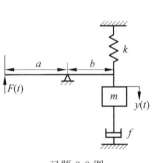

习题 2-2 图

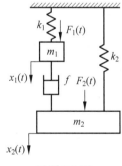

习题 2-3 图

（3）试求习题 2-4 图所示无源网络的传递函数。

（4）证明 $L[\cos\omega t]=\dfrac{s}{s^2+\omega^2}$。

（5）求 $f(t)=\dfrac{1}{2}t^2$ 的拉氏变换。

（6）求下列像函数的拉氏反变换：

① $X(s)=\dfrac{5s+3}{(s+1)(s+2)(s+3)}$

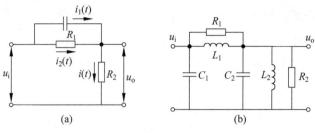

习题 2-4 图

② $X(s) = \dfrac{s^2 + 2s + 3}{(s+1)^3}$

③ $X(s) = \dfrac{1}{s(s+1)^3(s+2)}$

(7) 单位阶跃输入的输出

$$y(t) = 1(t) - 2e^{-t} + e^{-2t}, \quad t \geqslant 0$$

求其传递函数。

(8) 已知传递函数为 $G(s) = \dfrac{s+3}{s^2 + 3s + 2}$，求其单位阶跃输入下的输出 $y(t)$。

(9) 绘制习题 2-5 图所示机械系统的方框图。

(10) 如习题 2-6 图所示系统,试求:

① 以 $X(s)$ 为输入,分别以 $Y(s)$、$Y_1(s)$、$B(s)$、$E(s)$ 为输出的传递函数;

② 以 $N(s)$ 为输入,分别以 $Y(s)$、$Y_1(s)$、$B(s)$、$E(s)$ 为输出的传递函数。

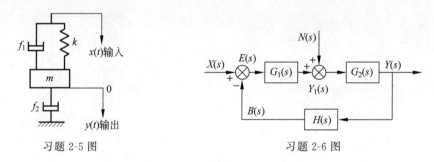

习题 2-5 图   习题 2-6 图

(11) 化简如习题 2-7 图所示各系统方块图,并求其传递函数。

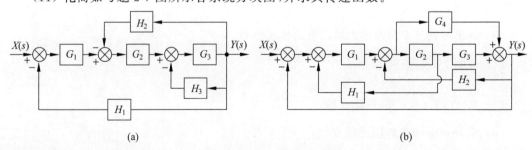

(a)   (b)

习题 2-7 图

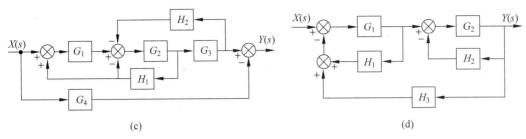

(c)　　　　　　　　　　　　　　　　　(d)

习题 2-7 图(续)

（12）画出如习题 2-8 图所示系统结构图对应的信号流程图,并用梅森公式求传递函数 $\dfrac{Y(s)}{X(s)}$。

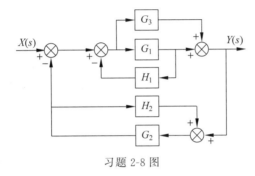

习题 2-8 图

（13）用拉氏变换法解下列微分方程:

① $\dfrac{\mathrm{d}^2 x(t)}{\mathrm{d}t^2}+6\dfrac{\mathrm{d}x}{\mathrm{d}t}+8x(t)=1(t)$,其中 $x(0)=1$, $\dfrac{\mathrm{d}x(t)}{\mathrm{d}t}\bigg|_{t=0}=0$;

② $\dfrac{\mathrm{d}x(t)}{\mathrm{d}t}+10x(t)=2(t)$,其中 $x(0)=0$;

③ $\dfrac{\mathrm{d}x(t)}{\mathrm{d}t}+100x(t)=300(t)$,其中 $\dfrac{\mathrm{d}x(t)}{\mathrm{d}t}\bigg|_{t=0}=50$。

习题 2 参考答案

第 3 章

时间响应与误差分析

从本章起,我们开始进行分析系统,而分析系统的基础,是确定系统的数学模型,在上一章已讨论了这一问题。分析系统的方法,在经典控制理论中主要有时间特性法、频率特性法和根轨迹法。

控制系统的实际运行,都是在时间域内进行的,因此,时间特性分析法是这些方法中最常用、又比较精确的方法,它是通过拉氏反变换求出系统输出量的表达式,从而提供了时间响应的全部信息。

本章主要分析一阶系统和二阶系统的时间响应,最后介绍高阶系统的时间响应,同时介绍控制系统的稳态误差的概念及计算方法。

系统的分析主要是分析系统的稳定性、稳态精度和瞬态响应的性能指标这三个方面。

3.1 时间响应与典型输入信号

3.1.1 时间响应的概念

控制系统在典型输入信号的作用下,输出量随时间变化的函数关系称为系统的时间响应。描述系统的微分方程的解就是该系统时间响应的数学表达式。稳定系统的时间响应可分为瞬态响应与稳态响应。

(1)瞬态响应:系统在某一输入信号的作用下,系统的输出量从初始状态到稳定状态的响应过程称为瞬态响应。瞬态响应也称为过渡过程。

(2)稳态响应:在某一输入信号的作用后,时间 t 趋于无穷大时系统的输出状态称为稳态响应。

图 3-1 表示某一系统在单位阶跃信号作用下时间响应的形式。

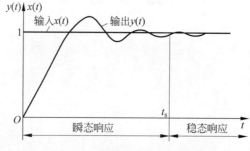

图 3-1 系统阶跃响应的形式

系统的输出量在 t_s（调整时间）时刻达到稳定状态，在 t 从 $0 \to t_s$ 时间内的响应过程称为瞬态响应；当 $t \to +\infty$ 时，系统的输出 $y(t)$ 即为稳态响应。

当 $t \to +\infty$ 时，$y(t)$ 收敛于某一稳定值，则系统是稳定的；若 $y(t)$ 呈等幅振荡或发散，则系统不稳定。瞬态响应直接反应了系统的动态特性，稳态响应偏离希望输出值的程度可以衡量系统的精确程度。

3.1.2 典型输入信号

控制系统的动态特性可以通过在输入信号作用下，系统的瞬态响应来评价的。系统的瞬态响应不仅取决于系统本身的特性，还与外加输入信号的形式有关。

选取输入信号应当考虑以下几个方面：输入信号应当具有典型性，能够反映系统工作的大部分实际情况；输入信号的形式，应当尽可能简单，便于分析处理；输入信号能使系统在最恶劣的情况下工作。

在分析瞬态响应时，采用典型输入信号，有如下好处：

(1) 数学处理简单，给定典型信号下的性能指标，便于分析、综合系统；

(2) 典型输入的信号往往可以作为分析复杂输入时系统性能的基础；

(3) 便于进行系统辨识，确定未知环节的传递函数。

在时域分析中，经常采用的典型输入信号有下面几种，其中阶跃信号使用的最为广泛。

1. 阶跃信号

阶跃信号如图 3-2 所示，其函数表达式为

$$x(t) = \begin{cases} R, & t \geqslant 0 \\ 0, & t < 0 \end{cases}$$

阶跃信号的拉氏变换为

$$X(s) = L[x(t)] = \frac{R}{s}$$

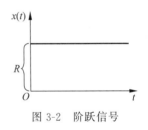

图 3-2　阶跃信号

当 $R = 1$ 时，叫做单位阶跃信号，记为 $1(t)$。

在 $t = 0$ 处的阶跃信号，相当于一个数值为常值的信号，在 $t \geqslant 0$ 突然加到系统上。

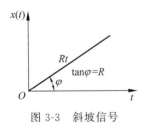

图 3-3　斜坡信号

2. 斜坡信号（速度信号）

斜坡信号如图 3-3 所示，其函数表达式为

$$x(t) = \begin{cases} Rt, & t \geqslant 0 \\ 0, & t < 0 \end{cases}$$

斜坡信号的拉氏变换为

$$X(s) = L[x(t)] = \frac{R}{s^2}$$

当 $R = 1$ 时，叫做单位斜坡信号。

这种信号相当于控制系统中加一个按恒速变化的信号，其速度为 R。

3. 抛物线信号(加速度信号)

抛物线信号如图 3-4 所示,其数学表达式为

$$x(t) = \begin{cases} \dfrac{Rt^2}{2}, & t \geqslant 0 \\ 0, & t < 0 \end{cases}$$

抛物线信号的拉氏变换为

$$X(s) = L[x(t)] = \frac{R}{s^3}$$

该输入信号相当于控制系统中加入一个按恒加速度变化的信号,加速度为 R,当 $R=1$ 时,该信号称为单位抛物线信号,又称为单位加速度信号。

4. 脉冲信号

脉冲信号如图 3-5 所示,其数学表达式为

$$x(t) = \begin{cases} \dfrac{1}{h}, & 0 \leqslant t < h \\ 0, & t < 0, t \geqslant h \end{cases}$$

其中,脉冲宽度为 h,脉冲面积为 1。

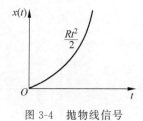

图 3-4   抛物线信号

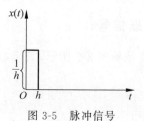

图 3-5   脉冲信号

若对实际脉冲的宽度取趋于零的极限,则为理想单位脉冲函数,记为 $\delta(t)$。

$$\delta(t) = \begin{cases} +\infty, & t = 0 \\ 0, & t \neq 0 \end{cases}$$

$$\int_{-\infty}^{+\infty} \delta(t) = 1$$

单位脉冲函数的拉氏变换为

$$X(s) = L[\delta(t)] = 1$$

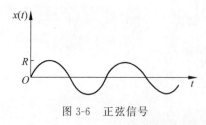

图 3-6   正弦信号

5. 正弦信号

正弦信号如图 3-6 所示,其数学表达式为

$$x(t) = \begin{cases} R\sin\omega t, & t \geqslant 0 \\ 0, & t < 0 \end{cases}$$

正弦信号的拉氏变换为

$$X(s) = \frac{R\omega}{s^2 + \omega^2}$$

3.1.3　瞬态响应的性能指标

用以衡量系统瞬态响应的几项参数,称为性能指标。一般用输入端加入单位阶跃函数时的输出响应加以规定。因为产生这种响应比较容易;而且这种输入信号的工作状况是最恶劣的。

线性系统的性能指标取决于系统本身的特性,而与输入信号的大小无关。同一个线性系统对不同幅值阶跃输入的瞬态响应的区别,仅在于幅值成比例的变化,响应时间完全相同,因此,对以单位阶跃输入瞬态响应形式给出的性能指标具有普遍意义。

评价控制系统动态性能的好坏,常以时间域的几个特征量来表示。由于实际的控制系统具有储能元件,所以当系统受到输入信号或扰动信号的作用时,系统不可能立刻产生反应,而表现出一定的瞬态响应过程,这种瞬态响应过程,往往以衰减振荡的形式出现。

为了评价控制系统对单位阶跃输入的瞬态响应特征,通常采用下列性能指标,如图 3-7 所示。

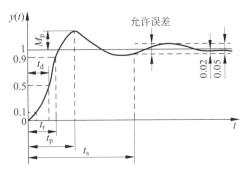

图 3-7　控制系统的性能指标

(1) 延迟时间 t_d:响应曲线第一次达到稳态值的 50% 所需的时间。

(2) 上升时间 t_r:对于二阶过阻尼系统是指响应曲线从稳态值的 10% 上升到 90% 所需的时间(或从稳态值的 5% 上升到 95%);对于二阶欠阻尼系统是指响应曲线从 0% 上升到 100% 所需的时间。

(3) 峰值时间 t_p:响应曲线超过其稳态值而达到第一个峰值所需的时间。

(4) 最大超调量 M_p 和最大百分比超调量 $M_p\%$:响应曲线的最大峰值与稳态值的差叫做最大超调量 M_p。通常采用百分比表示最大超调量 $M_p\%$,定义为:单位阶跃响应曲线偏离稳态值的最大差值与稳态值之比的百分值,即

$$M_p\% = \frac{y(t_p) - y(+\infty)}{y(+\infty)} \times 100\%$$

其中,$y(+\infty)$ 代表阶跃响应的终值,即稳态值。

最大超调量 M_p 的数值,直接说明了系统的相对稳定性。

(5) 调整时间 t_s:在响应曲线的稳态线上,用稳态值的百分数做一个允许误差范围,响应曲线第一次达到并永远保持在这一允许误差范围内所需要的时间。调整时间与控制系统的时间常数有关。允许误差的百分比选多大,取决于设计要求,通常取 ±5% 或 ±2%。调整时间是评价一个系统响应速度快慢的指标。

(6) 振荡次数 N:在调整时间 t_s 内响应曲线振荡的次数。

对于一、二阶系统,确定这些指标是容易的,但对于高阶系统则是困难的。但是,在一定条件下,可以把高阶系统近似作为低阶(一般为二阶)系统来研究。因此,下面重点研究一、

二阶系统的瞬态响应情况。

3.2　一阶系统的瞬态响应

3.2.1　一阶系统的数学模型

能用一阶微分方程描述的系统称为一阶系统,它是控制系统中最为常见的系统。一阶系统的典型环节是惯性环节。

惯性环节的传递函数为

$$\Phi(s)=\frac{Y(s)}{X(s)}=\frac{1}{Ts+1} \tag{3-1}$$

这种系统可看作积分环节被反馈通道包围而成,如图3-8所示。

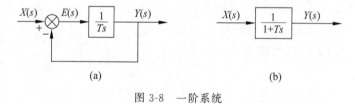

图 3-8　一阶系统

3.2.2　一阶系统的单位阶跃响应

给一阶系统输入单位阶跃信号,根据式(3-1)进行拉氏反变换,求出微分方程的解$y(t)$,即为一阶系统的单位阶跃响应。

单位阶跃信号的拉氏变换为

$$X(s)=\frac{1}{s}$$

此式代入式(3-1),可得输出信号拉氏变换为

$$Y(s)=\frac{1}{Ts+1}\cdot X(s)=\frac{1}{s(Ts+1)} \tag{3-2}$$

将式(3-2)展开成部分分式,可得

$$Y(s)=\frac{1}{s}-\frac{T}{Ts+1} \tag{3-3}$$

对上式进行拉氏反变换得

$$y(t)=1(t)-e^{-\frac{t}{T}}, \quad t\geqslant 0 \tag{3-4}$$

上式中的第一项为稳态响应。阶跃响应曲线如图3-9所示。T称为时间常数,它影响到响应的快慢,因而是一阶系统的重要参数。

当时间$t=T$时,响应$y(t)=0.632$,即达到响应稳态值的63.2%;当时间$t=3T$时,响应已达到稳态值的95%;当$t=4T$时,达到98.2%。因而一阶系统的调整时间

$t_s = (3 \sim 4) T$，以此来评定响应时间的长短。

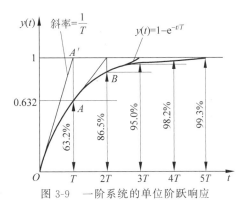

图 3-9　一阶系统的单位阶跃响应

时间常数 T 可通过响应曲线求得，可由下述两种方法确定：

（1）在响应曲线上，找到稳态值的 63.2% 的 A 点，并向时间 t 轴作垂线，与其交点值，即为时间常数 T。

（2）由 $t=0$ 那一点（即原点）作响应曲线的切线，与稳态值交于 A' 点。由 A' 点向时间 t 轴作垂线，与其交点值即为时间常数 T。此种方法可由下式得到证明。

$$\frac{\mathrm{d}y(t)}{\mathrm{d}t} = \frac{1}{T}\mathrm{e}^{-t/T}\Big|_{t=0} = \frac{1}{T} \tag{3-5}$$

式（3-5）即为斜率值，由 $\triangle OA'T$ 即可知上述求时间常数 T 的求法是正确的。

3.2.3　一阶系统的单位斜坡响应

单位斜坡函数的拉氏变换为

$$X(s) = \frac{1}{s^2}$$

代入式（3-1），可得输出信号拉氏变换为

$$Y(s) = \frac{1}{Ts+1}X(s) = \frac{1}{s^2(Ts+1)} \tag{3-6}$$

展开成部分分式

$$Y(s) = \frac{1}{s^2} - \frac{T}{s} + \frac{T}{s+\frac{1}{T}} \tag{3-7}$$

取式（3-7）的拉氏反变换，可得

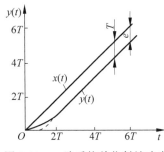

图 3-10　一阶系统单位斜坡响应

$$y(t) = t - T + T\mathrm{e}^{-t/T} \tag{3-8}$$

一阶系统在单位斜坡输入时的误差为

$$e(t) = x(t) - y(t) = t - (t - T + T\mathrm{e}^{-t/T})$$
$$= T(1 - \mathrm{e}^{-t/T}) \tag{3-9}$$

当 $t \to +\infty$ 时，$\mathrm{e}^{-t/T} \to 0$，因而 $e(+\infty) = T$。

系统对单位斜坡输入的时间响应 $y(t)$ 和输入信号 $x(t)$ 表示于图 3-10 中。从图中也可以看出，当 t 足够大时，一阶系统跟踪单位斜坡信号输入的误差等于时间常数 T。

3.2.4　一阶系统的单位脉冲响应

单位脉冲函数的拉氏变换为

$$X(s) = 1$$

这时式(3-2)为

$$Y(s) = \frac{1}{Ts + 1} \tag{3-10}$$

取其拉氏反变换得

$$y(t) = \frac{1}{T}e^{-t/T} \tag{3-11}$$

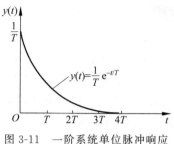

图 3-11　一阶系统单位脉冲响应

时间响应曲线 $y(t)$ 如图 3-11 所示。

除前面分析之外,还有两点值得提出。

(1) 当输入信号不为单位值时,输入信号的拉氏变换分别为

阶跃输入　　　　$X(s) = \dfrac{R}{s}$

斜坡输入　　　　　　　　$X(s) = \dfrac{R}{s^2}$

脉冲输入　　　　　　　　$X(s) = R$

对应于不同输入时的响应分别如下列各式所示:

阶跃输入　　　　$y(t) = R(1 - e^{-t/T})$, 　$t \geqslant 0$

斜坡输入　　　　$y(t) = R(t - T + Te^{-t/T})$, 　$t \geqslant 0$

脉冲输入　　　　$y(t) = \dfrac{R}{T}e^{-t/T}$, 　$t \geqslant 0$

(2) 当输入信号为单位值时,如果一阶系统传递函数的形式为

$$\frac{Y(s)}{X(s)} = \frac{k}{Ts + 1}$$

此时,对应于单位输入信号时,其输出响应分别如下列各式所示:

阶跃输入　　　　$y(t) = k(1 - e^{-t/T})$, 　$t \geqslant 0$

斜坡输入　　　　$y(t) = k(t - T + Te^{-t/T})$, 　$t \geqslant 0$

脉冲输入　　　　$y(t) = \dfrac{k}{T}e^{-t/T}$, 　$t \geqslant 0$

例 3-1　已知某一单位反馈系统的开环传递函数为

$$G(s) = \frac{20}{0.21s + 1}$$

试求系统的单位阶跃响应。

【解】

首先求出系统的闭环传递函数

$$\frac{Y(s)}{X(s)} = \frac{G(s)}{1 + G(s)} = \frac{20}{0.21s + 21} = \frac{0.95}{0.01s + 1}$$

因此,闭环传递函数仍为惯性环节,由 $\dfrac{Y(s)}{X(s)} = \dfrac{k}{Ts + 1}$ 式可知

$$k = 0.95 \ (1/s)$$

$$T = 0.01 \ (\text{s})$$

因此,单位阶跃响应表达式为

$$y(t) = k(1(t) - e^{-t/T}) = 0.95(1(t) - e^{-\frac{t}{0.01}})$$
$$= 0.95(1(t) - e^{-100t})$$

响应曲线如图 3-12 所示。

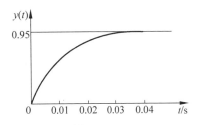

图 3-12　$\dfrac{0.95}{0.01s+1}$ 的单位阶跃响应曲线

例 3-2　两个系统的传递函数分别为

系统 1　$\dfrac{Y(s)}{X(s)} = \dfrac{10}{2s+1}$；　　系统 2　$\dfrac{Y(s)}{X(s)} = \dfrac{10}{6s+1}$

试比较两个系统响应的快慢。

【解】

系统响应的快慢的主要指标是调整时间 t_s 的大小,一阶系统的调整时间是由时间常数 T 决定的。

$$\text{系统 1 的时间常数}\quad T_1 = 2\text{s}$$
$$\text{系统 2 的时间常数}\quad T_2 = 6\text{s}$$

由于 $T_1 < T_2$,因此系统 1 的响应速度快。达到稳态值的时间,如以 $\pm 2\%$ 来算,系统 1 的调整时间 $t_{1s} = 4T_1 = 8\text{s}$,而系统 2 的调整时间为 $t_{2s} = 4T_2 = 24\text{s}$,因此系统 1 比系统 2 快 3 倍。

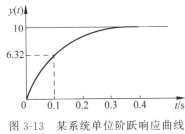

图 3-13　某系统单位阶跃响应曲线

例 3-3　某一系统单位阶跃响应曲线如图 3-13 所示,试写出其闭环传递函数。

【解】

在响应曲线上,找到稳态值(此值为 10)的 63.2%(即 6.32)点,此点所对应的时间为 0.1s,即为时间常数,而传递函数的增益 k 值,可由输出的稳态值 10 与输入的阶跃值 1 的比值得到,即

$$k = \frac{10}{1} \, 1/\text{s}$$

因此,系统的闭环传递函数为

$$G(s) = \frac{k}{Ts+1} = \frac{10}{0.1s+1}$$

3.3　二阶系统的瞬态响应

3.3.1　二阶系统的数学模型

一个系统能用二阶微分方程描述或是系统的传递函数分母多项式 s 的最高幂次为 2 的系统,称为二阶系统。

从物理意义上讲,二阶系统起码包含两个储能元件,能量有可能在两个元件之间交换,引起系统具有往复振荡的趋势,当阻尼不够充分大时,系统呈现出振荡的特性,所以,典型的

二阶系统又称为二阶振荡环节。图 2-4 和图 2-9 所示的两种系统分别属于机械、电气范畴的装置,最后传递函数都可以变为下述的标准形式:

$$\frac{Y(s)}{X(s)} = \frac{\omega_n^2}{s^2 + 2\zeta\omega_n s + \omega_n^2} = \frac{1}{T^2 s^2 + 2\zeta T s + 1} \tag{3-12}$$

式中,T 为时间常数;ω_n 为无阻尼自然频率,rad/s,$\omega_n = 1/T$;ζ 为阻尼比;$\zeta\omega_n = \sigma$ 为衰减系数。

二阶系统的瞬态响应的性能完全由 ζ 与 ω_n 确定,因此,ζ 与 ω_n 为二阶系统的重要参量。

3.3.2　二阶系统的阶跃响应

当输入为单位阶跃信号时,$X(s) = \dfrac{1}{s}$,代入式(3-12),可得到

$$Y(s) = \frac{\omega_n^2}{s^2 + 2\zeta\omega_n s + \omega_n^2} \frac{1}{s} \tag{3-13}$$

对上式进行拉氏反变换,可得二阶系统的单位阶跃响应。

从式(3-12)可求得二阶系统的特征方程

$$s^2 + 2\zeta\omega_n s + \omega_n^2 = 0 \tag{3-14}$$

它的两个根,即为二阶系统的闭环极点

$$s_{1,2} = -\zeta\omega_n \pm \omega_n\sqrt{\zeta^2 - 1} \tag{3-15}$$

对式(3-13)进行分解得

$$Y(s) = \frac{\omega_n^2}{s(s + \zeta\omega_n - \omega_n\sqrt{\zeta^2 - 1})(s + \zeta\omega_n + \omega_n\sqrt{\zeta^2 - 1})} \tag{3-16}$$

下面分别对二阶系统在 $\zeta = 1, \zeta > 1, 0 < \zeta < 1, \zeta = 0$ 以及 $\zeta < 0$ 这五种情况下的瞬态响应进行讨论,假设为零初始状态。

1. 当 $\zeta = 1$ 时,称为临界阻尼

式(3-16)变为

$$Y(s) = \frac{\omega_n^2}{s(s + \omega_n)^2} \tag{3-17}$$

将上式写成分部分式,可得

$$Y(s) = \frac{1}{s} - \frac{1}{s + \omega_n} - \frac{\omega_n}{(s + \omega_n)^2} \tag{3-18}$$

对式(3-18)进行拉氏反变换,得到

$$y(t) = 1(t) - e^{-\omega_n t} - \omega_n t e^{-\omega_n t} = 1(t) - e^{-\omega_n t}(1 + \omega_n t), \quad t \geq 0 \tag{3-19}$$

式(3-19)可以表明,当 $\zeta = 1$ 时,响应曲线为一指数曲线形式,它既无超调,也无振荡。

2. 当 $\zeta > 1$ 时,称为过阻尼

式(3-16)可以写成部分分式为

$$Y(s) = \frac{\omega_n^2}{s(s + \zeta\omega_n - \omega_n\sqrt{\zeta^2 - 1})(s + \zeta\omega_n + \omega_n\sqrt{\zeta^2 - 1})}$$

$$= \frac{1}{s} + \frac{[2(\zeta^2 - \zeta\sqrt{\zeta^2 - 1} - 1)]^{-1}}{s + \zeta\omega_n - \omega_n\sqrt{\zeta^2 - 1}} + \frac{[2(\zeta^2 + \zeta\sqrt{\zeta^2 - 1} - 1)]^{-1}}{s + \zeta\omega_n + \omega_n\sqrt{\zeta^2 - 1}} \tag{3-20}$$

对上式进行拉氏反变换,得

$$y(t) = 1(t) + \frac{1}{2(\zeta^2 - \zeta\sqrt{\zeta^2 - 1} - 1)} e^{-(\zeta - \sqrt{\zeta^2 - 1})\omega_n t} +$$

$$\frac{1}{2(\zeta^2 + \zeta\sqrt{\zeta^2 - 1} - 1)} e^{-(\zeta + \sqrt{\zeta^2 - 1})\omega_n t}, \quad t \geqslant 0 \tag{3-21}$$

由上式可见,$\zeta > 1$ 时,响应为指数函数曲线形式。

3. 当 $0 < \zeta < 1$ 时,称为欠阻尼

由于 $\zeta < 1$,由式(3-12)得,$s_{1,2} = -\zeta\omega_n \pm j\omega_d$

式中,$\omega_d = \omega_n\sqrt{1 - \zeta^2}$,称为阻尼自然频率,rad/s。

这时,采用部分分式法,式(3-16)变为

$$Y(s) = \frac{\omega_n^2}{s(s + \zeta\omega_n - j\omega_d)(s + \zeta\omega_n + j\omega_d)}$$

$$= \frac{1}{s} - \frac{s + \zeta\omega_n}{(s + \zeta\omega_n)^2 + \omega_d^2} + \frac{\zeta\omega_n}{(s + \zeta\omega_n)^2 + \omega_d^2} \tag{3-22}$$

上式的拉氏反变换为

$$y(t) = 1(t) - e^{-\zeta\omega_n t}\left(\cos\omega_d t + \frac{\zeta}{\sqrt{1 - \zeta^2}}\sin\omega_d t\right)$$

$$= 1(t) - \frac{e^{-\zeta\omega_n t}}{\sqrt{1 - \zeta^2}}\sin\left(\omega_d t + \arctan\frac{\sqrt{1 - \zeta^2}}{\zeta}\right), \quad t \geqslant 0 \tag{3-23}$$

从上式可以看出,在欠阻尼状态下二阶系统的单位阶跃响应呈现衰减振荡过程,振荡频率是阻尼自然频率 ω_d,其振幅按指数曲线衰减,两者均由系统参数 ζ 和 ω_d 决定。

4. 当 $\zeta = 0$ 时,称为零阻尼

将 $\zeta = 0$ 代入式(3-23)可得

$$y(t) = 1(t) - \cos\omega_d t, \quad t \geqslant 0 \tag{3-24}$$

式(3-24)说明二阶系统在无阻尼时瞬态响应是等幅振荡,振荡频率为 ω_n。

图 3-14 所示为这几种情况下的响应曲线。

5. 当 $\zeta < 0$ 时,称为负阻尼

考察式(3-23)

$$y(t) = 1(t) - \frac{e^{-\zeta\omega_n t}}{\sqrt{1 - \zeta^2}}\sin\left(\omega_d t + \arctan\frac{\sqrt{1 - \zeta^2}}{\zeta}\right), \quad t \geqslant 0$$

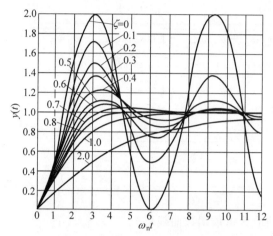

图 3-14　阻尼比不同时,二阶系统的单位阶跃响应

当 $\zeta < 0$ 时,有 $-\zeta\omega_n t > 0$,因此当 $t \to +\infty$ 时,$e^{-\zeta\omega_n t} \to +\infty$,即负阻尼系统的单位阶跃响应是发散的,系统不稳定。负阻尼二阶系统的单位阶跃响应曲线如图 3-15 所示。

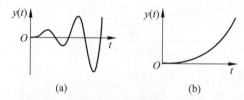

图 3-15　负阻尼二阶系统的单位阶跃响应曲线
(a) $-1 < \zeta < 0$ 振荡发散；(b) $\zeta < -1$ 单调发散

从上面的分析可以看出频率 ω_n 和 ω_d 的物理意义。

ω_n 是无阻尼($\zeta = 0$)时二阶系统等幅振荡的振荡频率,因此称为无阻尼自然频率；而 $\omega_d = \omega_n\sqrt{1-\zeta^2}$ 是欠阻尼($0 < \zeta < 1$)时衰减振荡的振荡频率,因此称为阻尼自然频率；相应地把 $T_d = 2\pi/\omega_d$ 称为阻尼振荡周期。显然 $\omega_d < \omega_n$,且随着 ζ 的增大,ω_d 的值相应地减小。

从图 3-14 中可以看出,在 $\zeta > 1$ 和 $\zeta = 1$ 的情况下,二阶系统的瞬态响应具有单调上升的特性；随着阻尼比的减小($0 < \zeta < 1$),振荡特性加强,当减小到 $\zeta = 0$ 时,呈现出等幅振荡,当 $\zeta < 0$ 时,阶跃响应发散。系统的调整时间 t_s,在单调上升的特性中,以 $\zeta = 1$ 时为最短；在欠阻尼特性中,对应 $\zeta = 0.4 \sim 0.8$ 时的瞬态响应,具有比 $\zeta = 1$ 时更短的调整时间,而且振荡也不严重。因此,一般说来,希望二阶系统工作在 $\zeta = 0.4 \sim 0.8$ 的欠阻尼状态。

3.3.3　二阶系统的单位斜坡响应

一个随动系统,其输入端给定一个连续等速信号时,其响应就属斜坡响应。当输入单位斜坡信号时,$X(s) = \dfrac{1}{s^2}$ 代入式(3-12)得

$$Y(s) = \frac{\omega_n^2}{s^2 + 2\zeta\omega_n s + \omega_n^2} \frac{1}{s^2} \tag{3-25}$$

按前面分析单位阶跃响应的同样方法,可以得到

1. $0 < \zeta < 1$

斜坡响应为

$$y(t) = t - \frac{2\zeta}{\omega_n} + \frac{e^{-\zeta\omega_n t}}{\omega_n\sqrt{1-\zeta^2}}\sin\left(\omega_d t + \arctan\frac{2\zeta\sqrt{1-\zeta^2}}{2\zeta^2 - 1}\right), \quad t \geqslant 0 \tag{3-26}$$

2. $\zeta = 1$

斜坡响应为

$$y(t) = t - \frac{2}{\omega_n} + \frac{2}{\omega_n}e^{-\omega_n t}\left(1 + \frac{\omega_n t}{2}\right), \quad t \geqslant 0 \tag{3-27}$$

3. $\zeta > 1$

斜坡响应为

$$y(t) = t - \frac{2\zeta}{\omega_n} - \frac{2\zeta^2 - 1 - 2\zeta\sqrt{\zeta^2-1}}{2\omega_n\sqrt{\zeta^2-1}}e^{-(\zeta+\sqrt{\zeta^2-1})\omega_n t} +$$

$$\frac{2\zeta^2 - 1 + 2\zeta\sqrt{\zeta^2-1}}{2\omega_n\sqrt{\zeta^2-1}}e^{-(\zeta+\sqrt{\zeta^2-1})\omega_n t}, \quad t \geqslant 0 \tag{3-28}$$

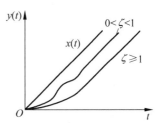

图 3-16　二阶系统的单位斜坡响应曲线

响应曲线如图 3-16 所示。

3.3.4　二阶系统的单位脉冲响应

当输入单位脉冲信号时,$X(s) = 1$

$$Y(s) = \frac{\omega_n^2}{s^2 + 2\zeta\omega_n s + \omega_n^2} \tag{3-29}$$

1. $0 < \zeta < 1$

脉冲响应为

$$y(t) = \frac{\omega_n}{\sqrt{1-\zeta^2}}e^{-\zeta\omega_n t}\sin\omega_d t, \quad t \geqslant 0 \tag{3-30}$$

2. $\zeta = 1$

脉冲响应为

$$y(t) = \omega_n^2 t e^{-\omega_n t}, \quad t \geqslant 0 \tag{3-31}$$

3. $\zeta > 1$

脉冲响应为

$$y(t) = \frac{\omega_n}{2\sqrt{\zeta^2-1}} \left[e^{-(\zeta-\sqrt{\zeta^2-1})\omega_n t} - e^{-(\zeta+\sqrt{\zeta^2-1})\omega_n t} \right], \quad t \geqslant 0 \qquad (3\text{-}32)$$

响应曲线如图 3-17 所示。

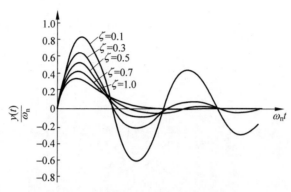

图 3-17   二阶系统的单位脉冲响应曲线

这里需要指出,如果输入信号的幅值不为单位值时,其响应表达式见表 3-1。

表 3-1   输入信号幅值不为单位值时的响应表达式

信号形式		输入信号形式幅值为 R
阶跃信号 $X(s)=\dfrac{R}{s}$	$0<\zeta<1$	$y(t)=R\left[1(t)-\dfrac{e^{-\zeta\omega_n t}}{\sqrt{1-\zeta^2}}\sin\left(\omega_d t+\arctan\dfrac{\sqrt{1-\zeta^2}}{\zeta}\right)\right]$
	$\zeta=1$	$y(t)=R\left[1(t)-e^{-\omega_n t}(1+\omega_n t)\right]$
	$\zeta>1$	$y(t)=R\left[1(t)+\dfrac{1}{2(\zeta^2-\zeta\sqrt{\zeta^2-1}-1)}e^{-(\zeta-\sqrt{\zeta^2-1})\omega_n t}+\right.$ $\left.\dfrac{1}{2(\zeta^2+\zeta\sqrt{\zeta^2-1}-1)}e^{-(\zeta+\sqrt{\zeta^2-1})\omega_n t}\right]$
脉冲信号 $X(s)=R$	$0<\zeta<1$	$y(t)=R\dfrac{\omega_n}{\sqrt{1-\zeta^2}}e^{-\zeta\omega_n t}\sin\omega_d t$
	$\zeta=1$	$y(t)=R\omega_n^2 t e^{-\omega_n t}$
	$\zeta>1$	$y(t)=R\dfrac{\omega_n}{2\sqrt{\zeta^2-1}}\left[e^{-(\zeta-\sqrt{\zeta^2-1})\omega_n t}-e^{-(\zeta+\sqrt{\zeta^2-1})\omega_n t}\right]$
斜坡信号 $X(s)=\dfrac{R}{s^2}$	$0<\zeta<1$	$y(t)=R\left[t-\dfrac{2\zeta}{\omega_n}+\dfrac{e^{-\zeta\omega_n t}}{\omega_n\sqrt{1-\zeta^2}}\sin\left(\omega_d t+\arctan\dfrac{2\zeta\sqrt{1-\zeta^2}}{2\zeta^2-1}\right)\right]$
	$\zeta=1$	$y(t)=R\left[t-\dfrac{2}{\omega_n}+\dfrac{2}{\omega_n}e^{-\omega_n t}\left(1+\dfrac{\omega_n t}{2}\right)\right]$
	$\zeta>1$	$y(t)=R\left[t-\dfrac{2\zeta}{\omega_n}-\dfrac{2\zeta^2-1-2\zeta\sqrt{\zeta^2-1}}{2\omega_n\sqrt{\zeta^2-1}}e^{-(\zeta+\sqrt{\zeta^2-1})\omega_n t}+\right.$ $\left.\dfrac{2\zeta^2-1+2\zeta\sqrt{\zeta^2-1}}{2\omega_n\sqrt{\zeta^2-1}}e^{-(\zeta+\sqrt{\zeta^2-1})\omega_n t}\right]$

3.3.5　二阶系统阶跃响应与极点的关系

由前面分析可知,二阶系统的阶跃响应形式与系统阻尼比 ζ 关系极为密切,同时,又知道阻尼比 ζ 取值不同,直接影响到二阶系统的传递函数的极点,其关系见表 3-2。而极点与响应形式的关系见表 3-3。

表 3-2　阻尼比 ζ 与极点的关系

阻尼比 ζ	极　　点	极 点 特 征
$\zeta > 1$	$s_1, s_2 = -\zeta\omega_n \pm \omega_n\sqrt{\zeta^2 - 1}$	两个不同的实数极点
$\zeta = 1$	$s_1, s_2 = -\zeta\omega_n$	两个相同的实数极点
$0 < \zeta < 1$	$s_1, s_2 = -\zeta\omega_n \pm j\omega_n\sqrt{1 - \zeta^2}$	两个共轭的复数极点
$\zeta = 0$	$s_1, s_2 = \pm j\omega_n$	位于虚轴上的共轭极点
$\zeta < 0$	$s_1, s_2 = -\zeta\omega_n \pm j\omega_n\sqrt{1 - \zeta^2}$	两个共轭的复数极点

表 3-3　极点与阶跃响应的关系

阻尼比 ζ	极　　点	极点在 s 平面的位置	阶跃响应形式
$\zeta > 1$	$s_1, s_2 = -\zeta\omega_n \pm \omega_n\sqrt{\zeta^2 - 1}$		
$\zeta = 1$	$s_1, s_2 = -\zeta\omega_n$		
$0 < \zeta < 1$	$s_1, s_2 = -\zeta\omega_n \pm j\omega_n\sqrt{1 - \zeta^2}$		
$\zeta = 0$	$s_1, s_2 = \pm j\omega_n$		
$\zeta < 0$	$s_1, s_2 = -\zeta\omega_n \pm j\omega_n\sqrt{1 - \zeta^2}$		

3.3.6　二阶系统瞬态响应的性能指标计算

通过上面对二阶系统瞬态响应的研究,可以看出,系统的特征参量阻尼比 ζ 和无阻尼自然频率 ω_n 对其瞬态响应具有重要的影响。下面进一步分析 ζ 和 ω_n 与瞬态响应指标的关系,以便指出设计和调整二阶系统的方向,除了那些不允许产生振荡的控制系统外,通常允许控制系统具有适度的振动特性,以求能有较短的调整时间。因此,系统经常工作在欠阻尼状态。

下面就二阶系统,当 $0<\zeta<1$ 时,推导瞬态响应各项特征指标的计算公式。

1. 上升时间 t_r

根据式(3-23),令 $y(t)=1$,即可得上升时间 t_r,即

$$y(t_r)=1=1(t)-\mathrm{e}^{-\zeta\omega_n t_r}\left(\cos\omega_d t_r+\frac{\zeta}{\sqrt{1-\zeta^2}}\sin\omega_d t_r\right) \tag{3-33}$$

由于 $\mathrm{e}^{-\zeta\omega_n t_r}\neq0$,为使式(3-33)成立,有

$$\cos\omega_d t_r+\frac{\zeta}{\sqrt{1-\zeta^2}}\sin\omega_d t_r=0$$

即

$$\tan\omega_d t_r=-\frac{\sqrt{1-\zeta^2}}{\zeta}=-\frac{\omega_d}{\sigma}$$

$$t_r=\frac{1}{\omega_d}\arctan\left(-\frac{\omega_d}{\sigma}\right)=\frac{\pi-\beta}{\omega_d} \tag{3-34}$$

式中,$\sigma=\zeta\omega_n$。

在式(3-34)中,β 角的意义如图3-18所示。

当 $\zeta=0$ 时,$\beta=\pi/2$;

当 $\zeta=1$ 时,$\beta=0$。

由式(3-34)可知,当阻尼比 ζ 一定时,若要求上升时间 t_r 较短,需要使系统具有较高的无阻尼自然频率 ω_n。

2. 峰值时间 t_p

根据式(3-23),将 $y(t)$ 对时间求导,并令其等于零,可求得峰值时间 t_p,即

$$\left.\frac{\mathrm{d}y(t)}{\mathrm{d}t}\right|_{t=t_p}=(\sin\omega_d t_p)\frac{\omega_n}{\sqrt{1-\zeta^2}}\mathrm{e}^{-\zeta\omega_n t_p}=0$$

令上式为零,整理可得

$$\sin\omega_d t_p=0$$

即 $\omega_d t_p=n\pi(n=0,1,2,\cdots,k)$。

因为峰值时间对应于第一次峰值超调量,所以

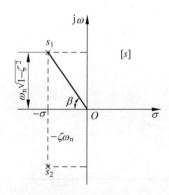

图3-18　β 角的意义

$$t_p = \frac{\pi}{\omega_d} = \frac{\pi}{\omega_n \sqrt{1-\zeta^2}} \tag{3-35}$$

因阻尼振荡周期 $T_d = 2\pi/\omega_d$，故峰值时间 t_p 等于阻尼振荡频率周期的一半。

从式(3-35)可以看出，当 ζ 一定时，ω_n 越大，t_p 越小，反应越快；当 ω_n 一定时，ζ 越小，t_p 也越小。

3. 最大百分比超调量 $M_p\%$

最大百分比超调量发生在峰值时间 t_p 处，所以按定义

$$M_p\% = \frac{y(t_p) - y(+\infty)}{y(+\infty)} \times 100\% = \frac{y(t_p) - 1}{1} \times 100\%$$

$$= -\frac{1}{\sqrt{1-\zeta^2}} e^{-\zeta\omega_n t_p} \sin\left(\pi + \arctan\frac{\sqrt{1-\zeta^2}}{\zeta}\right) \times 100\%$$

由图 3-18 可知

$$\arctan\frac{\sqrt{1-\zeta^2}}{\zeta} = \beta$$

所以

$$\sin\left(\pi + \arctan\frac{\sqrt{1-\zeta^2}}{\zeta}\right) = -\sin\beta = -\sqrt{1-\zeta^2}$$

因此

$$M_p\% = e^{-\zeta\pi/\sqrt{1-\zeta^2}} \times 100\% \tag{3-36}$$

上式表明，最大百分比超调量 $M_p\%$ 只是阻尼比的函数，而与无阻尼自然频率 ω_n 无关，ζ 越小，$M_p\%$ 越大；当 $\zeta=0$ 时，$M_p\%=100\%$；而当增大到 $\zeta=1$ 时，$M_p\%=0$。

$M_p\%$ 与 ζ 的关系常以曲线形式给出，如图 3-19 所示。

4. 调整时间 t_s

为确定调整时间 t_s，简单起见，常用二阶系统单位阶跃响应的包络线代替响应曲线，如图 3-20 所示。

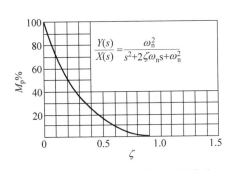

图 3-19　二阶系统 $M_p\%$ 与 ζ 的关系

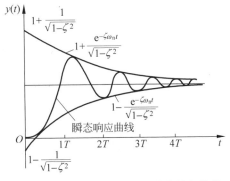

图 3-20　二阶系统单位阶跃响应的包络线

曲线 $1\pm\dfrac{\mathrm{e}^{-\zeta\omega_n t}}{\sqrt{1-\zeta^2}}$ 是该阶跃响应的包络线,包络线的时间常数为 $\dfrac{1}{\zeta\omega_n}$。瞬态响应的衰减速度,取决于时间常数 $\dfrac{1}{\zeta\omega_n}$ 的数值。

由图 3-20 可得

$$y(t)=1+\frac{\mathrm{e}^{-\zeta\omega_n t}}{\sqrt{1-\zeta^2}}=1.05$$

解出 $\omega_n t_s$,即为

$$\omega_n t_s=-\frac{1}{\zeta}\ln(0.05\sqrt{1-\zeta^2})$$

当 ζ 较小时,由上式得

$$t_s=\frac{3}{\zeta\omega_n}\quad(\pm 5\%) \tag{3-37}$$

如果响应曲线进入到稳态值的 $\pm 2\%$ 的范围里,用同样方法,可导出

$$t_s=\frac{4}{\zeta\omega_n}\quad(\pm 2\%) \tag{3-38}$$

由此可见, $\zeta\omega_n$ 大, t_s 就小;当 ω_n 一定时, t_s 与 ζ 成反比。这与 t_p、 t_r 和 ζ 的关系正好相反。通常 ζ 值是根据最大百分比超调量 $M_p\%$ 来确定,所以调整时间 t_s 可以根据无阻尼自然频率 ω_n 来确定。这样,在不改变最大百分比超调量 $M_p\%$ 的情况下,通过调整无阻尼自然频率 ω_n,可以改变瞬态响应的时间。

5. 振荡次数 N

根据振荡次数的定义,有 $N=\dfrac{t_s}{T_d}=\dfrac{t_s}{2t_p}$。

当稳态误差为 $\pm 5\%$ 和 $\pm 2\%$ 时,由式(3-37)和式(3-38)可得

$$N=\frac{1.5\sqrt{1-\zeta^2}}{\pi\zeta}\quad(\pm 5\%) \tag{3-39}$$

$$N=\frac{2\sqrt{1-\zeta^2}}{\pi\zeta}\quad(\pm 2\%) \tag{3-40}$$

综合上述分析,可将二阶系统的特征参量 ζ、 ω_n 与瞬态响应各项指标间的关系归纳如下。

(1) 二阶系统的瞬态响应特性由系统的阻尼比 ζ 和无阻尼自然频率 ω_n 共同决定,欲使二阶系统具有满意的瞬态响应性能指标,必须综合考虑 ζ 和 ω_n 的影响,选取合适的 ζ 和 ω_n。

(2) 若保持 ζ 不变而增大 ω_n,对超调量 M_p 无影响,可以减小峰值时间 t_p、延迟时间 t_d 和调整时间 t_s,即可提高系统的快速性。所以增大系统的无阻尼自然频率 ω_n 对提高系统性能是有利的。

(3) 若保持 ω_n 不变而增大 ζ 值,则会使最大百分比超调量 $M_p\%$ 减小,增加相对稳定性,减弱系统的振荡性能。在 $\zeta<0.7$ 时,随着 ζ 的增大, $M_p\%$ 减小;而在 $\zeta>0.7$ 时,随着 ζ

的增大,t_r、t_s 均增大,系统的快速性变差。

（4）综合考虑系统的相对稳定性和快速性,通常取 $\zeta=0.4\sim0.8$,这时系统的最大百分比超调量 $M_p\%$ 在 $2.5\%\sim25\%$。若 $\zeta<0.4$,系统超调严重,相对稳定性差;若 $\zeta>0.8$,则系统反应迟钝,灵敏性差。当 $\zeta=0.707$ 时,超调量 $M_p\%$ 和调整时间 t_s 均较小,故称 $\zeta=0.707$ 为最佳阻尼比。

例 3-4 某一位置随动系统的方块图如图 3-21 所示,当输入为单位阶跃信号时,试计算 $k=200$ 时的性能指标,当 k 减小到 13.5 或增大到 1500 时,对系统有什么影响。

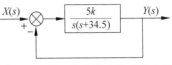

图 3-21 某一位置随动系统方块图

【解】

系统的闭环传递函数为

$$\frac{Y(s)}{X(s)}=\frac{G(s)}{1+G(s)}=\frac{5k}{s^2+34.5s+5k}$$

由上式

$$\omega_n^2=5k=1000,\quad \omega_n=31.6\text{rad/s};$$

$$2\zeta\omega_n=34.5,\quad \zeta=0.545;$$

$$\omega_d=\omega_n\sqrt{1-\zeta^2}=31.6\sqrt{1-0.545^2}\text{rad/s}=26.2\text{rad/s}$$

$$\beta=\arctan\frac{\sqrt{1-\zeta^2}}{\zeta}=\arctan\frac{\sqrt{1-0.545^2}}{0.545}=56.8°=0.995\text{rad}$$

$$t_r=\frac{\pi-\beta}{\omega_d}=\frac{3.14-0.995}{26.2}\text{s}=0.082\text{s}$$

$$t_p=\frac{\pi}{\omega_d}=\frac{3.14}{26.2}\text{s}=0.12\text{s}$$

$$M_p\%=e^{-\zeta\pi/\sqrt{1-\zeta^2}}\times100\%=e^{-0.545\pi/\sqrt{1-0.545^2}}\times100\%=13\%$$

$$t_s=\frac{3}{\zeta\omega_n}=\frac{3}{0.545\times31.6}\text{s}=0.174\text{s}$$

当 $k=1500$ 时,$\zeta=0.2$,$\omega_n=86.2\text{rad/s}$;

当 $k=13.5$ 时,$\zeta=2.1$,$\omega_n=8.22\text{rad/s}$。

系统工作在过阻尼状态,此时系统的闭环传递函数可看成是两个时间常数不同的一阶系统串联而成,即

$$\frac{Y(s)}{X(s)}=\frac{67.5}{s^2+34.5s+67.5}=\frac{1}{(0.481s+1)(0.0308s+1)}$$

它们的时间常数分别为

$$T_1=0.481\text{s},\quad T_2=0.0308\text{s}$$

由于过阻尼二阶系统上升时间、峰值时间、最大百分比超调量均不存在,而调整时间可以使用其中时间常数大的一阶系统来评估,即

$$t_s=3T_1=1.443\text{s}$$

按上面同样的方法计算,其性能指标见表 3-4。

表 3-4　k 值改变时,二阶位置随动系统性能指标

k	ζ	$\omega_\text{n}/(\text{rad/s})$	t_r/s	t_p/s	$M_\text{p}\%$	t_s/s
13.5	2.1	8.22	—	—	0	1.443
200	0.545	31.6	0.082	0.12	13%	0.174
1500	0.2	86.2	0.020	0.037	52.7%	0.174

不同 k 值时的单位阶跃响应曲线如图 3-22 所示。

例 3-5　设单位反馈闭环二阶系统的单位阶跃响应曲线如图 3-23 所示。试确定其开环传递函数。

【解】

由图 3-23 可见

$$M_\text{p}\% = 30\%,\quad t_\text{p} = 0.005\text{s}$$

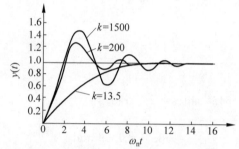

图 3-22　k 值变化时,单位阶跃响应曲线

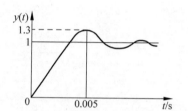

图 3-23　二阶系统的单位阶跃响应曲线

由 $M_\text{p}\% = \text{e}^{-\zeta\pi/\sqrt{1-\zeta^2}} \times 100\% = 30\%$,可得

$$\zeta = \frac{\ln\dfrac{1}{M_\text{p}}}{\sqrt{\pi^2 + \left(\ln\dfrac{1}{M_\text{p}}\right)^2}} = \frac{\ln\dfrac{1}{0.3}}{\sqrt{\pi^2 + \left(\ln\dfrac{1}{0.3}\right)^2}} = 0.36$$

由式(3-35)

$$t_\text{p} = \frac{\pi}{\omega_\text{d}} = \frac{\pi}{\omega_\text{n}\sqrt{1-\zeta^2}}$$

$$\omega_\text{n} = \frac{\pi}{t_\text{p}\sqrt{1-\zeta^2}} = \frac{3.14}{0.005\sqrt{1-0.36^2}}\text{rad/s} = 675.3\text{rad/s}$$

因为,系统的闭环传递函数为

$$\Phi(s) = \frac{Y(s)}{X(s)} = \frac{\omega_\text{n}^2}{s^2 + 2\zeta\omega_\text{n} + \omega_\text{n}^2}$$

单位反馈时的开环传递函数为

$$G(s) = \frac{\omega_\text{n}^2}{s(s + 2\zeta\omega_\text{n})} = \frac{675.3^2}{s(s + 2\times0.36\times675.3)} = \frac{456\times10^3}{s(s + 486.2)}$$

例 3-6　如图 3-24(a)所示的一个机械振动系统。当有 2N 的阶跃输入力作用于系统

时,系统中的质量块 m 按图 3-24(b)的规律运动,试根据这个响应曲线,确定质量 m、黏性阻尼系数 f 与弹性刚度 k 值。

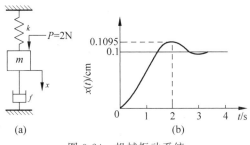

图 3-24　机械振动系统

【解】

此系统的传递函数前面已经推导过,即为

$$\frac{X(s)}{P(s)} = \frac{1}{ms^2 + fs + k}$$

由于 $P(s) = \dfrac{2}{s}$,所以

$$X(s) = \frac{1}{ms^2 + fs + k}\, \frac{2}{s}$$

由此响应曲线可得到稳态响应为

$$X(+\infty) = \lim_{s \to 0} s X(s) = \lim_{s \to 0} s \times \frac{1}{ms^2 + fs + k} \times \frac{2}{s} = \frac{2}{k} = 0.001\,\text{m}$$

因此

$$k = \frac{2}{0.001}\,\text{N/m} = 2000\,\text{N/m}$$

由图 3-24 的响应曲线得到 $M_{\text{p}}\% = 9.5\%$,所以

$$\zeta = \frac{\ln \dfrac{1}{0.095}}{\sqrt{\pi^2 + \left(\ln \dfrac{1}{0.095}\right)^2}} = 0.6$$

由峰值时间 $t_{\text{p}} = 2(\text{s})$ 得

$$t_{\text{p}} = \frac{\pi}{\omega_{\text{d}}} = \frac{\pi}{\omega_{\text{n}}\sqrt{1-\zeta^2}} = \frac{\pi}{0.8\omega_{\text{n}}} = 2\text{s}$$

所以

$$\omega_{\text{n}} = \frac{3.14}{2 \times 0.8}\,\text{rad/s} = 1.96\,\text{rad/s}$$

又因为

$$\omega_{\text{n}}^2 = \frac{k}{m} = \frac{2000}{m}$$

所以

$$m = \frac{2000}{\omega_n^2} = \frac{2000}{1.96^2} \text{kg} = 520 \text{kg}$$

由

$$2\zeta\omega_n = \frac{f}{m}$$

得到

$$f = 2\zeta\omega_n m = 2 \times 0.6 \times 1.96 \times 520 \text{N} \cdot \text{s/m} = 1220 \text{N} \cdot \text{s/m}$$

3.4　高阶系统的瞬态响应

　　求高阶系统的瞬态响应,意味着求解高阶微分方程,其数学运算是十分复杂的。如能抓住主要矛盾,忽略次要因素,就可以使问题大大简化。本节中,将通过对高阶系统瞬态响应一般形式的分析,建立闭环主导极点的概念,并利用这一概念对高阶系统作近似处理。

　　高阶系统的闭环传递函数为

$$\frac{Y(s)}{X(s)} = \frac{b_m s^m + b_{m-1} s^{m-1} + b_{m-2} s^{m-2} + \cdots + b_1 s + b_0}{a_n s^n + a_{n-1} s^{n-1} + a_{n-2} s^{n-2} + \cdots + a_1 s + a_0}, \quad n \geqslant m \quad (3\text{-}41)$$

为确定系统的零点、极点,将上式分子分母分解成因式形式,则变为

$$\frac{Y(s)}{X(s)} = \frac{K \prod\limits_{j=1}^{m}(s+z_j)}{\prod\limits_{i=1}^{n}(s+p_i)} = \frac{K(s+z_1)(s+z_2)\cdots(s+z_m)}{(s+p_1)(s+p_2)\cdots(s+p_n)} \quad (3\text{-}42)$$

式中,$-z_1$、$-z_2$、$\cdots$、$-z_m$ 为系统闭环传递函数的零点;$-p_1$、$-p_2$、$\cdots$、$-p_n$ 为系统闭环传递函数的极点。

　　瞬态响应分析的前提是系统为稳定系统,全部极点都在 s 平面的左半部。如果全部极点都不相同(实际系统通常是这样的),对于单位阶跃输入信号,式(3-42)可以写成

$$Y(s) = \frac{1}{s} \frac{K(s+z_1)(s+z_2)\cdots(s+z_m)}{(s+p_1)(s+p_2)\cdots(s+p_n)} = \frac{a}{s} + \sum_{i=1}^{n} \frac{a_i}{s+p_i} \quad (3\text{-}43)$$

式中,a_i 是极点 $s = -p_i$ 点的留数。若所有极点都是不同的实数极点,则有

$$y(t) = a(t) + \sum_{i=1}^{n} a_i e^{-p_i t}, \quad t \geqslant 0 \quad (3\text{-}44)$$

如果 $Y(s)$ 的 n 个极点中除包含有实数极点外,还包含成对的共轭复数极点,且一对共轭复数极点可以形成一个 s 的二次项,这样式(3-43)可以写成

$$Y(s) = \frac{K \prod\limits_{i=1}^{m}(s+z_i)}{s \prod\limits_{j=1}^{q}(s+p_j) \prod\limits_{k=1}^{r}(s^2 + 2\zeta_k \omega_{nk} s + \omega_{nk}^2)} \quad (3\text{-}45)$$

式中,$q + 2r = n$,如果闭环极点是互不相同的,可将上式展成下面的部分分式

$$Y(s) = \frac{a}{s} + \sum_{j=1}^{q} \frac{a_j}{s+p_j} + \sum_{k=1}^{r} \frac{b_k(s+\zeta_k\omega_{nk}) + c_k\omega_{nk}\sqrt{1-\zeta_k^2}}{s^2 + 2\zeta_k\omega_{nk}s + \omega_{nk}^2} \tag{3-46}$$

取上式的拉氏反变换,可以得到单位阶跃响应为

$$y(t) = a(t) + \sum_{j=1}^{q} a_j e^{-p_j t} + \sum_{k=1}^{r} b_k e^{-\zeta_k\omega_{nk}t}\cos\omega_{dk}t + \sum_{k=1}^{r} c_k e^{-\zeta_k\omega_{nk}t}\sin\omega_{dk}t \tag{3-47}$$

分析式(3-47)可知,如果一个闭环极点靠近一个闭环零点,那么该极点上的留数就会很小,因而对应该极点的瞬态响应项的系数就会很小,一对靠得很近的极点和零点,彼此将会互相抵消;如果一个闭环极点在 s 平面左半部远离虚轴,则这个极点上的留数也将会很小,而且对应的指数衰减系数又会很大,因此对应于 s 平面虚轴遥远极点的瞬态响应项很小,并且衰减很快。如果把 $Y(s)$ 展开式(3-46)中那些留数很小的项忽略,则一个高阶系统就可以用一个低阶系统来近似。

反言之,距虚轴较近而周围又没有零点的极点所对应的瞬态响应项,幅度大而且衰减慢,因而在系统的瞬态响应中起主导作用。闭环极点的相对主导作用,取决于闭环极点的实部的比值(即极点到虚轴的距离比),也取决于在闭环极点上留数的相对大小,而留数的大小又取决于闭环极点和零点的相互配置。

在高阶系统的闭环极点中,如果距虚轴最近的闭环极点,其周围没有零点,而且其他闭环极点与该极点的实部之比超过 5 倍以上,则这种极点称为闭环主导极点。

高阶系统的瞬态响应特性,主要由闭环主导极点决定。闭环主导极点经常以共轭复数的形式出现。在设计一个高阶系统时,也常通过调整系统的增益以使系统具有一对共轭复数极点。如果高阶系统中,存在一对主导极点,则该高阶系统可以近似按二阶系统来分析。

由式(3-47)可以看出,高阶系统的阶跃响应是由一些简单的函数项组成的,它们是一阶系统的衰减指数项和二阶系统的衰减振荡项。

高阶系统响应曲线的一些例子示于图 3-25 中。这些响应曲线都是由一些振荡曲线和负指数衰减曲线叠加而成。其稳态项由输入量 $X(s)$ 的极点决定,而响应曲线的类型和形状,决定于闭环极点和零点。闭环极点决定了响应曲线的类型和衰减速度,闭环零点则影响瞬态响应曲线幅度的大小。

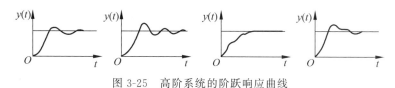

图 3-25　高阶系统的阶跃响应曲线

例 3-7　某系统闭环传递函数为

$$\frac{Y(s)}{X(s)} = \frac{3.12\times10^5 s + 6.25\times10^6}{s^4 + 100s^3 + 8.0\times10^3 s^2 + 4.40\times10^5 s + 6.24\times10^6}$$

试求系统近似的单位阶跃响应。

【解】

对分子分、母分解因式得

$$\frac{Y(s)}{X(s)} = \frac{3.12\times10^5 \times (s+20.03)}{(s+20)(s+60)(s^2+20s+5.2\times10^3)}$$

极点为 $p_{1,2}=-10\pm j71.4, p_3=-20, p_4=-60$，零点为 $z_1=-20.03$。

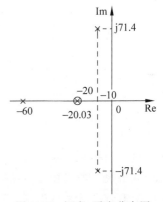

从图 3-26 中可以看出，由于极点 p_3 和零点 z_1 非常接近，因此，它们对系统的作用会相互抵消；另外，极点 p_4 离虚轴的距离是极点 $p_{1,2}$ 离虚轴距离的 6 倍。因此极点 p_4 对系统的影响可以忽略。极点 $p_{1,2}$ 是主导极点，因此系统的响应主要由主导极点来决定，当考虑主导极点削去 $(s+60)$ 时，只去掉 s，保证静态增益不变。

故本系统可以近似看成具有传递函数为

$$G(s)=\frac{Y(s)}{X(s)}\approx\frac{5.2\times10^3}{s^2+20s+5.2\times10^3}$$

这里需要注意：当考虑主导极点消去 $(s+60)$ 因式时，应将 3.12×10^5 除以 60 以保证原系统静态增益不变。简化后该系统近似为一个二阶系统，可用二阶系统的一套成熟的理论去分析该四阶系统，可得到其响应结果为

图 3-26　极点、零点分布图

$$y(t)\approx1(t)-e^{-10t}\sin(71.4t+1.43),\quad t>0$$

3.5　控制系统的误差分析与计算

评价一个系统的性能包括瞬态性能和稳态性能两大部分。瞬态响应的性能指标可以评价系统的快速性和稳定性，系统的准确性指标要用误差来衡量。系统的误差又可分为稳态误差和动态误差两部分。这一节主要研究控制系统的稳态误差的概念及计算方法。

稳态误差的大小与系统所用的元件精度、系统的结构参数和输入信号的形式都有密切的关系。这里研究的稳态误差基于系统的元件都是理想化的，即不考虑元件精度对整个系统精度的影响。

3.5.1　控制系统的稳态误差概念

控制系统的方块图如图 3-27 实线部分所示。偏差信号 $E(s)$ 是指参考输入信号 $X(s)$ 和反馈信号 $B(s)$ 之差，即

$$E(s)=X(s)-B(s)=X(s)-H(s)Y(s)$$
$$=\frac{1}{1+G(s)H(s)}X(s) \tag{3-48}$$

误差信号 $\varepsilon(s)$ 是指被控量的期望值 $Y_d(s)$ 和被控量的实际值 $Y(s)$ 之差，即

$$\varepsilon(s)=Y_d(s)-Y(s) \tag{3-49}$$

由控制系统的工作原理知，当偏差 $E(s)$ 等于零时，系统将不进行调节。此时被控量的实际值与期望值相等。于是由式(3-48)得被控量的期望值为

$$Y_d(s)=\frac{1}{H(s)}X(s) \tag{3-50}$$

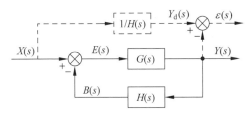

图 3-27 控制系统的方块图(实线部分)和误差所处的位置(虚线部分)

将式(3-50)代入式(3-49)求得误差为

$$\varepsilon(s) = \frac{1}{H(s)}X(s) - Y(s) = \frac{X(s) - H(s)Y(s)}{H(s)} \tag{3-51}$$

由式(3-48)和式(3-51)得误差与偏差的关系为

$$\varepsilon(s) = \frac{1}{H(s)}E(s) \tag{3-52}$$

图 3-27 系统中,虚线部分就是误差所处的位置。由图 3-27 可知误差信号是不可测量的,只有数学意义。对于单位反馈系统,误差和偏差是相等的。对于非单位反馈系统,误差不等于偏差。但由于偏差和误差之间具有确定性的关系,故往往也把偏差作为误差的度量。

对式(3-52)进行拉氏反变换,可求得系统的误差 $\varepsilon(t)$。对于稳定的系统,在瞬态过程结束后,瞬态分量基本消失,而 $\varepsilon(t)$ 的稳态分量就是系统的稳态误差。应用拉氏变换的终值定理,很容易求出稳态误差:

$$\varepsilon_{ss} = \lim_{t \to +\infty} \varepsilon(t) = \lim_{s \to 0} s\varepsilon(s) = \lim_{s \to 0} s\frac{E(s)}{H(s)} \tag{3-53}$$

3.5.2 输入引起的稳态误差

1. 误差传递函数与稳态误差

首先讨论单位反馈控制系统,如图 3-28 所示。其闭环传递函数为

$$\frac{Y(s)}{X(s)} = \frac{G(s)}{1 + G(s)}$$

误差 $\varepsilon(s)$ 为

$$\varepsilon(s) = E(s) = \frac{1}{1 + G(s)}X(s) \tag{3-54}$$

式中,$\dfrac{1}{1+G(s)}$ 称为误差传递函数。

根据终值定理,系统的稳态误差为

$$\varepsilon_{ss} = e_{ss} = \lim_{t \to +\infty} e(t) = \lim_{s \to 0} sE(s) = \lim_{s \to 0} s\frac{1}{1 + G(s)}X(s) \tag{3-55}$$

这就是求取输入引起的单位反馈系统稳态误差的方法。

如果为非单位反馈控制系统,如图 3-29 所示。其偏差的传递函数为

$$\frac{E(s)}{X(s)} = \frac{1}{1 + G(s)H(s)} \tag{3-56}$$

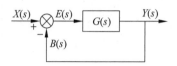

图 3-28   单位反馈控制系统

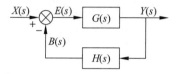

图 3-29   非单位反馈控制系统

稳态偏差为

$$e_{ss} = \lim_{s \to 0} sE(s) = \lim_{s \to 0} s \frac{1}{1 + G(s)H(s)} X(s) \tag{3-57}$$

系统的稳态误差为

$$\varepsilon_{ss} = \lim_{s \to 0} s\varepsilon(s) = \lim_{s \to 0} s \frac{1}{H(s)} \frac{1}{1 + G(s)H(s)} X(s) \tag{3-58}$$

即

$$\varepsilon_{ss} = \frac{e_{ss}}{H(0)} \tag{3-59}$$

从式(3-55)和式(3-58)可以看出,系统的稳态误差取决于系统的结构参数和输入信号的性质。

2. 静态误差系数

图 3-28 所示的单位反馈系统,其开环传递函数为

$$G(s) = \frac{K(\tau_1 s + 1)(\tau_2 s + 1) \cdots (\tau_m s + 1)}{s^N (T_1 s + 1)(T_2 s + 1) \cdots (T_n s + 1)} \tag{3-60}$$

系统按开环传递函数所包含的积分环节的数目不同,即 $N=0, N=1, N=2$,分别称为 0 型、Ⅰ型、Ⅱ型系统。Ⅱ型以上的系统则很少,因为此时系统稳定性将变差,K 为系统的放大系数。

1) 静态位置误差系数 K_p

系统对阶跃输入 $X(s) = \dfrac{R}{s}$ 的稳态误差称为位置误差,即

$$\varepsilon_{ss} = \lim_{s \to 0} s \frac{1}{1 + G(s)} \frac{R}{s} = \frac{R}{1 + \lim_{s \to 0} G(s)} \tag{3-61}$$

静态位置误差系数 K_p 定义为

$$K_p = \lim_{s \to 0} G(s) = G(0) \tag{3-62}$$

所以

$$\varepsilon_{ss} = \frac{R}{1 + K_p} \tag{3-63}$$

由于系统的结构不同,系统的开环传递函数 $G(s)$ 是不同的,因而 K_p 也就不同。

(1) 0 型系统($N=0$)

静态位置误差系数为

$$K_p = \lim_{s \to 0} G(s) = \lim_{s \to 0} \frac{K(\tau_1 s + 1)(\tau_2 s + 1) \cdots (\tau_m s + 1)}{(T_1 s + 1)(T_2 s + 1) \cdots (T_n s + 1)} = K$$

稳态误差 $\varepsilon_{ss} = \dfrac{R}{1+K}$。

（2）Ⅰ型系统（$N=1$）

静态位置误差系数为

$$K_p = \lim_{s \to 0} G(s) = \lim_{s \to 0} \frac{K(\tau_1 s + 1)(\tau_2 s + 1) \cdots (\tau_m s + 1)}{s(T_1 s + 1)(T_2 s + 1) \cdots (T_n s + 1)} = +\infty$$

稳态误差 $\varepsilon_{ss} = 0$。

（3）Ⅱ型系统（$N=2$）

静态位置误差系数为 $K_p = +\infty$，稳态误差 $\varepsilon_{ss} = 0$。

图 3-30 所示为单位反馈控制系统的单位阶跃响应曲线，其中图 3-30(a) 所示为 0 型系统；图 3-30(b) 所示为Ⅰ型或高于Ⅰ型系统。

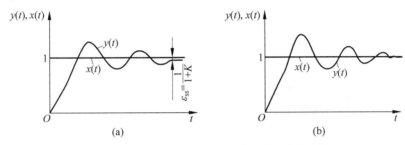

图 3-30 单位反馈控制系统的单位阶跃响应曲线

(a) 0 型系统；(b) Ⅰ型及Ⅰ型以上系统

从上述可知，0 型系统对于阶跃输入具有稳态误差，只要开环放大系数足够大，该稳态误差可以足够小。但是过高的开环放大系数会使系统变得不稳定，所以，如果要求控制系统对阶跃输入没有稳态误差，则系统必须是Ⅰ型或高于Ⅰ型。

2) 静态速度误差系数 K_v

系统对斜坡输入 $X(s) = \dfrac{R}{s^2}$ 的稳态误差称为速度误差，即

$$\varepsilon_{ss} = \lim_{s \to 0} s \frac{1}{1+G(s)} \frac{R}{s^2} = \frac{R}{\lim\limits_{s \to 0} s G(s)} \tag{3-64}$$

静态速度误差系数 K_v 定义为

$$K_v = \lim_{s \to 0} s G(s) \tag{3-65}$$

所以

$$\varepsilon_{ss} = \frac{R}{K_v} \tag{3-66}$$

（1）0 型系统（$N=0$）

静态速度误差系数为

$$K_v = \lim_{s \to 0} s G(s) = \lim_{s \to 0} s \frac{K(\tau_1 s + 1)(\tau_2 s + 1) \cdots (\tau_m s + 1)}{(T_1 s + 1)(T_2 s + 1) \cdots (T_n s + 1)} = 0$$

稳态误差 $\varepsilon_{ss} = +\infty$。

（2）Ⅰ型系统($N=1$)

静态速度误差系数为

$$K_v = \lim_{s \to 0} s G(s) = \lim_{s \to 0} s \frac{K(\tau_1 s + 1)(\tau_2 s + 1) \cdots (\tau_m s + 1)}{s(T_1 s + 1)(T_2 s + 1) \cdots (T_n s + 1)} = K$$

稳态误差 $\varepsilon_{ss} = \dfrac{R}{K}$。

（3）Ⅱ型系统($N=2$)

静态速度误差系数为

$$K_v = \lim_{s \to 0} s G(s) = \lim_{s \to 0} \frac{K(\tau_1 s + 1)(\tau_2 s + 1) \cdots (\tau_m s + 1)}{s^2 (T_1 s + 1)(T_2 s + 1) \cdots (T_n s + 1)} = +\infty$$

稳态误差 $\varepsilon_{ss} = 0$。

图 3-31 所示为单位反馈系统对单位斜坡输入的响应曲线。其中,图(a)、(b)、(c)所示分别为 0 型、Ⅰ型、Ⅱ型(或高于Ⅱ型)系统的单位斜坡响应曲线及稳态误差。

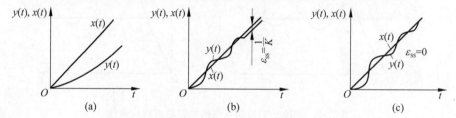

图 3-31　单位反馈系统对单位斜坡输入的响应曲线

(a) 0 型；(b) Ⅰ型；(c) Ⅱ型

上述分析表明,0 型系统不能跟踪斜坡输入；Ⅰ型系统能跟踪斜坡输入,但有一定的稳态误差(见图 3-31(b)),开环放大系数 K 越大,稳态误差越小；Ⅱ型或高于Ⅱ型的系统能够准确地跟踪斜坡输入,稳态误差为零(见图 3-31(c))。

3）静态加速度误差系数 K_a

系统对加速度输入 $X(s) = \dfrac{R}{s^3}$ 的稳态误差称为加速度误差,即

$$\varepsilon_{ss} = \lim_{s \to 0} s \frac{1}{1 + G(s)} \frac{R}{s^3} = \frac{R}{\lim_{s \to 0} s^2 G(s)} \tag{3-67}$$

静态加速度误差系数 K_a 定义为

$$K_a = \lim_{s \to 0} s^2 G(s) \tag{3-68}$$

所以

$$\varepsilon_{ss} = \frac{R}{K_a} \tag{3-69}$$

（1）0 型系统($N=0$)

静态加速度误差系数为

$$K_a = \lim_{s \to 0} s^2 G(s) = \lim_{s \to 0} s^2 \frac{K(\tau_1 s + 1)(\tau_2 s + 1) \cdots (\tau_m s + 1)}{(T_1 s + 1)(T_2 s + 1) \cdots (T_n s + 1)} = 0$$

稳态误差 $\varepsilon_{ss} = +\infty$。

（2）Ⅰ型系统（$N=1$）

静态加速度误差系数为

$$K_a = \lim_{s \to 0} s^2 G(s) = \lim_{s \to 0} s^2 \frac{K(\tau_1 s + 1)(\tau_2 s + 1)\cdots(\tau_m s + 1)}{s(T_1 s + 1)(T_2 s + 1)\cdots(T_n s + 1)} = 0$$

稳态误差 $\varepsilon_{ss} = +\infty$。

（3）Ⅱ型系统（$N=2$）

静态加速度误差系数为

$$K_a = \lim_{s \to 0} s^2 G(s) = \lim_{s \to 0} s^2 \frac{K(\tau_1 s + 1)(\tau_2 s + 1)\cdots(\tau_m s + 1)}{s^2(T_1 s + 1)(T_2 s + 1)\cdots(T_n s + 1)} = K$$

稳态误差 $\varepsilon_{ss} = \dfrac{R}{K}$。

图 3-32 为Ⅱ型单位反馈系统对单位加速度输
入信号的响应曲线和加速度误差。由以上讨论可
知，0 型和Ⅰ型系统都不能跟踪加速度输入信号；
Ⅱ型系统能够跟踪加速度输入信号，但有一定的
稳态误差，其值与开环放大系数 K 成反比。

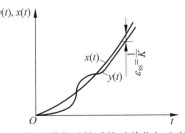

图 3-32　Ⅱ型单位反馈系统对单位加速度输
入信号的响应曲线和加速度误差

各种类型系统对三种典型输入信号的稳态误
差列于表 3-5。

表 3-5　单位反馈系统稳态误差 ε_{ss}

系统类型	输入信号		
	阶跃 $x(t) = R$	斜坡 $x(t) = Rt$	加速度 $x(t) = \dfrac{R}{2}t^2$
0 型	$\dfrac{R}{1+K}$	$+\infty$	$+\infty$
Ⅰ型	0	$\dfrac{R}{K}$	$+\infty$
Ⅱ型	0	0	$\dfrac{R}{K}$

3. 其他输入信号时的误差

如果系统承受除三种典型信号之外的某一信号 $x(t)$ 输入，此信号 $x(t)$ 在 $t = 0$ 点附近
可以展开成泰勒级数为

$$x(t) = x(0) + x'(0)t + \frac{1}{2!}x''(0)t^2 + \cdots + \frac{x^{(n)}(0)}{n!}t^n$$

$$= R_0(t) + R_1 t + \frac{1}{2}R_2 t^2 + \cdots + \frac{1}{n!}R_n t^n$$

如果信号变化较为缓慢，其高阶项为微量，可以忽略，取到二次项，输入信号为

$$x(t) = R_0(t) + R_1 t + \frac{1}{2}R_2 t^2$$

这样，可以把输入信号 $x(t)$ 看作阶跃函数、斜坡函数和加速度函数的合成，根据线性系

统的叠加原理,则对应于每种输入函数的稳态误差 e_{ss} 可由表 3-5 查出,最后将这些误差叠加起来就可以得到总稳态误差。

小结:

(1) 同一系统,在输入信号不同时,系统的稳态误差不同。

(2) 位置误差、速度误差、加速度误差分别指输入是阶跃、斜坡、加速度输入时所引起的输出上的误差。

(3) 对于单位反馈控制系统,稳态误差等于稳态偏差。

(4) 对于非单位反馈控制系统,先求出稳态偏差,再按式(3-59)求出稳态误差。

(5) 如为非阶跃、斜坡、加速度输入信号时,可把输入信号在时间 $t=0$ 附近展开成泰勒级数,这样,可把控制信号看成几个典型信号之和,系统的稳态误差可看成是上述典型信号分别作用下的误差之和。

3.5.3　扰动作用下的稳态误差

控制系统除给定输入作用外,还经常有各种扰动输入,因此,在扰动作用下的稳态误差值的大小,反映了系统的抗干扰能力。

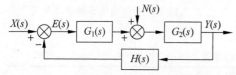

图 3-33　存在给定与扰动作用的闭环系统

下面研究图 3-33 所示的系统,该系统同时受到输入信号 $X(s)$ 和扰动信号 $N(s)$ 的作用,它们所引起的稳态误差,要在输入端度量并叠加。

求输入信号 $X(s)$ 作用下的稳态偏差 e_{ssx},可令 $N(s)=0$,则

$$E_X(s) = \frac{X(s)}{1+G_1(s)G_2(s)H(s)} \tag{3-70}$$

因此

$$e_{ssx} = \lim_{s \to 0} sE_X(s) = \lim_{s \to 0} \frac{sX(s)}{1+G_1(s)G_2(s)H(s)} \tag{3-71}$$

求扰动信号 $N(s)$ 引起的稳态误差 e_{ssn},可令 $X(s)=0$,先求输出信号对扰动输入信号的传递函数

$$G_N(s) = \frac{Y_N(s)}{N(s)} = \frac{G_2(s)}{1+G_1(s)G_2(s)H(s)}$$

则系统在扰动信号的作用下的偏差 $E_N(s)$ 为

$$E_N(s) = 0 - Y_N(s)H(s) = -\frac{G_2(s)H(s)}{1+G_1(s)G_2(s)H(s)}N(s) \tag{3-72}$$

$$e_{ssn} = \lim_{s \to 0} sE_N(s) = \lim_{s \to 0} s\left[\frac{-G_2(s)H(s)}{1+G_1(s)G_2(s)H(s)}N(s)\right] \tag{3-73}$$

系统在输入信号和扰动信号作用下的总偏差为

$$E(s) = E_X(s) + E_N(s) = \frac{X(s) - G_2(s)H(s)N(s)}{1+G_1(s)G_2(s)H(s)} \tag{3-74}$$

总的稳态偏差为

$$e_{ss} = e_{ssx} + e_{ssn} \tag{3-75}$$

因此，系统总误差为

$$\varepsilon_{ss} = \frac{1}{H(0)} e_{ss} \tag{3-76}$$

例 3-8　设单位反馈控制系统的开环传动函数是 $G(s) = \dfrac{100}{(0.2s+1)(s+10)}$，试分别求输入 $X(s) = 2(t)$ 和 $X(s) = 2(t) + 2t + t^2$ 时，系统的稳态误差。

【解】

首先将开环传递函数化成标准形式：

$$G(s) = \frac{100}{(0.2s+1)(s+10)} = \frac{10}{(0.2s+1)(0.1s+1)}$$

从上式可知，系统为 0 型系统，$K = 10$，有

(1) 当输入 $X(s) = 2(t)$ 时，系统的稳态误差为

$$e_{ss} = \frac{R}{1+k} = \frac{2}{11}$$

(2) 当 0 型系统在输入 $1(t), t, \dfrac{1}{2}t^2$ 信号作用下的稳态误差分别为 $\dfrac{1}{1+K}, +\infty, +\infty$，故根据线性叠加原理，系统的稳态误差为

$$e_{ss} = \frac{2}{1+10} + (+\infty) + (+\infty) = +\infty$$

例 3-9　如图 3-34 所示系统，当单位斜坡输入时，试推导出稳态误差 e_{ss} 与 K、F 的关系。

【解】

此题可用两种方法求解。

(1) 系统的开环传递函数为

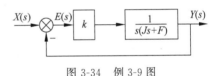

图 3-34　例 3-9 图

$$G(s)H(s) = \frac{k}{s(Js+F)} = \frac{\dfrac{k}{F}}{s\left(\dfrac{Js}{F}+1\right)}$$

系统为 Ⅰ 型系统，且为单位斜坡输入，查表 3-5 可得

$$e_{ss} = \frac{1}{K} = \frac{F}{k}$$

(2) 系统的闭环误差传递函数为

$$\frac{E(s)}{X(s)} = \frac{1}{1+G(s)H(s)} = \frac{1}{1+\dfrac{k}{s(Js+F)}} = \frac{Js^2+Fs}{Js^2+Fs+k}$$

输入为单位斜坡函数 $X(s) = \dfrac{1}{s^2}$ 时，代入上式中，得

$$E(s) = \frac{Js^2+Fs}{Js^2+Fs+k}\frac{1}{s^2}$$

得稳态误差为

$$e_{ss} = \lim_{s \to 0} s \cdot \frac{Js^2 + Fs}{Js^2 + Fs + k} \frac{1}{s^2} = \frac{F}{k}$$

例 3-10　如图 3-35 所示系统,当输入信号 $x(t) = 1(t)$,干扰 $n(t) = 1(t)$ 时,求系统总的稳态误差 e_{ss}。

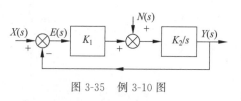

图 3-35　例 3-10 图

【解】

因为是单位反馈,稳态误差 e_{ss} 和稳态偏差 ε_{ss} 相等。

对于具有给定输入与扰动输入而引起总的稳态偏差 e_{ss},可分别求引起的稳态偏差 e_{ssx}、e_{ssn},再按叠加原理,即可得到

$$e_{ss} = e_{ssx} + e_{ssn}$$

先求由给定输入引起的稳态误差

$$e_{ssx} = \lim_{s \to 0} \frac{1}{1 + K_1 \dfrac{K_2}{s}} \frac{1}{s} = 0$$

再求干扰引起的稳态误差

$$e_{ssn} = \lim_{s \to 0} \frac{-\dfrac{K_2}{s}}{1 + K_1 \dfrac{K_2}{s}} \frac{1}{s} = -\frac{1}{K_1}$$

得

$$e_{ss} = e_{ssx} + e_{ssn} = 0 - \frac{1}{K_1} = -\frac{1}{K_1}$$

3.5.4　减小稳态误差的方法

1. 提高系统的开环增益

从表 3-5 看出:0 型系统跟踪单位阶跃信号、Ⅰ型系统跟踪单位斜坡信号、Ⅱ型系统跟踪恒加速信号时,其系统的稳态误差均为常值,且都与开环放大倍数 K(即开环增益)有关。若增大开环放大倍数 K,则系统的稳态误差可以显著下降。

提高开环放大倍数 K 固然可以使稳态误差下降,但 K 值取得过大会使系统的稳定性变坏,甚至造成系统的不稳定。

2. 增加系统的型号数

从表 3-5 看出:开环传递函数(就是系统前向通道传递函数)中没有积分环节(即 0 型系统)时,跟踪阶跃输入信号引起的稳态误差为常值;若开环传递函数中含有一个积分环节(Ⅰ型系统)时,跟踪阶跃输入信号引起的稳态误差为零;若开环传递函数中含有两个积分环节(即Ⅱ型系统)时,则系统跟踪阶跃输入信号、斜坡输入信号引起的稳态误差为零。

由上面的分析,粗看起来好像系统型号越高,该系统稳态性能越好。因此,如果只考虑

稳态精度,情况的确是这样。但若开环传递函数中含有的积分环节数过多,会降低系统的稳定性,以至于系统不稳定。在控制工程中,反馈控制系统的设计往往需要在稳态误差与稳定性要求之间求得折中。一般控制系统开环传递函数中的积分环节个数最多不超过 2。

3. 复合控制

如图 3-36(a)所示的闭环控制系统,为使稳态误差减小,还可以引进一补偿装置 $G_c(s)$,给定量 $X(s)$ 通过这一环节,对系统进行开环控制。这样引入的补偿信号与偏差信号 $E(s)$ 一起,对系统进行复合控制如图 3-36(b)所示。

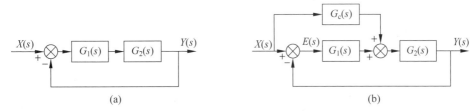

图 3-36　复合控制

图 3-36(b)中复合控制的闭环传递函数为

$$\frac{Y(s)}{X(s)} = \frac{\left[G_1(s) + G_c(s)\right]G_2(s)}{1 + G_1(s)G_2(s)} \tag{3-77}$$

又知

$$E(s) = X(s) - Y(s) \tag{3-78}$$

由式(3-77),得

$$Y(s) = \frac{G_1(s)G_2(s) + G_c(s)G_2(s)}{1 + G_1(s)G_2(s)}X(s) \tag{3-79}$$

代入式(3-78)后得

$$E(s) = X(s) - \frac{G_1(s)G_2(s) + G_c(s)G_2(s)}{1 + G_1(s)G_2(s)}X(s) = \frac{1 - G_c(s)G_2(s)}{1 + G_1(s)G_2(s)}X(s) \tag{3-80}$$

如使 $E(s)=0$,则得

$$1 - G_c(s)G_2(s) = 0 \tag{3-81}$$

所以

$$G_c(s) = \frac{1}{G_2(s)} \tag{3-82}$$

因而如满足式(3-82)的条件,稳态误差为零,即 $Y(s)=X(s)$,输出再现输入量,按式(3-82)来选择补偿环节 $G_c(s)$,这个条件又称为按给定输入的不变性条件。

4. 前馈控制

为了消除由于扰动输入而引起的稳态误差,可以采用前馈控制。

图 3-37(a)所示为某一闭环控制系统方块图,可以把扰动输入 $N(s)$ 经一补偿装置 $G_c(s)$ 送到输入端而与给定输入信号 $X(s)$ 共同控制这一系统,这种控制称为前馈控制。它可以消除由于扰动输入而引起的稳态误差。由图 3-37(b)可以得到

$$Y(s) = G_2(s)\big[N(s) + E(s)G_1(s)\big] \tag{3-83}$$

$$E(s) = X(s) - Y(s) - G_c(s)N(s) \tag{3-84}$$

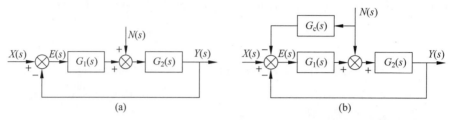

图 3-37 前馈控制

把式(3-84)代入式(3-85)中,整理后得到

$$Y(s) = \frac{G_1(s)G_2(s)}{1+G_1(s)G_2(s)}X(s) + \frac{\big[1-G_1(s)G_c(s)\big]G_2(s)}{1+G_1(s)G_2(s)}N(s) \tag{3-85}$$

由式(3-85)可以看出,输出量由给定输入量 $X(s)$ 与扰动输入量 $N(s)$ 决定。为消除扰动影响,只要

$$1 - G_1(s)G_c(s) = 0$$

即

$$G_c(s) = \frac{1}{G_1(s)} \tag{3-86}$$

3.6 时间特性与稳态误差的计算机求解

1. 求取系统单位阶跃响应: step( )

step( )——该函数作用在于求系统的阶跃响应。用法如下:

$[y,x,t] = step(num,den,t)$

$[y,x,t] = step(sys,t)$

式中,y、x、t 为返回的仿真计算结果,y 为输出矩阵;x 为状态轨迹;t 为自动生成时间序列;num 和 den 分别为传递函数的分子和分母多项式系数;sys 为传递函数,sys＝tf(num,den)。

当函数不返回参数,直接绘制仿真计算图形时,其用法为:

step(num,den) 或 step(sys) 或 step(sys,t) 或 step(sys1,sys2,…,t)

例 3-11 求解一阶系统 $G(s) = \dfrac{1}{2s+1}$ 的单位阶跃响应。

【解】

MATLAB 程序如下:

```
num=[1];
den=[2,1];
step(num,den)
title('G(s)=1/(2s+1)的单位阶跃响应')
```

程序执行结果如图 3-38 所示。

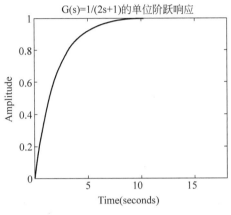

图 3-38　$G(s)=\dfrac{1}{2s+1}$ 的响应曲线

例 3-12　一阶系统传递函数为 $G(s)=\dfrac{1}{Ts+1}$，求当 T 取不同值时的单位阶跃响应曲线。

【解】

MATLAB 程序如下：

```
T=[2:2:12];
  figure(1)
  hold on
  for t=T
  num=[1];
  den=[t,1];
  step(num,den)
  end
    title('当 T 取不同值时 G(s)=1/(Ts+1)的单位阶跃响应')
    hold off
```

程序执行结果如图 3-39 所示。

2. 二阶系统的单位阶跃响应

典型二阶系统为

$$G(s)=\frac{\omega_n^2}{s^2+2\zeta\omega_n s+\omega_n^2}$$

其单位阶跃响应的程序为

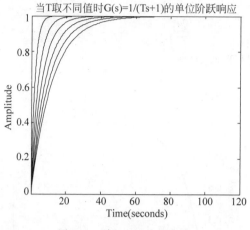

图 3-39   例 3-12 响应曲线

```
num=[ω_n^2];
den=[1   2ζω_n^2   ω_n^2];
step(num,den)
```

例 3-13   求 $G(s)=\dfrac{4}{s^2+1.6s+4}$ 的单位阶跃响应。

【解】

响应曲线如图 3-40 所示,MATLAB 程序如下:

```
num=[4];
den=[1,1.6,4];
step(num,den)
title('G(s)=4/(s^2+1.6s+4)的单位阶跃响应')
```

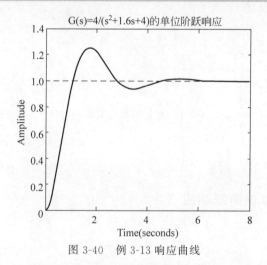

图 3-40   例 3-13 响应曲线

例 3-14 求典型二阶系统为

$$G(s) = \frac{\omega_n^2}{s^2 + 2\zeta\omega_n s + \omega_n^2}$$

试绘制出当 $\omega_n = 6$，ζ 分别为 $0.1, 0.2, \cdots, 1.0, 2.0$ 时的单位阶跃响应。

【解】

MATLAB 的程序为

```
wn=6;
kosi=[0.1：0.1：1.0,2.0];
figure(1)
hold on
for kos=kosi
num=wn.^2；
den=[1,2*kos*wn,wn^2];
step(num,den)
end
title('Step Response')
hold off
```

执行后得如图 3-41 所示的单位阶跃响应曲线。

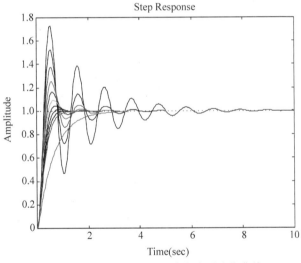

图 3-41　典型二阶系统的单位阶跃响应曲线

3. 其他输入信号的时间响应

（1）单位脉冲输入的时间响应

```
num=[bm    bm-1    ···    b0];
den=[an    an-1    ···    a0];
impulse(num,den)
```

例 3-15 求二阶系统 $G(s) = \dfrac{50}{25s^2 + 2s + 1}$ 的单位脉冲响应曲线。

【解】

MATLAB 程序为

```
num=[0,0,50];
den=[25,2,1];
impulse(num,den)
grid
```

执行后得如图 3-42 所示的单位阶跃响应曲线。

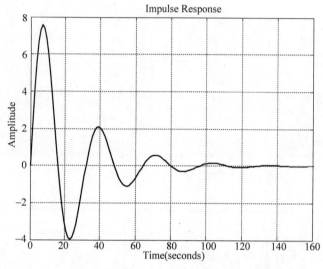

图 3-42　$G(s)=\dfrac{50}{25s^2+2s+1}$ 的单位脉冲响应曲线

(2) 单位斜坡输入的时间响应

```
num=[b_m    b_{m-1}    …    b_0];
den=[a_n    a_{n-1}    …    a_0    0];
step(num,den)
```

单位斜坡输入的时间响应是在单位阶跃输入的时间响应程序的 den=[]项中最后加一个“0”,其他如单位阶跃输入。

例 3-16　求闭环系统 $\dfrac{Y(s)}{X(s)}=\dfrac{50}{25s^2+2s+1}$ 的单位斜坡响应。

【解】

对于单位斜坡输入量, $X_i(s)=\dfrac{1}{s^2}$,则

$$Y(s)=\frac{50}{25s^2+2s+1}\frac{1}{s^2}=\frac{50}{(25s^2+2s+1)s}\frac{1}{s}=\frac{50}{25s^3+2s^2+s}\frac{1}{s}$$

MATLAB 程序为

```
num=[0,0,0,50];
den=[25,2,1,0];
t=0:0.01:100;
step(num,den,t)
grid
```

执行后得如图 3-43 所示的单位斜坡响应曲线。

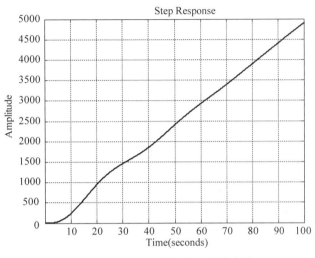

图 3-43　例 3-16 的单位斜坡响应曲线

4. 高阶系统的阶跃响应和性能指标计算

对于高于二阶的系统,求其响应和性能指标是较困难的。应用 MATLAB 语言求解则较方便,下面举例说明。

例 3-17　一个三阶系统的传递函数为 $G(s) = \dfrac{750}{s^3 + 36s^2 + 205s + 750}$；(1)找出系统的主导极点；(2)求出系统的低阶模型；(3)比较原系统与低阶模型系统的单位阶跃响应。

【解】

(1) MATLAB 程序如下：

```
deno=[1,36,205,750];
r=roots(deno)
```

程序执行结果为

```
r =
    −30.0000 + 0.0000i
    −3.0000 + 4.0000i
    −3.0000 − 4.0000i
```

因极点 −30.0000 + 0.0000i 离虚轴的距离是另两个极点离虚轴的 10 倍,因此它对系统的影响可忽略。系统的主导极点应为 −3±4i。

（2）系统的近似传递函数为 $G(s) = \dfrac{25}{s^2 + 6s + 25}$。

（3）近似二阶系统的 MATLAB 程序为

```
num1=25;
den1=[1,6,25];
```

原三阶系统的 MATLAB 程序为

```
num2=750;
den2=[1,36,205,750];
step(num1,den1,'r')
hold on
step(num2,den2,'b')
```

执行后得如图 3-44 所示的响应曲线。

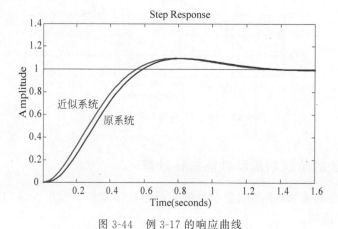

图 3-44   例 3-17 的响应曲线

例 3-18   已知一个单位反馈控制系统的开环传递函数为

$$G(s) = \frac{3(2s + 1)}{s(s + 2)(s - 1)}$$

试绘制单位阶跃响应曲线并计算其性能指标。

【解】

程序如下：

```
num=[6 3]; den=[1 1 −2 0]; s1=tf(num,den);
Gc=feedback(s1,1);
t=[0: 0.1: 30]';                        求阶跃响应并作图
step(Gc);
y=step(Gc,t);
plot(t,y); grid
%Count Sigma and tp
[mp,tf]=max(y);
```

```
cs = length(t);
yss = y(cs);                              计算最大百分比超调量和峰值时间
Sigma = 100 * (mp − yss)/yss
tp = t(tf)
 % Count ts
i = cs + 1;
n = 0;
while n == 0,
   i = i − 1;
   if i == 1,
      n = 1;
   elseif y(i)>1.05 * yss,               计算调整时间
      n = 1;
   end;
end;
t1 = t(i);
cs = length(t);
j = cs + 1;
n = 0;
while n == 0,
   j = j − 1;
   if j == 1,
      n = 1;
   elseif y(j)<0.95 * yss,
n = 1;
   end;
end;
t2 = t(j);
if t2<tp,
  if t1>t2,
    ts = t1
  end
elseif t2>tp,
   if t2<t1,
   ts = t2
   else
   ts = t1
end
end
```

结果(响应曲线见图 3-45)为：

Sigma＝   (最大百分比超调量)
   135.5371
tp＝   (峰值时间)
   1.5000
ts＝   (调整时间)
   24.4000

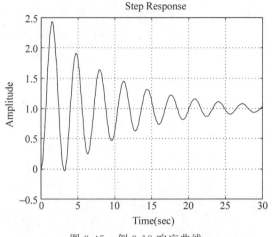

图 3-45　例 3-18 响应曲线

5. 稳态误差的计算机求解

下面通过实例介绍采用 MATLAB 求取稳态误差的方法。

例 3-19　已知一个单位反馈控制系统传递函数为

$$G(s) = \frac{3(2s+1)}{s(s+2)(s-1)}$$

试求出系统的单位阶跃、单位斜坡响应的稳态误差。

【解】

(1) 单位阶跃输入时的稳态误差，程序如下：

```
num=[6  3];
den=[1  1  -1  0];
s=tf(num,den);
sys=feedback(s,1);
step(sys); hold on
t=[0:0.1:300]';
y=step(sys,t); grid
ess=1-y;
ess(length(ess))
```

运算结果为

ans ＝1.6653e－015

其响应曲线如图 3-46 所示。

由于是 Ⅰ 型系统，由表 3-5 知 Ⅰ 型系统阶跃输入的稳态误差是 0，从运算结果知 1.6653e－015 接近于 0。

(2) 单位斜坡输入的稳态误差，程序如下：

```
num=[6  3];
den=[1  1  -1  0];
s=tf(num,den);
sys=feedback(s,1);
```

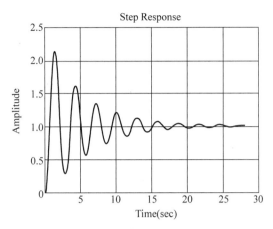

图 3-46　单位阶跃响应曲线

```
t = [0:0.1:50]';
num = sys.num{1}; den = [sys.den{1},0];
sys = tf(num,den); y = step(sys,t);
subplot(121),plot(t,[t y]),grid
subplot(122),es = t - y;
plot(t,es),grid
ess = es(length(es))
```

运算结果为

ess = −0.3411

其响应曲线如图 3-47 所示。

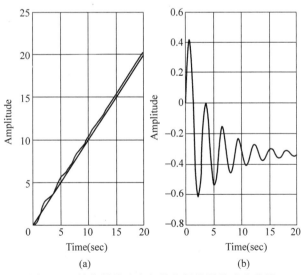

(a)　　　　　　　　　　　(b)

图 3-47　单位斜坡响应与单位斜坡误差响应曲线

例 3-20　已知单位反馈系统的开环传递函数为

$$G(s) = \frac{24s^2 + 18s + 3}{s^4 + 2s^3 + 10s^2}$$

试求出系统的单位加速度输入响应的稳态误差。

【解】

程序如下：

```
num=[24 18 3];
den=[1 2 10 0 0];
s1=tf(num,den);
sys=feedback(s1,1);
t=[0:0.1:30]';
num1=sys.num{1};
den1=[sys.den{1},0,0];
sy1=tf(num1,den1);
y1=step(sy1,t);
nu2=1;
den2=[1 0 0 0];
sy2=tf(nu2,den2);
y2=impulse(sy2,t);
subplot(121),plot(t,[y2 y1]),grid
    subplot(122),es=y2-y1;
    plot(t,es),grid
    ess=es(length(es))
```

运算结果为

ess ＝3.3355

其响应曲线如图 3-48 所示。

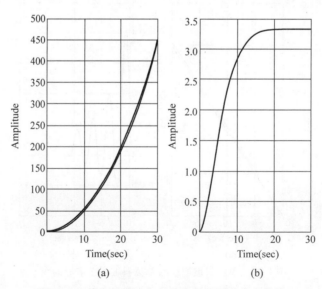

(a)　　　　　　(b)

图 3-48　单位斜坡响应与单位斜坡误差响应曲线

例 3-21　对图 3-49 所示液面无差控制系统,已知电位计比例系数 $K_1 = 0.4\text{V/cm}$,放大器放大倍数 $K_2 = 100$, $K_3 = 2830\text{cm}^3/\text{V} \cdot \text{s}$,电动机传递函数为 $G_1(s) = \dfrac{K_3}{s(0.1s+1)}$, $K_4 = 0.449 \times 10^{-4}\text{s/cm}^2$,水箱传递函数为 $G_2(s) = \dfrac{K_4}{10s+1}$。当 $r(t) = 1(t)$ 与 $n(t) = t$ 时,求系统的稳态误差 e_{ss}。

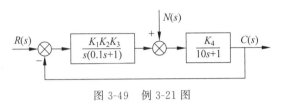

图 3-49　例 3-21 图

【解】

MATLAB 程序如下:

```
syms K1 K2 K3 K4 G1 G2 H t r R n N s essr essn ess phier phien;
K1=0.4;K2=100;K3=2830;K4=0.499 * 10^(-4);
G1=K1 * K2 * K3/(s * (0.1 * s+1));
G2=K4/(10 * s+1);H=1;
r=sym('Heaviside(t)');R=laplace(r);
phier=1/(1+G1 * G2 * H);Er=phier * R;
essr=limit(s * Er,s,0)
phien=-G2 * H/(1+G1 * G2 * H);
n=t;N=laplace(n);En=phien * N;
essn=vpa(limit(s * En,s,0),5)
ess=essr+essn
```

程序执行结果为

essr ＝0
essn ＝－8.8339e－6
ess＝－8.8339e－6

习　题　3

1. 单选题

(1) 系统的单位脉冲响应函数为 $y(t) = 3\text{e}^{-0.2t}$,则系统的传递函数为(　　)。

　　A. $G(s) = \dfrac{3}{s+0.2}$　　　B. $G(s) = \dfrac{0.2}{s+3}$　　　C. $G(s) = \dfrac{0.6}{s+0.2}$　　　D. $G(s) = \dfrac{0.6}{s+3}$

(2) 二阶欠阻尼系统的上升时间为(　　)。

　　A. 阶跃响应曲线第一次达到稳定值的 98% 的时间

　　B. 阶跃响应曲线达到稳定值的时间

　　C. 阶跃响应曲线第一次达到稳定值的时间

D. 阶跃响应曲线达到稳定值的 98% 的时间

（3）二阶振荡系统的最大百分比超调量 $M_p\%$（　　）。

    A. 仅与 ω_n 有关　　　　　　　　　　B. 仅与 ζ 有关

    C. 与 ω_n 和 ζ 均有关　　　　　　　D. 与 ω_n 和 ζ 均无关

（4）典型二阶振荡系统的（　　）时间可由响应曲线的包络线近似求出。

    A. 峰值　　　　　　B. 延时　　　　　　C. 调整　　　　　　D. 上升

（5）已知典型二阶系统的阻尼比为 0.7，则系统的单位阶跃响应曲线为（　　）。

    A. 无振荡　　　　　B. 等幅振荡　　　　C. 单调上升　　　　D. 衰减振荡

（6）一阶系统的传递函数为 $G(s)=\dfrac{8}{3s+2}$，若容许误差为 2%，则其调整时间为（　　）s。

    A. 8　　　　　　　　B. 4.5　　　　　　　C. 3　　　　　　　　D. 6

（7）二阶振荡系统幅值衰减的快慢取决于（　　）。

    A. ω_d　　　　　　　　　　　　　　　B. $\zeta\omega_n$

    C. 特征根实部绝对值　　　　　　　　D. 特征根虚部的分布情况

（8）二阶欠阻尼系统的性能指标：上升时间、峰值时间和调整时间，反映了系统的（　　）。

    A. 稳定性　　　　　B. 响应的快速性　　C. 精度　　　　　　D. 相对稳定性

（9）稳态误差除了与系统的型次、传递函数有关外，还与（　　）有关？

    A. 阶次　　　　　　B. 振荡频率　　　　C. 阻尼比　　　　　D. 输入信号类型

（10）单位反馈系统的静态加速度误差系数 K_a 定义为（　　）。

    A. $\lim\limits_{s\to 0}s^2 G(s)$　　　　　　　　　　B. $\lim\limits_{s\to 0}G(s)$

    C. $\lim\limits_{s\to 0}sG(s)$　　　　　　　　　D. $\lim\limits_{s\to +\infty}s^2 G(s)H(s)$

2. 填空题

（1）系统响应分（　　）响应和（　　）响应两个阶段。

（2）系统在外加激励作用下，其（　　）随时间变化的函数关系称为系统的（　　）响应。

（3）反映系统稳定性的时域指标为（　　），反映系统快速性的时域指标为（　　）。

（4）某线性定常系统的单位斜坡响应为 $y(t)=t-T+Te^{-t/T}, t\geqslant 0$，其单位阶跃响应为（　　）。

（5）已知系统单位反馈的开环传递函数为 $G(s)=\dfrac{9}{s(s+1)}$，则系统的固有频率、阻尼比以及单位斜坡输入所引起的稳态误差分别为（　　）、（　　）、（　　）。

（6）根据系统开环传递函数中包含（　　）的数目，确定系统的型别。

（7）已知系统的传递函数为 $G(s)=\dfrac{100}{(0.2s+1)(s+10)}$，当输入单位阶跃函数时，系统稳态误差为（　　），当输入斜坡信号 $x(t)=2t$ 时，系统的稳态误差为（　　）。

（8）系统稳态误差与系统开环传递函数的增益、（　　）和（　　）有关。

3. 简答题

（1）何为系统的时间响应？稳定系统的时间响应包括哪两个方面？

（2）时间响应的瞬态响应反映哪些方面的性能？而稳态响应反映哪些方面的性能？

（3）何为系统的闭环主导极点？

（4）时域分析中,典型的输入信号有哪些？

（5）如何定义系统最大百分比超调量？

（6）如何定义系统的调整时间？

（7）反映系统稳定性的时域指标有哪些？反映系统快速性的时域指标有哪些？

（8）系统的稳态误差和哪些因素有关？

（9）减少稳态误差的方法有哪些？

（10）稳态误差系数有哪些？

4. 分析计算题

（1）设单位反馈系统的开环传递函数为

$$G(s) = \frac{1}{s(s+1)}$$

试求系统的上升时间、峰值时间、最大百分比超调量和调整时间。

（2）习题 3-1 图所示的系统中,当 $K=10$ 时,输入阶跃信号,为使最大百分比超调量为 16% , $\omega_n = 10\text{rad/s}$,求 a 、 b 值最好为多少？

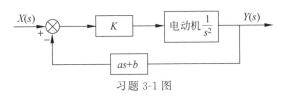

习题 3-1 图

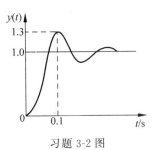

习题 3-2 图

（3）设二阶系统的单位阶跃响应曲线如习题 3-2 图所示,如果该系统为单位反馈控制系统,试确定其开环传递函数。

（4）设习题 3-3 图(a)所示系统的单位阶跃响应曲线如习题 3-3 图(b)所示,试确定参数 K_1 、 K_2 和 a 的数值。

（5）设系统如习题 3-4 图所示。如果要求系统的最大百分比超调量等于 15% ,峰值时间等于 0.8s ,试确定增益 K_1 和测速发电机输出斜率 K_t 。同时,确定在此 K_1 和 K_t 数值下系统的延迟时间、上升时间和调整时间。

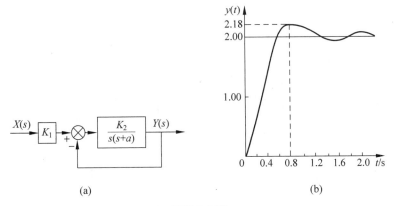

(a)　　　　　　　　　　　(b)

习题 3-3 图

(a) 控制系统；(b) 单位阶跃响应

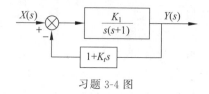

习题 3-4 图

（6）习题 3-5 图(a)是一个机械振动系统，当有 300N 的力(阶跃输入)作用于系统时，系统中的质量 m 作习题 3-5 图(b)所示的运动，试根据这个响应曲线确定质量 m、黏性阻尼系数 B 和弹簧刚度 K 的数值。

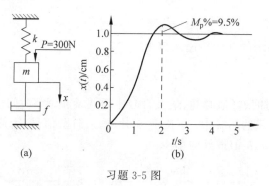

习题 3-5 图

（7）已知单位反馈系统的开环传递函数：

① $G(s) = \dfrac{100}{(0.1s+1)(s+5)}$

② $G(s) = \dfrac{50}{s(0.1s+1)(s+5)}$

③ $G(s) = \dfrac{10(2s+1)}{s^2(s^2+6s+100)}$

试求输入分别为 $x(t) = 2t$ 和 $x(t) = 2(t)+2t+t^2$ 时，系统的稳态误差。

（8）已知单位反馈系统的开环传递函数：

① $G(s) = \dfrac{50}{(0.1s+1)(2s+1)}$

② $G(s) = \dfrac{K}{s(s^2+4s+200)}$

③ $G(s) = \dfrac{10(2s+1)(4s+1)}{s^2(s^2+2s+10)}$

试分别求静态位置误差系数 K_p、静态速度误差系数 K_v、静态加速度误差系数 K_a。

（9）复合控制系统的方块图如习题 3-6 图所示，前馈环节的传递函数 $G_c(s) = \dfrac{as^2+bs}{T_2 s+1}$。当输入 $x(t)$ 为单位加速度信号时，为使系统的静态误差为零，试确定前馈环节的参数 a 和 b。

（10）设温度计在 1min 内指示出相应值的 98%，并且假设温度计为一阶系统，求时间常数。如果将温度计放在澡盆内，澡盆的温度以 10℃/min 的速度线性变化，求温度计的误差是多大？

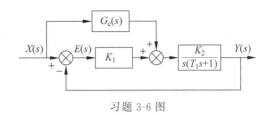

习题 3-6 图

(11) 对于如习题 3-7 图所示系统,试求:

① 系统在单位阶跃信号作用下的稳态误差;

② 系统在单位斜坡作用下的稳态误差;

③ 讨论 K_h 和 K 对 e_{ss} 的影响。

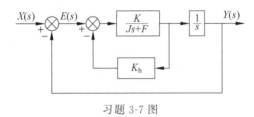

习题 3-7 图

(12) 某系统如习题 3-8 图所示。

① 试求静态误差系数;

② 当速度输入为 5rad/s 时,试求稳态误差。

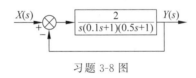

习题 3-8 图

(13) 单位反馈系统的方块图如习题 3-9 图所示,试求:

① 当 $x(t)=t$,$n(t)=1(t)$ 时,使系统的稳态误差 $e_{ss.x}=0.1$,K_1 应取何值;

② 为使 $e_{ssn}=0$,应在系统的什么位置串联何种形式的环节?

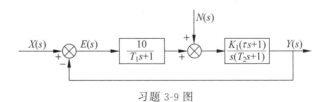

习题 3-9 图

习题 3 参考答案

第4章

频率特性分析法

时间特性分析法是分析控制系统的直接方法,比较直观,但是对于高阶系统,如不借助计算机,将非常麻烦。因此,发展了其他一些分析控制系统的方法,其中频率特性分析法是工程上广为采用的分析和综合系统的间接方法之一。这种方法的一个重要特点是从系统的开环频率特性去分析闭环控制系统的各种特性,而开环频率特性是容易绘制或通过实验获得的。系统的频率特性和系统的时域响应之间也存在对应关系,即可以通过系统的频率特性分析系统的稳定性、准确性和快速性。

频率特性分析法是经典控制理论中常用的分析与研究系统特性的方法。

频率特性包括幅频特性和相频特性,它在频率域里全面地描述了系统输入和输出之间的关系即系统的特性。值得指出的是,频率特性在有些书中又称为频率响应。本书中频率响应有另外明确的含义,即系统对正弦输入的稳态输出。通过本章的学习将会看到,频率特性和频率响应是两个联系密切但又有区别的概念。

频率特性分析方法具有如下特点:

(1) 可以通过分析系统对不同频率的稳态响应来获得系统的动态特性。

(2) 频率特性有明确的物理意义,可以用实验的方法获得。这对那些不能或难以用分析方法建立数学模型的系统或环节,具有非常重要的意义。即使对于那些能够用分析法建模的系统,也可以通过频率特性实验对其模型加以验证和修改。

(3) 不需要解闭环特征方程。由开环频率特性即可研究闭环系统的瞬态响应、稳态误差和稳定性。

利用频率特性来分析研究机械系统或机械加工过程具有概念简便、清晰的特点。机械结构在不同频率力的作用下产生的强迫振动,切削过程中由系统本身内在反馈所引起的自激振动,以及与之有关的共振频率、频谱密度、机械阻抗、动刚度、抗振稳定性等概念,都是系统在频率域表现出来的某些特征及其描述方法,它们都可以利用频率特性加以清晰的描述。

4.1 频率特性的基本概念

4.1.1 频率特性及其物理意义

系统在正弦函数输入作用下的稳态响应称为频率响应。

如图 4-1 所示,线性系统传递函数为 $G(s)$,若对该系统输入一幅值为 X、频率为 ω 的正弦信号:$x(t)=X\sin\omega t$,则系统的稳态输出即为对应微分方程的稳态解 $y(t)$。线性系统在正弦函数输入下的稳态响应记为

$$y(t) = Y(\omega)\sin[\omega t + \varphi(\omega)] \tag{4-1}$$

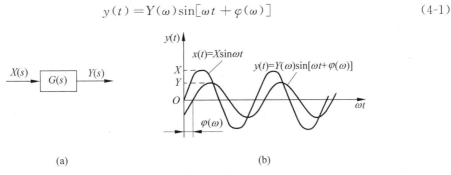

图 4-1　正弦函数输入、输出响应

如果输入信号的幅值 $X=1$，其传递函数为 $G(s)=\dfrac{1}{s+1}$，当改变输入信号的频率 ω 时，对应的输入输出曲线如图 4-2 所示。从图中可以看出：

（1）输入和输出是同一频率的正弦信号；

（2）在输入幅值不变的情况下，输出信号的幅值是随着输入信号的频率 ω 变化的，其幅值随着输入信号频率的增大而减小；

（3）输出信号的相位也随着输入信号的频率的变化而改变。

对于给定的系统，当输入正弦信号的频率一定时，输出的幅值和相位也确定了。一般地，输出信号的幅值 $Y(\omega)$ 是频率 ω 的函数，它正比于输入信号的幅值，输出信号与输入信号之间的相位差 $\varphi(\omega)$ 也是频率 ω 的函数，它与幅值无关。

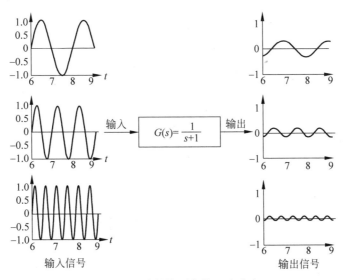

图 4-2　一阶惯性环节的正弦响应

研究频率响应的意义在于，当信号频率 ω 变化时，幅值 $Y(\omega)$ 与相位差 $\varphi(\omega)$ 也随之变化。这为了解系统本身特性提供了重要的信息。

首先声明一点，本章所称信号的频率均指信号的角频率 $\omega=2\pi f$，以后不再说明。

系统的幅频特性定义为输出信号与输入信号的幅值之比，记为

$$A(\omega) = \frac{Y(\omega)}{X} \tag{4-2}$$

它描述了在稳态情况下,系统输出与输入之间的幅值比随频率的变化情况,即幅值的衰减或放大特性。

系统的相频特性定义为输出信号与输入信号的相位差,记为 $\varphi(\omega)$,它随频率 ω 而变化。它描述了输出相位对输入相位的滞后或超前特性。按照正弦信号的旋转矢量表示方法,规定 $\varphi(\omega)$ 按逆时针方向旋转为正值,按顺时针方向旋转为负值。

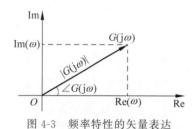

图 4-3 频率特性的矢量表达

幅频特性 $A(\omega)$ 和相频特性 $\varphi(\omega)$ 统称为系统的频率特性,记作 $G(j\omega)$。频率特性 $G(j\omega)$ 是一个以频率 ω 为自变量的复变函数,它是一个矢量。如图 4-3 所示,矢量 $G(j\omega)$ 的模 $|G(j\omega)|$ 即为系统的幅频特性 $A(\omega)$;矢量 $G(j\omega)$ 与正实轴的夹角 $\angle G(j\omega)$ 即为系统的相频特性 $\varphi(\omega)$。因此,频率特性按复变函数的指数表达形式,记为:

$$G(j\omega) = |G(j\omega)| e^{j\angle G(j\omega)} = A(\omega)e^{j\varphi(\omega)} \tag{4-3}$$

由于频率特性 $G(j\omega)$ 是一个复变量,因此,它还可以写成实部和虚部之和,即

$$G(j\omega) = \mathrm{Re}(\omega) + j\mathrm{Im}(\omega) \tag{4-4}$$

式中,$\mathrm{Re}(\omega)$ 是 $G(j\omega)$ 的实部,称为实频特性;$\mathrm{Im}(\omega)$ 是 $G(j\omega)$ 的虚部,称为虚频特性。在机械测试技术中,实频特性和虚频特性又分别称为同相分量和异相分量,它们也是频率特性的一种很有用处的表达形式。

幅频特性无量纲,相频特性的单位是弧度或度。

如图 4-3 所示,显然有

$$A(\omega) = |G(j\omega)| = \sqrt{\mathrm{Re}^2(\omega) + \mathrm{Im}^2(\omega)} \tag{4-5}$$

$$\varphi(\omega) = \angle G(j\omega) = \arctan \frac{\mathrm{Im}(\omega)}{\mathrm{Re}(\omega)} \tag{4-6}$$

例 4-1 机械系统如图 4-4 所示,弹簧刚度系数 $k = 10(\mathrm{N/m})$,阻尼系数 $f = 10(\mathrm{N \cdot s/m})$,输入幅值为 1N 的正弦力,求两种频率下,即 $x(t) = \sin t$ 和 $x(t) = \sin 100t$ 时,系统的位移 $y(t)$ 的稳态输出。

【解】

系统的微分方程为

$$x(t) = f \frac{\mathrm{d}y(t)}{\mathrm{d}t} + ky(t)$$

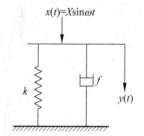

图 4-4 机械弹性阻尼系统

系统的传递函数为

$$G(s) = \frac{Y(s)}{X(s)} = \frac{1/k}{\dfrac{f}{k}s + 1} = \frac{1/k}{Ts + 1}$$

式中,$T = f/k = 1(\mathrm{s})$。

系统的频率特性为

$$G(j\omega) = \frac{1/k}{1 + j\omega T}$$

系统的幅频特性为

$$A(\omega) = \sqrt{\mathrm{Re}^2(\omega) + \mathrm{Im}^2(\omega)} = \frac{1/k}{\sqrt{1 + \omega^2 T^2}}$$

系统的相频特性为

$$\varphi(\omega) = \arctan\frac{\mathrm{Im}(\omega)}{\mathrm{Re}(\omega)} = -\arctan T\omega$$

当 $f(t) = \sin t$，即 $\omega = 1\mathrm{rad/s}$ 时，

$$A(\omega) = \frac{0.1}{\sqrt{1 + 1^2}}\mathrm{m/N} = \frac{0.1}{\sqrt{2}}\mathrm{m/N}$$

$$\varphi(\omega) = -\arctan 1 = -45°$$

稳态位移输出为

$$y(t) = \frac{0.1}{\sqrt{2}}\sin(t - 45°)$$

当 $f(t) = \sin 100t$，即 $\omega = 100\mathrm{rad/s}$ 时，

$$A(\omega) = \frac{0.1}{\sqrt{1 + 100^2}}\mathrm{m/N} \approx \frac{0.1}{100}\mathrm{m/N}$$

$$\varphi(\omega) = -\arctan 100 \approx -89.4°$$

稳态位移输出为

$$y(t) = \frac{0.1}{100}\sin(100t - 89.4°)$$

　　系统的位移幅值随着输入力的频率增大而减小，同时位移的相位滞后量也随频率的增高而加大。

　　$G(\mathrm{j}\omega)$ 的物理意义：

　　(1) 由例 4-1 机械系统的频率特性可以看出该系统频率特性的幅值 $A(\omega)$ 随着频率的升高而衰减，换句话说，频率特性表示了系统对不同频率的正弦信号的"复现能力"或"跟踪能力"。在频率较低时，当 $\omega T \ll 1$ 时，输入信号基本上可以按原比例在输出端复现出来，而在频率较高时，输入信号就被抑制而不能传递出去。对于实际中的系统，虽然形式不同，但一般都有这样的"低通"滤波及相位滞后作用。

　　(2) 频率特性随频率而变化，是因为系统含有储能元件。实际系统中往往存在弹簧、惯量或电容、电感这些储能元件，它们在能量交换时，对不同频率的信号使系统显示出不同的特性。

　　(3) 频率特性反映系统本身的特点，系统元件的参数(如机械系统的 k、f、m)给定以后，频率特性就完全确定，系统随 ω 变化的规律也就完全确定。就是说，系统具有什么样的频率特性，取决于系统结构本身，与外界因素无关。

4.1.2　频率特性的求法

　　频率特性的求法有三种：

　　(1) 根据已知系统的微分方程，把输入以正弦函数代入，求其稳态解，取其输出的稳态

分量与输入正弦的复数比即得系统的频率特性。

（2）根据传递函数求取，将传递函数 $G(s)$ 中的 s 用 $j\omega$ 替代，即为频率特性 $G(j\omega)$。

（3）通过实验测得。

这里仅介绍根据传递函数求取频率特性。

图 4-5 所示为一线性定常系统，系统的输入与输出分别为 $x(t)$ 和 $y(t)$，系统的传递函数为 $G(s)$。当把传递函数中的 s，以 $j\omega$ 代替，即为频率特性 $G(j\omega)$。下面我们来证明此结论的正确性。

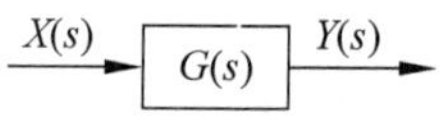

图 4-5　线性定常系统

输入 $x(t)$ 是正弦函数，

$$x(t) = X\sin\omega t \tag{4-7}$$

其拉氏变换为

$$X(s) = \frac{X\omega}{s^2 + \omega^2}$$

系统的传递函数可表示为

$$G(s) = \frac{Y(s)}{X(s)} = \frac{p(s)}{(s+p_1)(s+p_2)\cdots(s+p_n)} \tag{4-8}$$

于是输出量的拉氏变换为

$$Y(s) = G(s)X(s)$$

$$= \frac{p(s)}{(s+p_1)(s+p_2)\cdots(s+p_n)}\frac{X\omega}{s^2+\omega^2} \tag{4-9}$$

设我们所讨论的仅为稳定系统。对于这种系统，$-p_i$ 的实部应是负值。

如果 $Y(s)$ 只具有不同的极点，那么方程(4-9)的部分分式展开为

$$Y(s) = \frac{a}{s+j\omega} + \frac{\bar{a}}{s-j\omega} + \frac{b_1}{s+p_1} + \frac{b_2}{s+p_2} + \cdots + \frac{b_n}{s+p_n} \tag{4-10}$$

式中的 a、$\bar{a}$ 和 $b_i(i=1,2,3,\cdots,n)$ 为待定系数，而 $\bar{a}$ 是 a 的待定共轭复数。因此上式的拉氏反变换为

$$y(t) = ae^{-j\omega t} + \bar{a}e^{j\omega t} + b_1 e^{-p_1 t} + b_2 e^{-p_2 t} + \cdots + b_n e^{-p_n t}, \quad t \geqslant 0 \tag{4-11}$$

对稳定系统而言，$-p_1, -p_2, \cdots, -p_n$ 具有负实部，因而，在上式中，当 $t \to +\infty$ 时，第三项以后各项全部为零，稳态值只有第一、第二项。

如果传递函数中包含有 m 个重极点 p_j，则 $y(t)$ 表达式将包含 $t^{h_j}e^{-p_j t}$（$h_j = 0, 1, 2, \cdots, m_{j-1}$）这样一些项，当时间 $t \to +\infty$ 时，这些项都为零。

不论哪种情况，其输出的稳态响应为

$$y(t) = ae^{-j\omega t} + \bar{a}e^{j\omega t} \tag{4-12}$$

式中的 a 和 $\bar{a}$ 可按求留数的方法予以确定：

$$a = G(s)\frac{X\omega}{s^2+\omega^2}(s+j\omega)\Big|_{s=-j\omega} = -\frac{XG(-j\omega)}{2j} \tag{4-13}$$

$$\bar{a} = G(s)\frac{X\omega}{s^2+\omega^2}(s-j\omega)\Big|_{s=j\omega} = \frac{XG(j\omega)}{2j} \tag{4-14}$$

因为 $G(j\omega)$ 是一个复数，所以又可以表示为

$$G(j\omega) = |G(j\omega)|e^{j\varphi} \tag{4-15}$$

$$G(-j\omega) = |G(-j\omega)| e^{-j\varphi} = |G(j\omega)| e^{-j\varphi} \tag{4-16}$$

将式(4-15)、式(4-16)代入式(4-13)式(4-14),可得

$$a = -\frac{X|G(j\omega)|e^{-j\varphi}}{2j} \tag{4-17}$$

$$\bar{a} = \frac{X|G(j\omega)|e^{j\varphi}}{2j} \tag{4-18}$$

将式(4-17)和式(4-18)代入式(4-12)中,可得

$$
\begin{aligned}
y(t) &= \frac{X|G(j\omega)|e^{j\varphi}}{2j}e^{j\omega t} - \frac{X|G(j\omega)|e^{-j\varphi}}{2j}e^{-j\omega t} \\
&= X|G(j\omega)| \left[\frac{e^{j(\omega t+\varphi)} - e^{-j(\omega t+\varphi)}}{2j}\right] \\
&= X|G(j\omega)| \sin(\omega t+\varphi) \quad \text{(由欧拉公式)} \\
&= Y\sin(\omega t+\varphi) \tag{4-19}
\end{aligned}
$$

与输入 $x(t) = X\sin\omega t$ 相比,可以看出,输出信号与输入信号的幅值比和相角差分别为

$$\frac{Y}{X} = |G(j\omega)| \tag{4-20}$$

$$\varphi(\omega) = \angle G(j\omega) \tag{4-21}$$

因此,$|G(j\omega)|$就是系统的幅频特性,$\angle G(j\omega)$就是系统的相频特性,$G(j\omega)$为频率特性。

以上分析可归纳如下:

(1) 线性定常系统的频率特性可以通过系统的传递函数获得,即

$$G(j\omega) = G(s)\big|_{s=j\omega} \tag{4-22}$$

系统的频率特性就是其传递函数 $G(s)$ 中复变量 $s = \sigma + j\omega$ 在 $\sigma = 0$ 时的特殊情况。

(2) 若系统的输入信号为正弦函数,则系统的稳态输出也是相同频率的正弦函数,但幅值和相位与输入信号的幅值和相位不同。

显然,若改变输入信号的频率,系统时域响应的稳态值也会发生相应的变化,而频率特性正表明了幅值比和相位差随频率变化的情况。

(3) 式(4-22)表明了系统频率特性与传递函数的关系。此外,频率特性与微分方程之间都存在内在的联系。它们之间可以相互转换,如图 4-6 所示。因此,频率特性也和微分方程、传递函数一样,可以表征系统的动态特性,是系统数学模型的一种表达形式。这就是利用频率特性研究系统动态特性的理论依据。

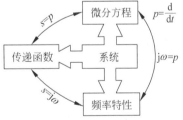

图 4-6 数学模型的相互转换

4.2 频率特性表示法

4.2.1 极坐标图(奈奎斯特图)

频率特性的极坐标图也称为幅相频特性图或称为奈奎斯特(Nyquist)图。

由于频率特性 $G(j\omega)$ 是 ω 的复变函数,故可在复平面$[G(j\omega)]$上表示。对于给定的 ω,

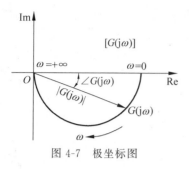

图 4-7 极坐标图

频率特性可由复平面上相应的矢量 $G(j\omega)$ 描述,如图 4-7 所示。

当 ω 从 $0 \to +\infty$ 变化时,$G(j\omega)$ 矢量端点的轨迹即为频率特性的极坐标曲线,该曲线连同坐标一起则称为极坐标图。这里规定极坐标图的实轴正方向为相位的零度线,由零度线起,矢量逆时针转过的角度为正,顺时针转过的角度为负。图中用箭头标明 ω 从小到大的方向。

将极坐标转换为直角坐标,则横坐标代表幅频特性在横坐标上的投影,即实频特性;纵坐标代表幅频特性在纵坐标上的投影,即虚频特性。因此若以直角坐标来表示极坐标图,横坐标为实轴,纵坐标为虚轴。

极坐标图的优点是在一幅图上同时给出了系统在整个频率域的实频特性、虚频特性、幅频特性和相频特性。它比较简洁直观地表明了系统的频率特性。其主要缺点是不能明显地表示出系统传递函数中各个环节在系统中的作用,绘制较麻烦。

4.2.2 对数坐标图(伯德图)

伯德(Bode)图也称为对数坐标图。

现用两个坐标图分别表示幅频特性和相频特性。幅频特性图的纵坐标(线性分度)表示了幅频特性幅值的分贝值,为 $L(\omega)=20\lg|G(j\omega)|$,单位是 dB;横坐标(对数分度)表示 ω 值,单位是 rad/s 或 s^{-1}。相频特性图的纵坐标 $\varphi(\omega)$(线性分度)表示 $G(j\omega)$ 的相位,单位是 $(°)$;横坐标(对数分度)表示 ω 值,单位是 rad/s 或 s^{-1}。这两个图分别叫做对数幅频特性图和对数相频特性图,统称为频率特性的对数坐标图,又称为伯德(Bode)图。

图 4-8 表示了对数坐标图的坐标。横坐标表示频率 ω,但是按对数分度,单位是 rad/s,对数幅频特性图的纵坐标的单位是 dB。

图 4-8 对数坐标图坐标

因此,对数幅频特性为

$$L(\omega)=20\lg|G(j\omega)| \qquad (4-23)$$

对数相频特性为

$$\varphi(\omega)=\angle G(j\omega) \qquad (4-24)$$

注意,当 $|G(j\omega)|=1$ 时,其分贝数为零,即 0dB,表示输出幅值等于输入幅值。

对数坐标图表示频率特性有如下优点:

(1) 可将串联环节幅值的乘、除化为幅值的加、减,因而简化了计算与作图过程。

(2) 可用近似方法作图。先分段用直线作出对数幅频特性的渐近线,再用修正曲线对渐近线进行修正,就可得到较准确的对数幅频特性图。这给作图带来了很大方便。

(3) 可分别作出各个环节的对数坐标图,然后用叠加方法得出系统的对数坐标图,并由此可以看出各个环节对系统总特性的影响。

由于横坐标为对数坐标,所以 $\omega=0$ 的频率不可能在横坐标上表现出来,因此,横坐标的起点可根据实际所需的最低频率 ω 来决定。

4.2.3　增益相位图(尼科尔斯图)

增益相位图又称尼科尔斯(Nichols)图或对数幅相频率特性图。其特点是纵坐标为 $L(\omega)$,单位为 dB;横坐标为 $\varphi(\omega)$,单位为(°),均为线性分度;频率 ω 为参变量。图 4-9 所示为 RC 网络 $T=0.5s$ 时的尼科尔斯图。

在尼科尔斯图对应的坐标系中,可以根据系统开环和闭环的关系,绘制关于闭环幅频特性的等 M 簇线和闭环相频特性的等 α 簇线,因而可以根据频域指标要求确定校正网络,简化系统的设计过程。

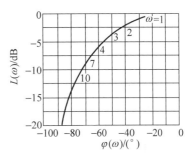

图 4-9　RC 网络 $T=0.5s$ 时的尼科尔斯图

4.3　典型环节的频率特性

4.3.1　比例环节的频率特性

1. 极坐标图

由于

$$G(s)=K$$

即

$$G(j\omega)=K \tag{4-25}$$

显然,对于比例环节,实频特性恒为 K,虚频特性恒为 0,故幅频特性为

$$\mid G(j\omega)\mid=K \tag{4-26}$$

相频特性为

$$\angle G(j\omega)=0° \tag{4-27}$$

这表明,当 ω 从 $0\to+\infty$ 时,$G(j\omega)$ 的幅值总是 K,相位总是 $0°$,$G(j\omega)$ 在极坐标图上为实轴上的一定点,其坐标为 $(K,j0)$,如图 4-10 所示。

2. 对数坐标图

对数幅频特性为

$$L(\omega)=20\lg\mid G(j\omega)\mid=20\lg K \tag{4-28}$$

对数相频特性为

$$\varphi(\omega)=\angle G(j\omega)=0°$$

其图形是一条水平线,分贝数为 $20\lg K$。

　　图 4-11 中,$K=10$,故对数幅频特性的分贝数恒为 20dB,而相位恒为零,故其对数相频特性曲线是与 0°重合的一条直线。K 值改变时,只是对数幅频特性上、下移动,而对数相频特性不变。

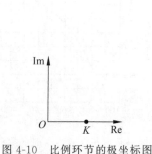

图 4-10　比例环节的极坐标图

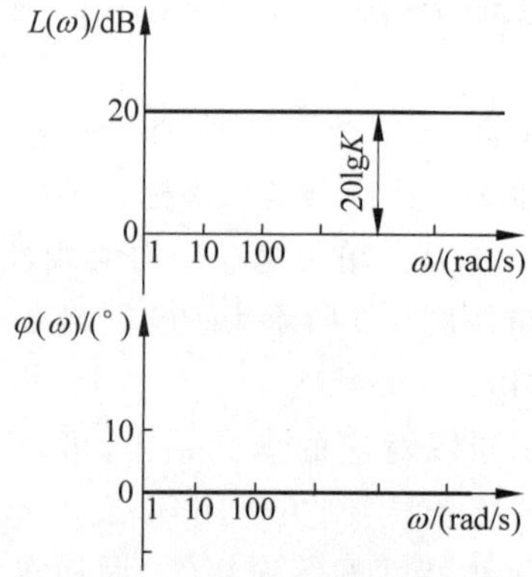

图 4-11　比例环节的对数坐标图

　　因为由若干环节串联而成的系统的增益等于各环节增益之积,即 $K=K_1 \cdot K_2 \cdot \cdots \cdot K_n$,故系统增益的对数幅值等于各个环节增益的对数幅值之和。

4.3.2　积分环节的频率特性

1. 极坐标图

由于

$$G(s) = \frac{1}{s}$$

即

$$G(j\omega) = \frac{1}{j\omega} = -j\frac{1}{\omega} \tag{4-29}$$

显然,实频特性恒为 0;虚频特性则为 $-1/\omega$。

　　故幅频特性为

$$|G(j\omega)| = 1/\omega \tag{4-30}$$

相频特性为

$$\angle G(j\omega) = -90° \tag{4-31}$$

由此有:当 $\omega=0$ 时,$|G(j\omega)|=+\infty$,$\angle G(j\omega)=-90°$;当 $\omega=+\infty$ 时,$|G(j\omega)|=0$,$\angle G(j\omega)=-90°$。

可见,当 ω 从 $0 \to +\infty$ 时,$G(j\omega)$ 的幅值由 $+\infty \to 0$,相位总是 $-90°$,积分环节频率特性的极坐标图是虚轴的下半轴,由无穷远点指向原点,如图 4-12 所示。

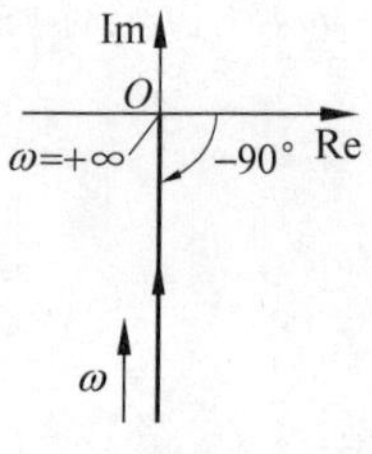

图 4-12　积分环节的极坐标图

2．对数坐标图

对数幅频特性为

$$L(\omega) = 20\lg |G(j\omega)| = 20\lg \frac{1}{\omega} = -20\lg\omega \tag{4-32}$$

对数相频特性为

$$\varphi(\omega) = \angle G(j\omega) = -90°$$

于是：当 $\omega = 0.1\,\mathrm{rad/s}$ 时，$20\lg|G(j\omega)| = 20\mathrm{dB}$，对数幅频特性经过点$(0.1,20)$；

当 $\omega = 1\,\mathrm{rad/s}$ 时，$20\lg|G(j\omega)| = 0\mathrm{dB}$，对数幅频特性经过点$(1,0)$；

当 $\omega = 10\,\mathrm{rad/s}$ 时，$20\lg|G(j\omega)| = -20\mathrm{dB}$，对数幅频特性经过点$(10,-20)$。

可见，每当频率增加 10 倍时，对数幅频特性就下降 20dB，故积分环节的对数幅频特性如图 4-13(a)所示。它是一条过点$(1,0)$的直线，其斜率为$-20\mathrm{dB/dec}$(dec 表示十倍频程，即横坐标的频率由 ω 增加到10ω)。

积分环节的对数相频特性如图 4-13(b)所示，它与 ω 无关，是一条过点$(0,-90°)$且平行于横轴的直线。

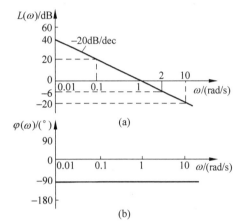

图 4-13　积分环节的对数坐标图

例 4-2　作 $G(s) = \dfrac{K}{s^2}$ 的对数坐标图。

【解】

因 $G(s) = \dfrac{K}{s^2}$，即 $G(j\omega) = \dfrac{K}{-\omega^2}$，故幅频特性为

$$|G(j\omega)| = \frac{K}{\omega^2}$$

相频特性为

$$\angle G(j\omega) = -180°$$

对数幅频特性为

$$L(\omega) = 20\lg |G(j\omega)| = 20\lg \frac{K}{\omega^2} = 20\lg K - 20\lg\omega^2 = 20\lg K - 40\lg\omega$$

对数相频特性为

$$\varphi(\omega) = \angle G(j\omega) = -180°$$

当 $\omega = 1$、$K = 10$ 时，$20\lg|G(j\omega)| = 20\mathrm{dB}$，对数幅频特性过点$(1,20)$。

当 $\omega = 10$、$K = 10$ 时，$20\lg|G(j\omega)| = -20\mathrm{dB}$，对数幅频特性过点$(10,-20)$。

系统的对数幅频特性为一过点$(1,20)$而斜率为$-40\mathrm{dB/dec}$ 的直线，如图 4-14 幅频特性图中粗实线所示，显然，它是一个比例环节($K = 10$)与两个积分环节($1/s$)的对数幅频特性的叠加，而这两个积分环节的对数幅频特性如图 4-14 中虚线所示。

对数相频特性是一条过点$(0,-180°)$且平行于横轴的一直线，如图 4-14 所示，当然也

是一个比例环节和两个积分环节的对数相频特性的叠加。

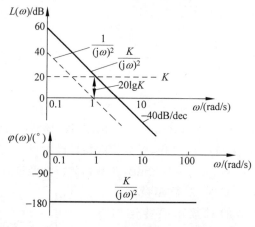

图 4-14 K/s^2 的对数坐标图

由图 4-13 与图 4-14 可知,增加一个串联的积分环节,就使对数幅频特性的斜率增加 -20dB/dec,而使相位增加 $-90°$;增加一个串联的比例环节后,其对数幅频特性垂直平移 $20\lg K$,而其相位不变。

4.3.3 理想微分环节的频率特性

1. 极坐标图

由于

$$G(s) = s$$

即

$$G(\text{j}\omega) = \text{j}\omega \tag{4-33}$$

显然,实频特性恒为 0;虚频特性为 ω。

故幅频特性为

$$|G(\text{j}\omega)| = \omega \tag{4-34}$$

相频特性为

$$\angle G(\text{j}\omega) = 90° \tag{4-35}$$

由此有:

当 $\omega = 0$ 时,$|G(\text{j}\omega)| = 0$,$\angle G(\text{j}\omega) = 90°$;

当 $\omega = +\infty$ 时,$|G(\text{j}\omega)| = +\infty$,$\angle G(\text{j}\omega) = 90°$。

可见,当 ω 从 $0 \to +\infty$ 时,$G(\text{j}\omega)$ 的幅值由 $0 \to +\infty$,其相位总是 $90°$。微分环节的频率特性的极坐标图是虚轴的上半轴,由原点指向无穷远点,如图 4-15 所示。

2. 对数坐标图

对数幅频特性为

$$L(\omega) = 20\lg |G(\text{j}\omega)| = 20\lg \omega \tag{4-36}$$

对数相频特性为

$$\varphi(\omega) = \angle G(j\omega) = 90°$$

当 $\omega = 0.1$ 时，$20\lg|G(j\omega)| = -20$dB；当 $\omega = 1$ 时，$20\lg|G(j\omega)| = 0$dB。可见，微分环节的对数幅频特性是过点$(1,0)$，而斜率为 20dB/dec 的直线。对数相频特性是过点$(0, 90°)$，且平行于横轴的直线。这说明输出的相位总是超前于输入相位 90°。

微分环节的对数坐标图如图 4-16 所示。

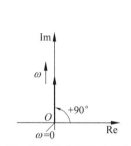

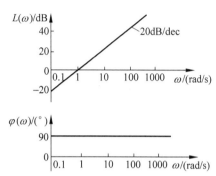

图 4-15　理想微分环节的极坐标图　　　　图 4-16　理想微分环节的对数坐标图

4.3.4　惯性环节的频率特性

1. 极坐标图

由于

$$G(s) = \frac{1}{Ts + 1}$$

即

$$G(j\omega) = \frac{1}{1 + j\omega T} = \frac{1 - jT\omega}{1 + T^2\omega^2} \tag{4-37}$$

显然，实频特性为 $\dfrac{1}{1 + T^2\omega^2}$；虚频特性为 $\dfrac{-T\omega}{1 + T^2\omega^2}$。

故幅频特性为

$$|G(j\omega)| = \frac{1}{\sqrt{1 + T^2\omega^2}} \tag{4-38}$$

相频特性为

$$\angle G(j\omega) = -\arctan T\omega \tag{4-39}$$

由此有：

当 $\omega = 0$ 时，$|G(j\omega)| = 1$，$\angle G(j\omega) = 0°$；

当 $\omega = 1/T$ 时，$|G(j\omega)| = 0.707$，$\angle G(j\omega) = -45°$；

当 $\omega = +\infty$时，$|G(j\omega)| = 0$，$\angle G(j\omega) = -90°$。

根据上述实频和虚频特性两式，可分别求得不同 ω 值的 $\mathrm{Re}(\omega)$ 和 $\mathrm{Im}(\omega)$，从而作出极

坐标图。

此时,频率特性曲线为一半圆。证明如下:

设实频特性为

$$U = \frac{1}{1 + T^2 \omega^2}$$

虚频特性为

$$V = \frac{-T\omega}{1 + T^2 \omega^2}$$

所以 $\frac{V}{U} = -T\omega$,将其代入实频特性表达式中,则有

$U = \dfrac{1}{1 + \left(\dfrac{V}{U}\right)^2}$,将此式整理得

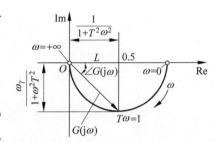

图 4-17　惯性环节极坐标图

$$\left(U - \frac{1}{2}\right)^2 + V^2 = \left(\frac{1}{2}\right)^2 \qquad (4\text{-}40)$$

此式是一个圆方程,但由于 $\angle G(j\omega) = -\arctan T\omega$,所以当 $0 < \omega < +\infty$ 时,极坐标图是下半圆,因为此时 $\angle G(j\omega)$ 与 $\mathrm{Im}(\omega)$ 恒为负值,如图 4-17 所示。

2. 对数坐标图

$|G(j\omega)| = \dfrac{1}{\sqrt{1 + T^2 \omega^2}}$,如令 $\omega_T = \dfrac{1}{T}$,此频率称为转角频率。

对数幅频特性为

$$L(\omega) = 20\lg |G(j\omega)| = -20\lg \sqrt{1 + T^2 \omega^2} \qquad (4\text{-}41)$$

对数相频特性为

$$\varphi(\omega) = \angle G(j\omega) = -\arctan T\omega$$

当 $\omega \ll \omega_T \left(\omega_T = \dfrac{1}{T}\right)$ 时,对数幅频特性为

$$L(\omega) = 20\lg |G(j\omega)| \approx 0\mathrm{dB} \qquad (4\text{-}42)$$

所以,对数幅频特性在低频段近似为 0dB 水平线,它止于点 $(\omega_T, 0)$,0dB 水平线称为低频渐近线。

当 $\omega \gg \omega_T \left(\omega_T = \dfrac{1}{T}\right)$ 时,对数幅频特性为

$$L(\omega) = 20\lg |G(j\omega)| \approx -20\lg T\omega \qquad (4\text{-}43)$$

对于上述近似式,将 $\omega = \omega_T$ 代入,得

$$20\lg |G(j\omega_T)| = -3\mathrm{dB}$$

从上面分析可以看出,惯性环节的对数幅频特性曲线可以近似用两段直线(渐近线)来表示,即

在低频段　　　　　　$0 < \omega < \omega_T$ 时,$L(\omega) = 0$

在高频段 $\omega_T < \omega < +\infty$ 时，$L(\omega) = -20\lg T\omega$

现在讨论渐近线 $L(\omega) = -20\lg T\omega$ 的绘制方法，设 $\omega = \omega_i$，则有 $L(\omega_i) = -20\lg T\omega_i$，如果频率 ω_i 变化了十倍频程，即 $\omega = 10\omega_i$，则有

$$L(10\omega_i) = -20\lg 10T\omega_i = (-20\lg T\omega_i - 20)\text{dB}$$

从上式可以看出：当频率每变化十倍频程时，幅值 $L(\omega)$ 衰减 20dB，即斜率为 -20dB/dec。

所以，对数幅频特性在高频段近似是一条直线，它始于点 $(\omega_T, 0)$，斜率为 -20dB/dec。此斜线称为高频渐近线。显然，ω_T 是低频渐近线与高频渐近线的交点处的频率，称为转角频率。

惯性环节的对数相频特性取值如下：

当 $\omega = 0$ 时，$\varphi(\omega) = 0°$；

当 $\omega = \omega_T$ 时，$\varphi(\omega) = -45°$；

当 $\omega = +\infty$ 时，$\varphi(\omega) = -90°$。

从图 4-18 可知，对数相频特性斜对称于点 $(\omega_T, -45°)$，而且在 $\omega \leqslant 0.1\omega_T$ 时，$\varphi(\omega) \to -0°$；在 $\omega \geqslant 10\omega_T$ 时，$\varphi(\omega) \to -90°$。准确的相频特性曲线应把每个 ω 值代入对数相频特性 $\varphi(\omega) = \angle G(\mathrm{j}\omega) = -\arctan T\omega$ 中计算所得，部分值见表 4-1。

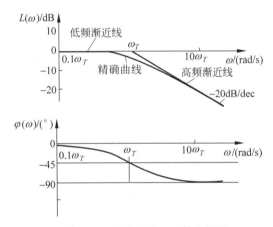

图 4-18　惯性环节的对数坐标图

表 4-1　惯性环节取不同频率 ω 时所对应的 $\varphi(\omega)$

$\omega/(\text{rad/s})$	$\dfrac{1}{10T}$	$\dfrac{1}{5T}$	$\dfrac{1}{2T}$	$\dfrac{1}{T}$	$\dfrac{2}{T}$	$\dfrac{5}{T}$	$\dfrac{10}{T}$
$\varphi(\omega)$	$-5.7°$	$-11.3°$	$-26.2°$	$-45.0°$	$-63.4°$	$-78.7°$	$-84.3°$

惯性环节的对数坐标图如图 4-18 所示。由图 4-18 所示的对数幅频特性可知，惯性环节有低通滤波器的特性。当输入频率 $\omega > \omega_T$ 时，其输出很快衰减，即滤掉输入信号的高频部分；在低频段，输出能较准确地反映输入。

渐近线与精确的对数幅频特性曲线之间有误差 $e(\omega)$，误差曲线如图 4-19 所示。由图可知，最大

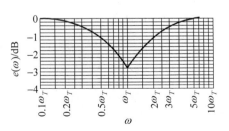

图 4-19　惯性环节误差图

误差发生在转角频率 ω_T 处,其误差为 $-3\mathrm{dB}$,在 $2\omega_T$ 或 $\dfrac{1}{2}\omega_T$ 的频率处。$e(\omega)$ 为 $-0.91\mathrm{dB}$,即约为 $-1\mathrm{dB}$,而在 $10\omega_T$ 或 $\dfrac{1}{10}\omega_T$ 的频率处,$e(\omega)$ 就接近于 $0\mathrm{dB}$,据此可在 $0.1\omega_T\sim10\omega_T$ 范围内对渐近线进行修正。

4.3.5　一阶微分环节的频率特性

1. 极坐标图

由于

$$G(s)=1+Ts$$

即

$$G(\mathrm{j}\omega)=1+\mathrm{j}T\omega \tag{4-44}$$

显然实频特性恒为 1;虚频特性为 $T\omega$。

故幅频特性为

$$|G(\mathrm{j}\omega)|=\sqrt{1+T^2\omega^2} \tag{4-45}$$

相频特性为

$$\angle G(\mathrm{j}\omega)=\arctan T\omega \tag{4-46}$$

由此有:

当 $\omega=0$ 时,$|G(\mathrm{j}\omega)|=1$,$\angle G(\mathrm{j}\omega)=0°$;

当 $\omega=\dfrac{1}{T}$ 时,$|G(\mathrm{j}\omega)|=\sqrt{2}$,$\angle G(\mathrm{j}\omega)=45°$;

当 $\omega=+\infty$ 时,$|G(\mathrm{j}\omega)|=+\infty$,$\angle G(\mathrm{j}\omega)=90°$。

可见,当 ω 从 $0\rightarrow+\infty$ 时,$G(\mathrm{j}\omega)$ 的幅值由 $1\rightarrow+\infty$,其相位由 $0°\rightarrow90°$。

一阶微分环节频率特性的极坐标图始于点 $(1,\mathrm{j}0)$,平行于虚轴,是在第一象限的一条垂线,如图 4-20 所示。

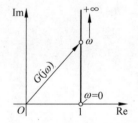

图 4-20　一阶微分环节极坐标图

2. 对数坐标图

对数幅频特性为

$$L(\omega)=20\lg|G(\mathrm{j}\omega)|=20\lg\sqrt{1+T^2\omega^2} \tag{4-47}$$

对数相频特性为

$$\varphi(\omega)=\angle G(\mathrm{j}\omega)=\arctan T\omega$$

当 $\omega\ll\omega_T\left(\omega_T=\dfrac{1}{T}\right)$ 时,$20\lg|G(\mathrm{j}\omega)|\approx0\mathrm{dB}$,即低频渐近线是 $0\mathrm{dB}$ 水平线;

当 $\omega\gg\omega_T$ 时,$20\lg|G(\mathrm{j}\omega)|\approx20\lg\omega T$,即高频渐近线为一直线,其始于点 $(\omega_T,0)$,斜率为 $20\mathrm{dB}/\mathrm{dec}$。显然,$\omega_T$ 为一阶微分环节的转角频率。

一阶微分环节的对数相频特性取值如下:

当 $\omega = 0$ 时，$\varphi(\omega) = 0°$；

当 $\omega = \omega_T$ 时，$\varphi(\omega) = 45°$；

当 $\omega = +\infty$ 时，$\varphi(\omega) = 90°$。

由图 4-21 可知，对数相频特性斜对称于点 $(\omega_T, 45°)$，且在 $\omega \leqslant 0.1\omega_T$ 时 $\varphi(\omega) \to +0°$，$\omega \geqslant 10\omega_T$ 时，$\varphi(\omega) \to +90°$。

一阶微分环节的对数坐标图如图 4-21 所示。比较图 4-21 与图 4-18 可知，一阶微分环节与惯性环节的对数幅频特性和对数相频特性分别对称于 0dB 线和 0°线。

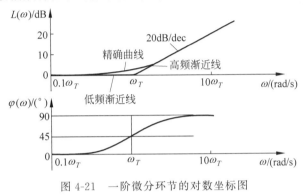

图 4-21 一阶微分环节的对数坐标图

对数幅频特性的精确曲线与渐近线的误差修正曲线如图 4-19 所示，只是其分贝数取正值。

4.3.6 二阶振荡环节的频率特性

1. 极坐标图

$$G(s) = \frac{\omega_n^2}{s^2 + 2\zeta\omega_n s + \omega_n^2}, \quad 0 < \zeta < 1$$

如令 $\omega_n = \omega_T = \dfrac{1}{T}$，则

$$G(s) = \frac{1}{T^2 s^2 + 2\zeta T s + 1} \tag{4-48}$$

$$G(j\omega) = \frac{1}{T^2(j\omega)^2 + 2\zeta T(j\omega) + 1} \tag{4-49}$$

$$= \frac{1 - T^2\omega^2}{(1 - T^2\omega^2)^2 + (2\zeta T\omega)^2} - j\frac{2\zeta T\omega}{(1 - T^2\omega^2)^2 + (2\zeta T\omega)^2}$$

显然，实频特性为

$$\frac{1 - T^2\omega^2}{(1 - T^2\omega^2)^2 + (2\zeta T\omega)^2}$$

虚频特性为

$$-\frac{2\zeta T\omega}{(1-T^2\omega^2)^2+(2\zeta T\omega)^2}$$

故幅频特性为

$$|G(j\omega)|=\frac{1}{\sqrt{(1-T^2\omega^2)^2+(2\zeta T\omega)^2}} \tag{4-50}$$

相频特性为

$$\angle G(j\omega)=\begin{cases}-\arctan\dfrac{2\zeta T\omega}{1-T^2\omega^2}, & \omega\leqslant\dfrac{1}{T}\\[3mm]-\dfrac{\pi}{2}, & \omega=\dfrac{1}{T}\\[3mm]-\pi-\arctan\dfrac{2\zeta T\omega}{1-T^2\omega^2}, & \omega>\dfrac{1}{T}\end{cases} \tag{4-51}$$

由此有：

当 $\omega=0$ 时, $|G(j\omega)|=1$, $\angle G(j\omega)=0°$；

当 $\omega=\dfrac{1}{T}$ 时, $|G(j\omega)|=\dfrac{1}{2\zeta}$, $\angle G(j\omega)=-90°$；

当 $\omega=+\infty$ 时, $|G(j\omega)|=0$, $\angle G(j\omega)=-180°$。

可见,当 ω 从 $0\to+\infty$, $G(j\omega)$ 的幅值由 $1\to0$,其相位由 $0°\to-180°$,振荡环节的频率特性的极坐标图始于点 $(1,j0)$,而终于点 $(0,j0)$。曲线与虚轴的交点的频率就是无阻尼固有频率 ω_n,此时的幅值为 $1/(2\zeta)$,曲线在第三、四象限,ζ 取值不同,$G(j\omega)$ 的极坐标图形状也不同,如图 4-22 所示。

在阻尼 ζ 比较小时,幅频特性 $|G(j\omega)|$ 在频率为 ω_r 处出现峰值,如图 4-22 所示。此峰值称为谐振峰值 M_r,对应的频率 ω_r 称为谐振频率。可如下求出：

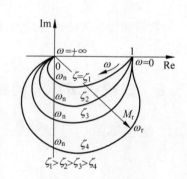

图 4-22　ζ 不同时的二阶振荡环节极坐标图

由

$$\frac{\partial|G(j\omega)|}{\partial\omega}=0$$

求得

$$\omega_r=\frac{1}{T}\sqrt{1-2\zeta^2}=\omega_n\sqrt{1-2\zeta^2} \tag{4-52}$$

也就是说,当频率 $\omega=\omega_r$ 时,$|G(j\omega)|$ 出现峰值；当 $1-2\zeta^2\geqslant0$ 时,即 $\zeta\leqslant0.707$ 时,ω_r 才有意义,$|G(j\omega)|$ 出现峰值,其谐振峰值为

$$M_r=|G(j\omega_r)|=\frac{1}{2\zeta\sqrt{1-\zeta^2}} \tag{4-53}$$

$$\angle G(j\omega_r)=-\arctan\frac{\sqrt{1-2\zeta^2}}{\zeta} \tag{4-54}$$

当 $\frac{\sqrt{2}}{2}\leqslant\zeta<1$ 时,一般认为 ω_r 不再存在;

ζ 越小,ω_r 就越大;$\zeta=0$ 时,$\omega_r\to\frac{1}{T}=\omega_n$;

由于无阻尼自然频率 ω_n 和有阻尼固有频率 ω_d 的关系是 $\omega_d=\omega_n\sqrt{1-\zeta^2}$,对于欠阻尼系统 $(0<\zeta<1)$,谐振频率 ω_r 总小于有阻尼固有频率 ω_d。

2. 对数坐标图

幅频特性为

$$|G(j\omega)|=\frac{1}{\sqrt{(1-T^2\omega^2)^2+(2\zeta T\omega)^2}}$$

相频特性为

$$\angle G(j\omega)=-\arctan\frac{2\zeta T\omega}{1-T^2\omega^2}$$

振荡环节的对数幅频特性为

$$L(\omega)=20\lg|G(j\omega)|$$
$$=-20\lg\sqrt{(1-T^2\omega^2)^2+(2\zeta T\omega)^2} \tag{4-55}$$

对数相频特性为

$$\varphi(\omega)=\angle G(j\omega)=\begin{cases}-\arctan\dfrac{2\zeta T\omega}{1-T^2\omega^2}, & \omega<\dfrac{1}{T}\\[2mm]-\dfrac{\pi}{2}, & \omega=\dfrac{1}{T}\\[2mm]-\pi-\arctan\dfrac{2\zeta T\omega}{1-T^2\omega^2}, & \omega>\dfrac{1}{T}\end{cases}$$

1) 振荡环节的对数幅频特性渐近线

当 $T\omega\ll1$ 时,

$$20\lg|G(j\omega)|\approx0\text{dB} \tag{4-56}$$

即低频渐近线是 0dB 水平线。

当 $T\omega\gg1$ 时,

$$20\lg|G(j\omega)|\approx-40\lg T\omega \tag{4-57}$$

可见,高频渐近线为一条直线,始于点 $(1/T,0)$,斜率为 -40dB/dec。

由上可知,振荡环节的渐近线是由一段 0dB 线和一条起始于点 $(1,0)$ $\left(\text{即在 }\omega=\frac{1}{T}=\omega_n\text{ 处}\right)$,斜率为 -40dB/dec 的直线所组成。ω_n 又可称为振荡环节的转角频率,如图 4-23 所示,注意,图中横坐标均为以对数刻度表示的 ω/ω_n。

2) 振荡环节的对数幅频特性的误差修正曲线

由式 (4-55) 可知,振荡环节的对数幅频特性精确曲线不仅与 ω_n 有关,而且与 ζ 也有关。由图 4-23 可知,ζ 越小,ω_n 处或它附近的峰值越高,精确曲线与渐近线之间的误差就越大。根据不同的 ω_n 和 ζ 值可作出如图 4-24 所示的误差修正曲线。根据此修正曲线,一般在

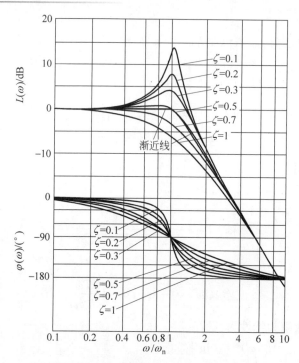

图 4-23 二阶振荡环节的对数坐标图

$0.1\omega_n \sim 10\omega_n$ 范围内对渐近线进行修正,即可得到精确的对数幅频特性曲线。表 4-2 为二阶振荡环节的对数幅频特性修正表。

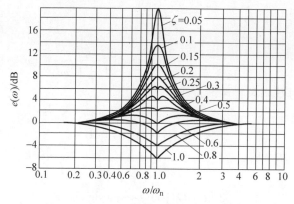

图 4-24 二阶振荡环节的对数幅频特性误差修正曲线

表 4-2 二阶振荡环节的对数幅频特性修正表

ζ	0.1	0.2	0.4	0.6	0.8	1	1.25	1.66	2.5	5	10
0.1	0.086	0.348	1048	3.782	8.094	13.98	8.094	3.728	1.48	0.348	0.086
0.2	0.08	0.325	1.36	3.305	6.345	7.96	6.345	3.305	1.36	0.325	0.08
0.3	0.071	0.292	1.179	2.681	4.439	4.439	4.439	2.681	1.179	0.292	0.071
0.5	0.044	0.17	0.627	1.137	1.137	0.00	1.137	1.137	0.627	0.17	0.044
0.7	0.001	0.00	−0.08	−0.472	−1.41	−2.92	−1.41	−0.472	−0.08	0.00	0.001
1	−0.086	−0.34	−1.29	−2.76	−4.296	−6.20	−4.296	−2.76	−1.29	−0.34	−0.086

3）振荡环节的对数相频特性

由图 4-23 所示的振荡环节的对数相频特性可知：

当 $\omega=0$ 时，$\varphi(\omega)=0$；当 $\omega=\omega_n$ 时，$\varphi(\omega)=-90°$；当 $\omega=+\infty$ 时，$\varphi(\omega)=-180°$。

由图 4-23 还可知，点 $\left(\dfrac{\omega}{\omega_n}=1,-90°\right)$ 是相频特性的斜对称点。表 4-3 为二阶振荡环节的对数相频特性 $\varphi(\omega)$。

4）振荡环节的谐振频率 ω_r 和谐振峰值 M_r

在本章中已求得

$$\omega_r=\omega_n\sqrt{1-\zeta^2}, \quad \omega_r<\omega_n$$

表 4-3 二阶振荡环节的对数相频特性 $\varphi(\omega)$

ζ	0.1	0.2	0.5	1	2	5	10	20
0.1	$-1.2°$	$-2.4°$	$-7.6°$	$-90.0°$	$-172.4°$	$-177.6°$	$-178.8°$	$-179.4°$
0.2	$-2.3°$	$-4.8°$	$-14.9°$	$-90.0°$	$-165.1°$	$-175.2°$	$-177.7°$	$-178.8°$
0.3	$-3.5°$	$-7.1°$	$-21.8°$	$-90.0°$	$-158.2°$	$-172.9°$	$-176.5°$	$-178.3°$
0.5	$-5.8°$	$-11.8°$	$-33.7°$	$-90.0°$	$-146.3°$	$-168.2°$	$-174.2°$	$-177.1°$
0.7	$-8.1°$	$-16.3°$	$-43.0°$	$-90.0°$	$-137.0°$	$-163.7°$	$-171.9°$	$-176.0°$
1.0	$-11.4°$	$-22.6°$	$-53.1°$	$-90.0°$	$-126.9°$	$-157.4°$	$-168.6°$	$-174.0°$

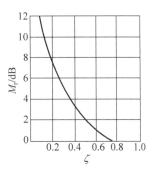

图 4-25 M_r-ζ 关系曲线

而且只有当 $0\leqslant\zeta\leqslant0.707$ 时才存在 ω_r。由图 4-24 可知，ζ 越小，ω_r 越接近于 ω_n（即 ω_r/ω_n 越接近于 1）；ζ 增大，ω_r 离 ω_n 的距离就增大。应指出，当 $0.707\leqslant\zeta<1$ 时，可认为 $\omega_r=0$。

在前面，已求得 $\omega=\omega_r$ 时，$G(j\omega_r)$ 的幅值为

$$M_r=|G(j\omega_r)|=\frac{1}{2\zeta\sqrt{1-\zeta^2}}$$

记 $|G(j\omega_r)|=M_r$，由式（4-53）作出 M_r-ζ 关系曲线，如图 4-25 所示。当 $\zeta<0.707$ 时，ζ 越小，M_r 越大；$\zeta\to0$ 时，$M_r\to+\infty$；当 $0.707\leqslant\zeta<1$ 时，可认为 $M_r=1$。

4.3.7 二阶微分环节的频率特性

1. 极坐标图

由于

$$G(s)=T^2s^2+2\zeta Ts+1$$

即

$$G(j\omega)=T^2(j\omega)^2+2\zeta T(j\omega)+1 \tag{4-58}$$

由于这一环节用处不大，它的实频、虚频、幅频与相频特性留给读者推导。它的极坐标

图如图 4-26 所示。

2. 对数坐标图

其幅频特性与相频特性如图 4-27 所示,它们如何得来,又有什么特点,请读者思考。

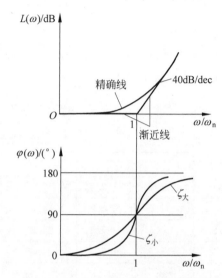

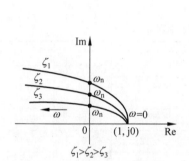

图 4-26　二阶微分环节的极坐标图　　　　图 4-27　二阶微分环节的对数坐标图

4.4　控制系统开环对数坐标图和最小相位系统

4.4.1　控制系统开环对数坐标图

为了便于手工绘制对数坐标图,下面将各典型环节对数坐标图(或近似曲线)的特征点规律归纳见表 4-4。根据表 4-4,很容易手工绘制出各典型环节的对数坐标图的近似曲线,并为绘制一般系统的对数坐标图打下基础。

表 4-4　典型环节开环对数坐标图特征点

环节	对数幅频特性图			对数相频特性图		
	低频斜率 (dB/dec)	高频斜率 (dB/dec)	特征点	$\omega \rightarrow 0$	$\omega \rightarrow +\infty$	对称中心
比例环节	0		$(1, 20\lg K)$	0		
积分环节	-20		$(1, 0)$	$-\dfrac{\pi}{2}$		
微分环节	20		$(1, 0)$	$\dfrac{\pi}{2}$		
惯性环节	0	-20	$\left(\dfrac{1}{T}, 0\right)$	0	$-\dfrac{\pi}{2}$	$\left(\dfrac{1}{T}, -\dfrac{\pi}{4}\right)$

环节	对数幅频特性图			对数相频特性图		
	低频斜率 (dB/dec)	高频斜率 (dB/dec)	特征点	$\omega \to 0$	$\omega \to +\infty$	对称中心
一阶微分环节	0	20	$\left(\dfrac{1}{T},0\right)$	0	$\dfrac{\pi}{2}$	$\left(\dfrac{1}{T},\dfrac{\pi}{4}\right)$
振荡环节	0	-40	$\left(\dfrac{1}{T},0\right)$	0	$-\pi$	$\left(\dfrac{1}{T},-\dfrac{\pi}{2}\right)$
延时环节	0		$(1,0)$	0	$-\infty$	无(指数曲线)

控制系统一般总是由若干典型环节组成,直接绘制系统的开环对数坐标图比较烦琐,但熟悉了典型环节的频率特性后,就不难绘制出系统的开环对数坐标图。这里着重介绍它的绘制方法。

控制系统的开环传递函数一般形式为

$$G(s)H(s) = \frac{K\displaystyle\prod_{i=1}^{\mu}(\tau_i s+1)\prod_{l=1}^{\eta}(\tau_l^2 s^2+2\zeta_l\tau_l s+1)}{s^N\displaystyle\prod_{m=1}^{\rho}(T_m s+1)\prod_{n=1}^{\sigma}(T_n^2 s^2+2\zeta_n T_n s+1)} \tag{4-59}$$

故其对数幅频特性为

$$L(\omega) = 20\lg K - N20\lg\omega - \sum_{m=1}^{\rho}20\lg\sqrt{1+T_m^2\omega^2} - \sum_{n=1}^{\sigma}20\lg\sqrt{(1-T_n^2\omega^2)^2+(2\zeta_n T_n\omega)^2} +$$

$$\sum_{i=1}^{\mu}20\lg\sqrt{1+\tau_i^2\omega^2} + \sum_{l=1}^{\eta}20\lg\sqrt{(1-\tau_l^2\omega^2)^2+(2\zeta_l\tau_l\omega)^2} \tag{4-60}$$

对数相频特性为

$$\varphi(\omega) = -N\frac{\pi}{2} - \sum_{m=1}^{\rho}\arctan T_m\omega - \sum_{n=1}^{\sigma}\arctan\frac{2\zeta_n T_n\omega}{1-T_n^2\omega^2} +$$

$$\sum_{i=1}^{\mu}\arctan\tau_i\omega + \sum_{l=1}^{\eta}\arctan\frac{2\zeta_l\tau_l\omega}{1-\tau_l^2\omega^2} \tag{4-61}$$

按式(4-60)和式(4-61)分别对各环节的幅值与相角相加,就可以得到对数坐标图,但画起来十分烦琐。因此,可按下述步骤绘制系统的开环对数坐标图。

(1) 把系统开环传递函数化为标准形式(即时间常数形式),如式(4-59)所表示的形式;

(2) 选定对数幅频特性图上各坐标轴的比例尺;

(3) 求出惯性、微分及振荡环节的转角频率,并沿频率轴上由小到大标出;

(4) 根据比例环节 K,计算 $20\lg K$(dB);

(5) 在半对数坐标纸上,找到频率 $\omega=1\mathrm{rad/s}$ 及幅值为 $20\lg K$ 的一点,通过此点作斜率为 $-20N$(dB/dec)的直线,N 为积分环节的个数。如不存在积分环节,则作一条幅值为 $20\lg K$ 的水平线;

（6）在每个转角频率处改变渐近线的斜率,如果为惯性环节,在前面渐近线的斜率基础上,斜率改变为 $-20(\mathrm{dB/dec})$;二阶振荡环节,在前面渐近线的斜率基础上,斜率改变为 $-40(\mathrm{dB/dec})$;一阶微分环节,在前面渐近线的斜率基础上,斜率改变为 $+20(\mathrm{dB/dec})$;二阶微分环节,在前面渐近线的斜率基础上,斜率改变为 $+40(\mathrm{dB/dec})$;

（7）如果要求精确对数幅频特性图,可对渐近线进行修正;

（8）画出每一环节的对数相频特性图,然后把所有组成环节的相频特性在相同的频率下相叠加,即可得到系统的开环对数相频特性。

例 4-3 已知系统的开环传递函数

$$G(s) = \frac{10(s+3)}{s(s+2)(s^2+s+2)}$$

要求绘制系统开环对数坐标图。

【解】

绘制对数坐标图时,

（1）应先将 $G(s)$ 化成由典型环节串联组成的标准形式

$$G(s) = \frac{7.5\left(\dfrac{s}{3}+1\right)}{s\left(\dfrac{1}{2}s+1\right)\left[\left(\dfrac{s}{\sqrt{2}}\right)^2+\dfrac{s}{2}+1\right]}$$

可见系统由比例环节、一阶微分环节、积分环节、惯性环节和振荡环节串联组成。其频率特性为

$$G(\mathrm{j}\omega) = \frac{7.5\left(\dfrac{\mathrm{j}\omega}{3}+1\right)}{(\mathrm{j}\omega)\left(\dfrac{\mathrm{j}\omega}{2}+1\right)\left[\left(\dfrac{\mathrm{j}\omega}{\sqrt{2}}\right)^2+\dfrac{\mathrm{j}\omega}{2}+1\right]}$$

（2）比例环节 $K=7.5$,$20\lg K=17.5\mathrm{dB}$。

（3）转角频率由小到大分别为 $\sqrt{2}$,2,3。

（4）通过点（$\omega=1\mathrm{rad/s}$,$20\lg K=17.5$）画一条斜率为 $-20\mathrm{dB/dec}$ 的斜线,即为低频段的渐近线。此渐近线与通过 $\omega_1=\sqrt{2}$ 的垂线相交点,因 ω_1 是二阶振荡环节的转角频率,所以要在此点改变渐近线的斜率 $-40\mathrm{dB/dec}$,因此渐近线的斜率由 $-20\mathrm{dB/dec}$ 改变为 $-60\mathrm{dB/dec}$。此渐近线又与通过一阶惯性环节的转角频率 $\omega_2=2$ 的垂线相交点改变渐近线的斜率由 $-60\mathrm{dB/dec}$ 变为 $-80\mathrm{dB/dec}$。当渐近线通过一阶微分环节的转角频率 $\omega_3=3$ 的垂线相交点时改变渐近线的斜率由 $-80\mathrm{dB/dec}$ 变为 $-60\mathrm{dB/dec}$,这几段渐近线的折线即为对数幅频特性。

（5）在转角频率处,利用误差修正曲线对对数幅频特性曲线进行必要的修正。

（6）根据式(4-61)画出各典型环节的相频特性曲线,线性叠加后即得系统的相频特性曲线。

系统的开环对数坐标图如图 4-28 所示。

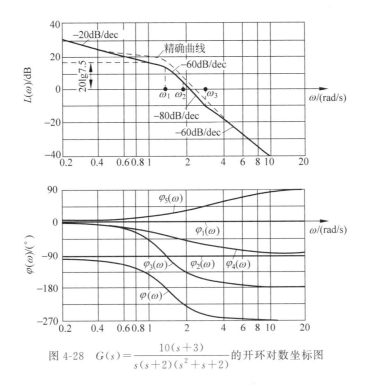

图 4-28　$G(s) = \dfrac{10(s+3)}{s(s+2)(s^2+s+2)}$ 的开环对数坐标图

4.4.2　最小和非最小相位系统

有时会遇到这样的情况,两个系统的幅频特性完全相同,而相频特性却不同。为了说明幅频特性和相频特性的关系,本节将阐明最小相位系统和非最小相位系统的概念。

在复平面 s 右半面上没有零点(使传递函数的分子为零的 s 值)和极点(使传递函数的分母为零的 s 值)的传递函数,称为最小相位传递函数;反之即为非最小相位传递函数。具有最小相位传递函数的系统称为最小相位系统。

具有相同幅频特性的系统,最小相位系统的相角变化范围是最小的。例如,两个系统的传递函数分别为

$$G_1(s) = \frac{1 + Ts}{1 + T_1 s}, \quad 0 < T < T_1$$

$$G_2(s) = \frac{1 - Ts}{1 + T_1 s}, \quad 0 < T < T_1$$

图 4-29(a)表示两个系统的零、极点分布图,显然 $G_1(s)$ 属于最小相位系统。这两个系统具有同一个幅频特征,但它们却有着不同的相频特性,如图 4-29(b)所示。

一个最小相位系统需满足以下条件:

(1) 在 $\omega = +\infty$ 时,对数幅频特性曲线的斜率为

$$L_k(+\infty) = -20(n - m)\text{dB/dec} \tag{4-62}$$

(2) 对于最小相位系统相频特性为

$$\varphi(+\infty) = -90°(n - m) \tag{4-63}$$

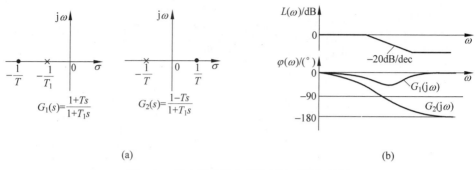

图 4-29 最小及非最小相位系统对数坐标图

这里 n 和 m 分别为传递函数中分母和分子多项式的阶次。

对于最小相位系统,其传递函数由单一的幅值唯一确定。非最小相位系统在高频时的相角滞后大,起动性能不佳,响应缓慢。因此在要求响应比较快的系统中,不能选用非最小相位元件。

4.5 系统的闭环频率特性

4.5.1 由开环频率特性估计闭环频率特性

对于如图 4-30 所示的系统,其开环频率特性为 $G(j\omega)H(j\omega)$。而该系统闭环频率特性为

$$\Phi(s) = \frac{Y(j\omega)}{X(j\omega)} = \frac{G(j\omega)}{1 + G(j\omega)H(j\omega)} \tag{4-64}$$

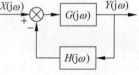

图 4-30 典型闭环系统框图

因此,已知开环频率特性,就可以求出系统的闭环频率特性,也就可以绘出闭环频率特性。

设系统为单位反馈,即 $H(j\omega)=1$

$$\Phi(j\omega) = \frac{Y(j\omega)}{X(j\omega)} = \frac{G(j\omega)}{1 + G(j\omega)} \tag{4-65}$$

由于上式也是 ω 的复变函数,所以上式的幅值 $M(\omega)$ 和相位 $\alpha(\omega)$ 分别表示为

$$M(\omega) = 20\lg \frac{|G(j\omega)|}{|1 + G(j\omega)|} \tag{4-66}$$

$$\alpha(\omega) = \angle G(j\omega) - \angle [1 + G(j\omega)] \tag{4-67}$$

逐点取 ω 值,计算出在不同频率时 $G(j\omega)$ 的幅值和相位,则可分别作出 M-ω 图(闭环幅频特性图)和 α-ω 图(闭环相频特性图),如图 4-31 所示。这样逐步计算工作量很大,但是随着计算机的应用日益普及,闭环频率特性的绘制就变得很容易了。

此外,可以根据开环幅频特性,定性地估算闭环频率特性。

一般实用系统的开环频率特性具有低通滤波的性质,低频时,$|G(j\omega)| \gg 1$,$G(j\omega)$ 与 1 相比,1 可以忽略不计,则

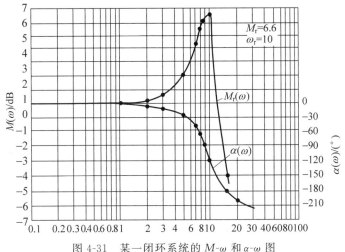

图 4-31　某一闭环系统的 M-ω 和 α-ω 图

$$\mid \Phi(\mathrm{j}\omega) \mid = \left| \frac{G(\mathrm{j}\omega)}{1+G(\mathrm{j}\omega)} \right| \approx 1$$

高频时，$\mid G(\mathrm{j}\omega) \mid \ll 1$，$G(\mathrm{j}\omega)$ 与 1 相比，$G(\mathrm{j}\omega)$ 可以忽略不计，则

$$\mid \Phi(\mathrm{j}\omega) \mid = \left| \frac{G(\mathrm{j}\omega)}{1+G(\mathrm{j}\omega)} \right| \approx \mid G(\mathrm{j}\omega) \mid$$

在中频段($L(\omega)=0$ 附近)，可通过计算描点画出轮廓。

系统开环及闭环频率特性对照如图 4-32 所示。因此，对于一般单位反馈的最小相位系统，低频输入时，输出信号的幅值和相位与输入信号基本相等，这正是闭环反馈控制系统所需要的工作频段及结果；高频输入时输出信号的幅值和相位均与开环特性基本相同，而中间频段的形状随系统阻尼的不同有较大变化。

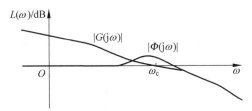

图 4-32　系统开环及闭环幅频特性对照

应当指出，研究单位反馈系统的 $\Phi(\mathrm{j}\omega)$ 与 $G(\mathrm{j}\omega)$ 之间的关系并不丧失问题的一般性，因为在一般情况下：

$$\Phi(\mathrm{j}\omega) = \frac{G(\mathrm{j}\omega)}{1+G(\mathrm{j}\omega)H(\mathrm{j}\omega)} = \frac{1}{H(\mathrm{j}\omega)} \frac{G(\mathrm{j}\omega)H(\mathrm{j}\omega)}{1+G(\mathrm{j}\omega)H(\mathrm{j}\omega)} \qquad (4\text{-}68)$$

显然，此式右边的后一项可看作是单位反馈系统的频率特性，其前向通道频率特性为 $G(\mathrm{j}\omega)H(\mathrm{j}\omega)$，再乘以 $\dfrac{1}{H(\mathrm{j}\omega)}$，即得到 $\Phi(\mathrm{j}\omega)$。

4.5.2　闭环系统频率特性的性能指标

在频域分析中,评价控制系统性能优劣的特征量称为频域性能指标,主要包括零频幅值、谐振峰值、谐振频率、截止频率和带宽。它体现了系统的快速性、稳定性等动态品质,图 4-33 所示为表征频域性能指标的闭环幅频特性。

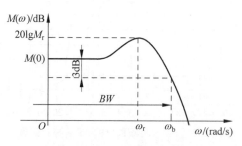

图 4-33　闭环系统频域指标

1. 零频幅值 $M(0)$

零频幅值 $M(0)$ 表示在频率趋近于零时,系统稳态输出的幅值与输入的幅值之比。

对于单位反馈系统,闭环频率特性 $\Phi(\mathrm{j}\omega)$ 与开环频率特性 $G(\mathrm{j}\omega)$ 有如下关系:

$$\Phi(\mathrm{j}\omega)=\frac{G(\mathrm{j}\omega)}{1+G(\mathrm{j}\omega)}$$

可表示为

$$\Phi(\mathrm{j}\omega)=\frac{K\dfrac{G_1(\mathrm{j}\omega)}{(\mathrm{j}\omega)^N}}{1+K\dfrac{G_1(\mathrm{j}\omega)}{(\mathrm{j}\omega)^N}} \tag{4-69}$$

式中,K 为开环增益;N 为开环传递函数中积分环节的数目;$G_1(\mathrm{j}\omega)$ 为开环频率特性的组成部分,其增益为 1,且不包含积分环节。

由式(4-69)知,当 $N \geqslant 1$ 时

$$M(0)=|\Phi(\mathrm{j}0)|=1$$

当 $N=0$ 时

$$M(0)=|\Phi(\mathrm{j}0)|=\frac{K}{1+K}<1$$

显然,在频率 $\omega \to 0$ 时,若 $M(0)=1$,则输出值能完全准确地反映输入幅值。

2. 截止频率 ω_b 和带宽

截止频率是指闭环频率特性的幅值 $M(\omega)$ 衰减到 $0.707M(0)$ 时的角频率。对于 $M(0)=1$ 的系统,其对数幅值为 $-3\mathrm{dB}$ 时的频率就是截止频率。闭环系统将高于截止频率的信号分量滤掉,而允许低于截止频率的信号分量通过。

系统的带宽,是指闭环系统的对数幅值不低于 $-3\mathrm{dB}$ 时所对应的频率范围($0 \sim \omega_b$)。

带宽表征了系统响应的快速性。对系统带宽的要求,取决于两方面因素的综合考虑。

(1) 响应速度的要求：响应越快,要求带宽越宽。

(2) 高频滤波的要求：为滤掉高频噪声,带宽又不能太宽。

3. 谐振峰值 M_r 和谐振频率 ω_r

如图 4-32 所示,闭环频率特性幅度值的极大值 M_r,称为谐振峰值。以二阶系统为例,从 $M_r = \dfrac{1}{2\zeta\sqrt{1-\zeta^2}}$ 知,系统的阻尼越小,M_r 值越大,越易振荡。阻尼比越大,M_r 越小,越易稳定下来,故 M_r 标志着系统的相对稳定性。当 $1 \leqslant M_r \leqslant 1.4$（相当于对数幅值 $0 \leqslant M_r \leqslant 3\text{dB}$）时,对应的阻尼比为 $0.4 \leqslant \zeta \leqslant 0.707$。若 $\zeta < 0.4$,则系统的超调量过大；$\zeta > 0.707$,则系统不出现谐振峰值,故一般取 $M_r \leqslant 1.4$。

系统谐振峰值处的频率,称为谐振频率 ω_r,ω_r 表征了系统的响应速度。从图 4-33 可见,$\omega_b > \omega_r$,谐振频率 ω_r 越大,系统带宽越宽,故响应速度越快。

4. 剪切率

剪切率是指对数幅值曲线在截止频率附近的斜率,该处曲线斜率越大,高频噪声衰减得越快。因此,剪切率表征了系统从噪声中辨别信号的能力。

除上述闭环系统频域指标外,还有描述开环系统相对稳定性的增益裕度、相位裕度等频域指标,将在第 6 章介绍。

4.6　由实测频率特性曲线确定系统传递函数

在分析和设计控制系统时,首先要建立系统的数学模型。我们已经介绍了通过解析法获取数学模型的方法。但是实际系统是复杂的,有些系统由于人们对其结构、参数及其支配运动的机理不很了解,常常难以从理论上导出系统的数学模型。因此,这里我们再介绍一种用频率特性实验分析法来确定系统数学模型的方法。

4.6.1　频率特性实验分析的步骤

(1) 在可能涉及的频率范围内,测量出系统或元件在足够多的频率点上的幅值比和相位差。

(2) 由实验测得的数据,画出系统或元件的对数坐标图。

(3) 在对数坐标图上,画出实验曲线的渐近线。将各段渐近线组合起来,就可以构成整个渐近对数幅频特性曲线。通过对转角频率的一些试算,通常可以得到比较满意的渐近线。

(4) 最后由渐近线来确定系统或元件的传递函数。

在确定传递函数时应该注意：对数坐标图上的频率应转化成 rad/s。

4.6.2 由对数坐标图确定系统的传递函数

为了确定传递函数,首先应该画出由实验得到的对数幅频特性,对数幅频特性的渐近线的斜率必须是±20dB/dec 倍数。如果实验对数幅频特性在 $\omega=\omega_1$ 时,是由 -20dB/dec 变化到 -40dB/dec,那么很明显,在传递函数中包含一个 $1\Big/\Big[1+j\Big(\dfrac{\omega}{\omega_1}\Big)\Big]$ 的惯性环节。而如果在 $\omega=\omega_2$ 处,斜率变化了 -40dB/dec,那么在传递函数中必含有 $\dfrac{1}{1+2\zeta\Big(j\dfrac{\omega}{\omega_2}\Big)+\Big(j\dfrac{\omega}{\omega_2}\Big)^2}$ 的二阶振荡环节,振荡环节的无阻尼自然频率就等于 $\omega_2=1/T$。阻尼比 ζ 可通过测量实验对数幅频特性在转角频率 ω_2 附近的谐振频率峰值,并与图 4-22 所示曲线比较后确定。

下面介绍系统类型和开环增益的确定,系统的类型和开环增益 K 主要由系统低频特性的形状和数值来确定。频率特性的一般形式为

$$G(j\omega)=\frac{K(1+j\tau_1\omega)(1+j\tau_2\omega)\cdots(1+j\tau_m\omega)}{(j\omega)^N(1+jT_1\omega)(1+jT_2\omega)\cdots(1+jT_{n-\lambda}\omega)} \tag{4-70}$$

式中,N 为串联积分环节的数目,当 $\omega\to0$ 时,各一阶环节因子趋近于 1,故有

$$\lim_{\omega\to0}G(j\omega)=\frac{K}{(j\omega)^N} \tag{4-71}$$

在实际系统中,积分因子的数目等于 0、1 或 2。

(1) 对于 $N=0$ 时,即为零型系统。式(4-70)变为 $G(j\omega)=K$

$$20\lg|G(j\omega)|=20\lg K$$

故其对数频率特性的低频渐近线是一条 $20\lg K$ dB 的水平线,K 值由该水平线求得,如图 4-34(a)所示。

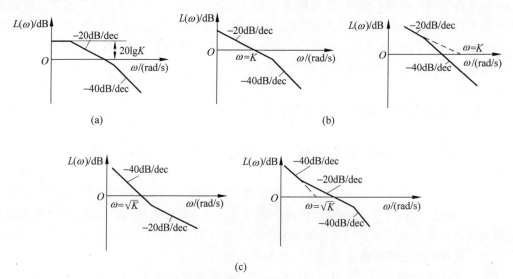

图 4-34　各种类型系统的对数幅值曲线

(a) 零型系统;(b) Ⅰ型系统;(c) Ⅱ型系统

（2）对于 $N=1$ 时，即为Ⅰ型系统：
$$20\lg|G(j\omega)|=20\lg K-20\lg\omega$$
上式表明，低频渐近线的斜率为 -20dB/dec，渐近线（或延长线）与 0dB 轴交点处的频率在数值上等于 K，如图 4-34（b）所示。

（3）对于 $N=2$ 时，即为Ⅱ型系统：
$$G(j\omega)=\frac{K}{(j\omega)^2}$$
即
$$20\lg|G(j\omega)|=20\lg K-40\lg\omega$$
上式表明，低频渐近线的斜率为 -40dB/dec，渐近线（或延长线）与 0dB 轴交点处的频率在数值上等于 $\sqrt{K}$，如图 4-34（c）所示。

例 4-4　试确定具有图 4-35 所示实验频率特性曲线的系统传递函数。

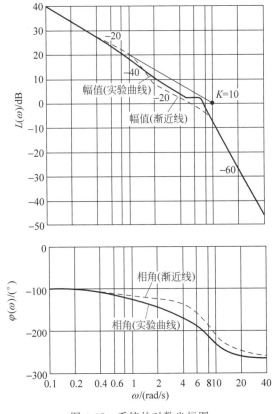

图 4-35　系统的对数坐标图

【解】

首先以 ±20dB/dec 及其倍数的线段来画出对数幅频特性的渐近线如图 4-35 中虚线所示。显然，系统包含一个积分环节、一个惯性环节、一个微分环节和一个振荡环节。然后找出转角频率 $\omega_1=1,\omega_2=2,\omega_3=8$ 并假定传递函数具有如下形式：

$$G(j\omega) = \frac{K(1 + 0.5j\omega)}{(j\omega)(1 + j\omega)\left[1 + 2\zeta\left(j\,\dfrac{\omega}{8}\right) + \left(j\,\dfrac{\omega}{8}\right)^2\right]}$$

阻尼比 ζ 可由接近于 $\omega = 6\text{rad/s}$ 处的谐振峰值来求得。参照图4-25,可得 $\zeta = 0.5$。增益 K 在数值上等于低频渐近线的延长线与 0dB 线交点处的频率值,于是可得 $K = 10$。因此,$G(j\omega)$ 可初步确定为

$$G(j\omega) = \frac{10(1 + 0.5j\omega)}{(j\omega)(1 + j\omega)\left[1 + 2\zeta\left(j\,\dfrac{\omega}{8}\right) + \left(j\,\dfrac{\omega}{8}\right)^2\right]}$$

或

$$G(s) = \frac{320(s + 2)}{s(s + 1)(s^2 + 8s + 6)} \tag{4-72}$$

由于我们还没有检查相角曲线,所以这个传递函数是初步试探性的。

一旦知道了对数幅频特性上的每一个转角频率,则对应于传递函数中的每一个环节的相角曲线就能很快画出。这些相角曲线之和就是假设的传递函数相角曲线。图4-35中虚线是表示 $G(j\omega)$ 的相角曲线。可以看出由刚才初步确定的传递函数画出的理论对数相频特性和实验测得的相频特性是相一致的,且在高频范围内,当 $\omega \to +\infty$ 时幅频特性的斜率为 $-20(n - m) = -60\text{dB/dec}$,相角为 $-90(n - m) = 270°$。说明该系统是最小相位系统,故式(4-72)即为我们所要求的传递函数。

4.7　用 MATLAB 语言计算频率特性

可以用 MATLAB 语言计算系统的频率特性。

4.7.1　极坐标图(奈奎斯特图)

求连续系统的极坐标图的程序为

```
num=[b_m   b_{m-1}   …   b_0];
den=[a_n   a_{n-1}   …   a_0];
nyquist(num,den)
```

MATLAB 提供了函数 nyquist()来绘制系统的极坐标图。此极坐标图为 ω 从 $-\infty \sim +\infty$ 变化的闭合曲线,它是 ω 由 $-\infty \to 0$ 及 ω 由 $0 \to +\infty$ 的两部分构成的。

```
[re,im,w]=nyquist(num,den,w)
[re,im,w]= nyquist (sys,w)
nyquist (num,den,w)
nyquist (sys, w)
```

例 4-5　绘制二阶系统 $G(s) = \dfrac{2s^2 + 5s + 1}{s^2 + 2s + 3}$ 的奈奎斯特曲线。

【解】

MATLAB 程序如下：

```
num=[2,5,1];
den=[1,2,3];
nyquist(num,den)
grid
```

程序执行结果如图 4-36 所示。

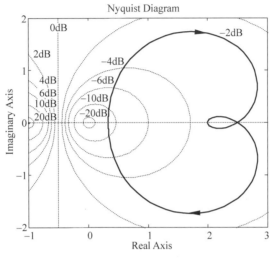

图 4-36 二级系统奈奎斯特曲线

4.7.2 对数坐标图（伯德图）

求连续系统的对数坐标图的程序为

```
num=[b_m    b_{m-1}    ⋯    b_0];
den=[a_n    a_{n-1}    ⋯    a_0];
bode(num,den)
```

例 4-6 求 $G(s)H(s)=\dfrac{8\left(\dfrac{s}{10}+1\right)}{\left(\dfrac{s}{2}+1\right)\left(\dfrac{s}{4}+1\right)}=\dfrac{8s+80}{s^2+6s+8}$ 的对数坐标图。

【解】

MATLAB 的程序如下：

```
num=[8 10];
den=[1 6 8];
bode(num,den)
```

如果希望从 $0.01\sim1000\text{rad/s}$ 画对数坐标图，可输入下列命令：

```
w＝logspace(−2,3,100)
bode(num,den,w)
```

该命令在 $0.01\sim1000$rad/s 产生 100 个在对数刻度上等距离的点。
结果如图 4-37 所示。

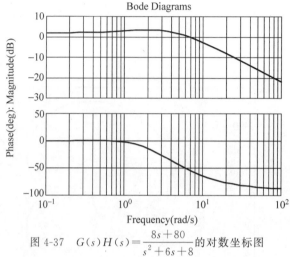

图 4-37　$G(s)H(s)=\dfrac{8s+80}{s^2+6s+8}$的对数坐标图

例 4-7　对于典型二阶系统

$$G(s)=\frac{\omega_n^2}{s^2+2\zeta\omega_n s+\omega_n^2}$$

试绘制出当 $\omega_n=6$,ζ 分别为 $0.1,0.2,\cdots,1.0$ 时的对数坐标图。
【解】
MATLAB 的程序为

```
wn＝6;
kosi＝[0.1:0.1:1.0];
w＝logspace(−1,1,100);
figure(1)
num＝[wn.^2];
for kos＝kosi
    den＝[1 2 * kos * wn wn.^2];
    [mag,pha,wl]＝bode(num,den,w);
    subplot(2,1,1); hold on
    semilogx(wl,mag);
    subplot(2,1,2); hold on
    semilogx(wl,pha);
end
subplot(2,1,1); grid on
title('Bode Plot');
xlabel('Frequency(rad/sec)');
ylabel('Gain dB');
```

```
subplot(2,1,2); grid on
xlabel('Frequency(rad/sec)');
ylabel('Phase deg');
hold off
```

结果如图 4-38 所示。

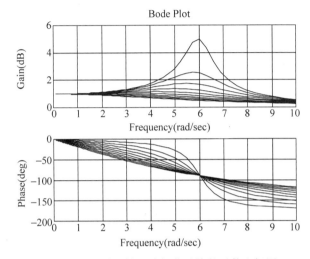

图 4-38　不同 ζ 的二阶振荡系统的对数坐标图

4.7.3　对数幅相频率特性图（尼科尔斯图）

求连续系统的尼科尔斯图的程序为

$$\text{num} = [\,b_m \quad b_{m-1} \quad \cdots \quad b_0\,];$$
$$\text{den} = [\,a_n \quad a_{n-1} \quad \cdots \quad a_0\,];$$
$$\text{nichols(num,den)}$$

例 4-8　求 $G(s) = \dfrac{1}{s(0.5s+1)(s+1)}$ 的尼科尔斯图。

【解】

$G(s) = \dfrac{1}{s(0.5s+1)(s+1)} = \dfrac{1}{0.5s^3+1.5s^2+s}$，然后按参数输入，程序如下：

```
num=[1];
den=[0.5 1.5 1 0];
nichols(num,den)
grid
```

结果如图 4-39 所示。

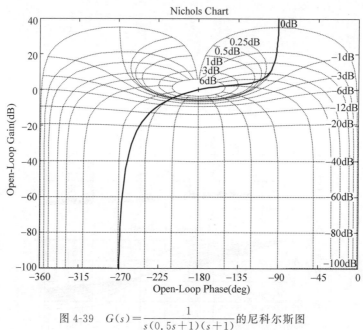

图 4-39 $G(s)=\dfrac{1}{s(0.5s+1)(s+1)}$ 的尼科尔斯图

习 题 4

1. 单选题

(1) 一阶系统的开环传递函数为 $G(s)=\dfrac{K}{s(Ts+1)}$,则其相位角 $\varphi(\omega)$ 可表达为(　　)。

  A. $-\arctan T\omega$ B. $90°-\arctan T\omega$

  C. $-90°-\arctan T\omega$ D. $\arctan T\omega$

(2) 某单位反馈系统的闭环传递函数为 $G(s)=1/(s+2)$,则输入 $x(t)=2\sin2t$ 时稳态输出的幅值为(　　)。

  A. $\sqrt{2}/2$ B. $\sqrt{2}$ C. 2   D. 1

(3) 线性控制系统的频率响应是系统对输入(　　)。

  A. 阶跃信号的稳态响应   B. 脉冲信号的稳态响应

  C. 斜坡信号的稳态响应   D. 正弦信号的稳态响应

(4) 系统的传递函数为 $G(s)=\dfrac{3}{s+0.2}$,则其频率特性为(　　)。

  A. $G(\mathrm{j}\omega)=\dfrac{3}{s+0.2}$ B. $G(\mathrm{j}\omega)=\dfrac{3}{\omega+0.2}$

  C. $G(\mathrm{j}\omega)=\dfrac{3}{\sqrt{\omega^2+0.04}}$ D. $G(\mathrm{j}\omega)=\dfrac{3}{\omega^2+0.04}(0.2-\mathrm{j}\omega)$

（5）二阶振荡系统为欠阻尼系统（$\zeta < 0.707$ 时），则无阻尼固有频率 ω_n、有阻尼固有频率 ω_d、谐振频率 ω_r 之间的关系是（　　）。

A. $\omega_n < \omega_d < \omega_r$　　　　　　　　　B. $\omega_n < \omega_r < \omega_d$

C. $\omega_r < \omega_d < \omega_n$　　　　　　　　　D. $\omega_d < \omega_r < \omega_n$

（6）以下系统中，属于最小相位系统的是（　　）。

A. $G(s) = \dfrac{1}{1 - 0.01s}$　　　　　　　　　B. $G(s) = \dfrac{1}{1 + 0.01s}$

C. $G(s) = \dfrac{1}{0.01s - 1}$　　　　　　　　　D. $G(s) = \dfrac{1}{s(1 - 0.1s)}$

（7）增大开环增益，对数幅频特性曲线向（　　）平移。

A. 上　　　　　B. 下　　　　　C. 左　　　　　D. 右

（8）比例环节的对数幅频特性曲线是一条（　　）。

A. 斜率为 $-20\mathrm{dB/dec}$ 的直线　　　　　B. 垂直线

C. 水平线　　　　　　　　　　　　D. 斜率为 $-10\mathrm{dB/dec}$ 的直线

（9）二阶振荡系统 $G(s) = \dfrac{\omega_n^2}{s^2 + 2\zeta\omega_n s + \omega_n^2}$，其中阻尼比 $0 < \zeta < 0.707$，则无阻尼固有频率 ω_n 和谐振频率 ω_r 之间的关系是（　　）。

A. $\omega_r = \omega_n\sqrt{1 - \zeta^2}$　　　　　　　　　B. $\omega_r = \omega_n\sqrt{1 + 2\zeta^2}$

C. $\omega_r = \omega_n\sqrt{1 + \zeta^2}$　　　　　　　　　D. $\omega_r = \omega_n\sqrt{1 - 2\zeta^2}$

（10）已知系统的开环传递函数为 $G(s)H(s) = \dfrac{K(\tau s + 1)}{(T_1 s + 1)(T_2 s + 1)(T_3 s^2 + 2\zeta T_3 s + 1)}$，则它的对数幅频特性渐近线在 ω 趋于无穷大处的斜率为（　　）$\mathrm{dB/dec}$。

A. -20　　　　　B. -40　　　　　C. -60　　　　　D. -80

2. 填空题

（1）已知系统的传递函数为 $G(s) = \dfrac{K}{s(Ts + 1)}$，则其幅频特性 $|G(j\omega)| = $（　　），相频特性为（　　）。

（2）最小相位系统是指（　　）。

（3）某系统传递函数为 $\dfrac{1}{s^2}$，在输入 $r(t) = 3\sin 2t$ 作用下，输出稳态分量的幅值为（　　）。

（4）线性系统的频率响应是指系统在正弦信号作用下，系统的（　　）稳态输出。

（5）频率响应是在（　　）信号输入作用下的（　　）响应。频率特性 $G(j\omega)$ 与传递函数 $G(s)$ 的关系为（　　）。

（6）积分环节相位（　　），积分环节的相位角为（　　）。

（7）系统剪切频率 ω_c 对应的对数幅频特性值为（　　）。

（8）ω_d 为（　　），它与无阻尼固有频率 ω_n 关系为（　　）。

3. 简答题

(1) 什么是控制系统频率特性？有哪些表示方法？

(2) 频率特性和传递函数的关系是什么？

(3) 什么是频率特性的截止频率？

(4) 什么是最小相位传递函数？

(5) 什么是最小相位系统，最小相位系统有何特性？

(6) 反映系统稳定性的频域指标有哪些？反映系统快速性的频域性能指标有哪些？

4. 分析计算题

(1) 用分贝数(dB)表达下列量：

① 10；② 100；③ 0.01；④ 1

(2) 当频率 $\omega_1 = 2\mathrm{rad/s}$ 和 $\omega_2 = 20\mathrm{rad/s}$ 时，试确定下列传递函数的幅值和相角：

① $G_1(s) = \dfrac{10}{s}$；② $G_2(s) = \dfrac{1}{s(0.1s+1)}$

(3) 试求下列函数的幅频特性 $A(\omega)$、相频特性 $\varphi(\omega)$、实频特性 $U(\omega)$ 和虚频特性 $V(\omega)$：

① $G_1(\mathrm{j}\omega) = \dfrac{5}{30\mathrm{j}\omega+1}$；② $G_2(\mathrm{j}\omega) = \dfrac{1}{\mathrm{j}\omega(0.1\mathrm{j}\omega+1)}$

(4) 设单位反馈系统的开环传递函数为 $G(s) = \dfrac{10}{s+1}$，当系统作用有以下输入信号：

① $x(t) = \sin(t+30°)$；

② $x(t) = 2\cos(2t-45°)$；

③ $x(t) = \sin(t+30°) - 2\cos(2t-45°)$；

求系统的稳态输出。

(5) 某单位反馈的二阶 I 型系统，其最大百分比超调量为 $M_p\% = 16.3\%$，峰值时间 $t_p = 114.6(\mathrm{ms})$，试求其开环传递函数，并求出闭环谐振峰值 M_r 和谐振频率 ω_r。

(6) 画出下列传递函数的极坐标图：

① $G(s) = \dfrac{1+2s}{1+0.125s}$；② $G(s) = \dfrac{2}{s(1+0.02s)}$

(7) 试绘出具有下列传递函数的系统的伯德图：

① $G(s) = \dfrac{1}{0.2s+1}$；

② $G(s) = \dfrac{2.5(s+10)}{s^2(0.2s+1)}$；

③ $G(s) = \dfrac{1250(s+2)}{s^2(s^2+6s+25)}$

(8) 已知各最小相位系统的对数幅频渐近特性曲线如习题 4-1 图所示，试分别写出对应的传递函数。

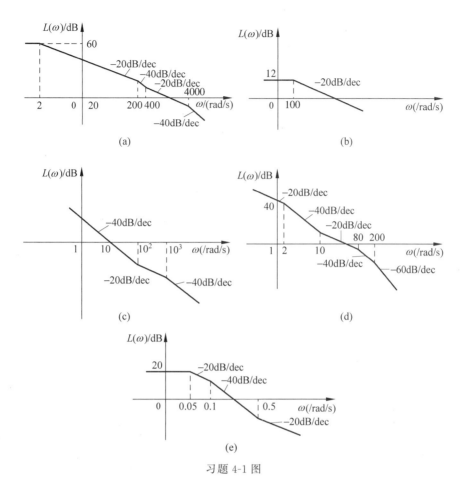

习题 4-1 图

习题 4 参考答案

第5章

根轨迹法

我们知道,闭环系统传递函数的极点决定了它的瞬态响应的基本特征,其零点则影响系统瞬态响应的形态。因此,对闭环控制系统的瞬态响应来说,传递函数的极点,即特征根是起主导作用的。此外,闭环传递函数的分子是由一些低阶因子组成的,其零点容易求得;而闭环传递函数的分母往往是高阶次的多项式,要求出它的极点,首先需将它分解因式。在分母多项式的阶次大于三时,进行因式分解是困难的。特别是当开环传递函数系数(或其他参数)改变时,需要进行反复的计算才能得到所要求的结果。因此,用分解因式的方法求特征根不是很方便。

为了避免直接求解高阶特征方程根的困难,在实践中提出了一种图解求根法,即根轨迹法。所谓根轨迹法是指当系统的某个(或几个)参数从 $-\infty$ 变到 $+\infty$ 时,闭环特征根在根平面上描绘的一些曲线。应用这些曲线可根据某个参数确定相应的特征根。在根轨迹法中,一般是取开环放大倍数 K(开环增益)或与其成比例的系数 K_1 作为可变参数。有时也取其他参数作为可变参数。以后如没有特别说明,就假定是以 K(或 K_1)作为可变参数。

由于根轨迹是以 K(或其他参数)为参变数,根据开环传递函数的零、极点画出来的,因而它能指出开环传递函数零、极点与闭环系统的极点(特征根)之间的关系。利用根轨迹能够分析参数和结构一定的闭环系统的瞬态响应特性,以及参数变化对瞬态响应特性的影响,而且还可以根据对瞬态响应特性的要求确定可变参数和调整开环传递函数的零、极点的位置以及改变它们的个数。这就是说,根轨迹可用于解决线性系统的分析和综合问题。

根轨迹法和频率法一样具有直观的特点。由于根轨迹和闭环系统的瞬态响应有着直接的联系,所以只要对根轨迹进行观察,用不着进行复杂的计算就可以看出瞬态响应的主要特征。

本章主要是讲述绘制根轨迹的基本条件,根轨迹的绘制方法,增加开环传递函数零、极点对根轨迹的影响等问题。

5.1 绘制根轨迹的基本条件

5.1.1 基本分析

现以图 5-1 所示简单的单位反馈系统说明根轨迹的绘制方法。

闭环传递函数为

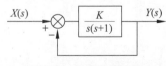

图 5-1 单位反馈系统

$$\frac{Y(s)}{X(s)} = \frac{K}{s^2 + s + K}$$

令上式分母多项式等于零得闭环特征方程式为

$$s^2 + s + K = 0$$

特征根为

$$s_1 = -\frac{1}{2} + \frac{1}{2}\sqrt{1-4K}$$

$$s_2 = -\frac{1}{2} - \frac{1}{2}\sqrt{1-4K}$$

以上两式表明,特征根 s_1 和 s_2 是随着 K 值的改变而改变的。当 $K \leqslant \dfrac{1}{4}$ 时,s_1 和 s_2 都是负实数;当 $K > \dfrac{1}{4}$ 时,s_1 和 s_2 变成了复数。下面具体分析当 K 从 0 变到 $+\infty$ 时,s_1 和 s_2 在 s 平面上移动的轨迹。

(1) $K = 0$ 时,$s_1 = 0$,$s_2 = -1$,用"×"表示极点、"o"表示零点。这两个极点就是根轨迹的起始点。

(2) $0 < K < \dfrac{1}{4}$ 时,s_1 和 s_2 都是负实数,根轨迹在(-1 到 0)之间,这时系统处于过阻尼状态,它的阶跃响应是单调上升无超调。

(3) $K = \dfrac{1}{4}$ 时,$s_1 = s_2 = -\dfrac{1}{2}$,这时两个根重合在一起,即特征方程式有一对重根。在这种情况下,系统处于临界阻尼状态,它的阶跃响应仍然是非周期性的。

(4) $\dfrac{1}{4} < K \leqslant +\infty$ 时,s_1 和 s_2 为复数。$s_1 \rightarrow \left(-\dfrac{1}{2}, +\mathrm{j}\infty\right)$,$s_2 \rightarrow \left(-\dfrac{1}{2}, -\mathrm{j}\infty\right)$,$s = -\dfrac{1}{2}$ 为根轨迹的一部分。此时系统处于欠阻尼状态,阶跃响应是衰减振荡的。

以上分析说明,此例共有两条轨迹线,这两条轨迹线称为系统根轨迹的两条分支,它们组成了整个系统的根轨迹,如图 5-2 中粗线所示。二阶系统有两个特征根,它的根轨迹有两条分支。一个 n 阶系统的根轨迹则有 n 个分支。在 $K = 0$ 时的闭环极点刚好等于开环极点,因此说,系统开环传递函数的极点就是它的各条根轨迹分支的起点。在 $K = +\infty$ 时的闭环极点则是根轨迹分支的终点,此终点对应于开环传递函数的零点。在 K 为有限值时,二阶系统特征根的实部总是负值,因此,图 5-2 中的根轨迹全部位于左半 s 平面内。三阶或三阶以上系统的特征根的实部在 K 超过某一数值后可能变为正值,以致根轨迹的某些分支由根平面左半面穿过虚轴进入右半平面使系统不稳定。

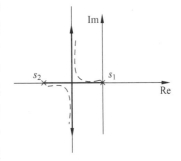

图 5-2　随 K 值增大而变化的闭环极点的根轨迹

5.1.2　基本条件

图 5-2 中的根轨迹是利用取不同的 K 值计算出的特征根描绘出来的。但是,这不是绘制根轨迹的合适方法。如果能容易地用解析法求出特征根的数值,也就不需要根轨迹法了。实际上,闭环系统的根轨迹都是用图解法绘制。下面按图 5-3 中示出的反馈系统确定用图

解法绘制系统根轨迹的基本条件。

按图 5-3 写出闭环系统特征方程的普遍表达式:

$$1+G(s)H(s)=0 \qquad (5\text{-}1)$$

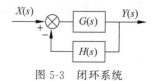

图 5-3 闭环系统

满足式(5-1)的所有 s 值都是闭环特征方程式的根,即为闭环极点。

若令开环传递函数增益 K(或 K_1)从 $-\infty$ 到 $+\infty$ 变化,那么把 s 平面上满足式(5-1)的所有点连起来,就是闭环系统的根轨迹。

为了找出 s 平面上满足式(5-1)的那些点应该具备的基本条件,把系统的开环传递函数表示如下:

$$G(s)H(s)=K_1G_1(s)H_1(s) \qquad (5\text{-}2)$$

把式(5-2)代入式(5-1)得

$$G_1(s)H_1(s)=-\frac{1}{K_1} \qquad (5\text{-}3)$$

式中,$G_1(s)H_1(s)$ 为复函数。根据式(5-2)等号两端的相角和幅值相等的条件,可将此式改写成两个方程式。这样就得到了绘制根轨迹的两个基本条件,即

幅值条件

$$\mid G_1(s)H_1(s)\mid=\left|\frac{1}{K_1}\right|, \quad -\infty<K_1<+\infty \qquad (5\text{-}4)$$

相角条件

$$\begin{cases} \angle G_1(s)H_1(s)=(2k+1)\pi, & K_1\geqslant 0 \\ \angle G_1(s)H_1(s)=2k\pi, & K_1<0 \end{cases} \qquad (5\text{-}5)$$

式中,$k=0,\pm1,\pm2,\cdots$。

结论:

(1) 绘制根轨迹的过程就是寻找满足式(5-4)和式(5-5)两式所有 s 点的过程,相应的 K_1 值由式(5-4)求得。

(2) 两个条件(幅值和相角条件)由开环传递函数得到,所以开环传递函数是绘制闭环传递函数根轨迹的依据。

(3) $(0\leqslant K_1<+\infty)$ 的那一部分根轨迹称为主要根轨迹;$(-\infty<K_1\leqslant 0)$ 的那一部分根轨迹称为辅助根轨迹。以后只研究主要根轨迹,简称根轨迹。N 个参数同时变化时构成的一组根轨迹称为根轨迹族。

5.2 以 K_1 为参数变量的根轨迹的绘制

绘制根轨迹的一些规则是根据基本条件得到的。但是,根轨迹的绘制基本上是个图解问题。开环传递函数 $G(s)H(s)$ 的极点和零点是图解法绘制根轨迹的依据,把式(5-2)改写为

$$G(s)H(s)=K_1G_1(s)H_1(s)=\frac{K_1(s+z_1)(s+z_2)\cdots}{(s+p_1)(s+p_2)\cdots}=\frac{K(\tau_1 s+1)(\tau_2 s+1)\cdots}{(T_1 s+1)(T_2 s+1)\cdots}$$

开环传递增益为

$$K = \frac{K_1 \times z_1 \times z_2 \times \cdots}{p_1 \times p_2 \times p_3 \times \cdots}$$

K_1 与 K 成正比关系。式(5-4)和式(5-5)也可写成

$$|G_1(s)H_1(s)| = \frac{\displaystyle\prod_{i=1}^{m}|s+z_i|}{\displaystyle\prod_{j=1}^{n}|s+p_j|} = \frac{1}{|K_1|}, \quad 0 \leqslant K_1 < +\infty$$

$$\angle G_1(s)H_1(s) = \sum_{i=1}^{m}\angle s+z_i - \sum_{j=1}^{n}\angle s+p_j = (2k+1)\pi$$

式中，$k = 0, \pm 1, \pm 2, \cdots$。

下面以例 5-1 说明怎样按根轨迹的绘制条件绘制系统的根轨迹。

例 5-1　某系统的开环传递函数为 $G(s)H(s) =$ $\dfrac{K_1(s+z_1)}{s(s+p_1)(s+p_2)}$，设 s_1 点为根轨迹上的一点，如图 5-4 所示，应满足：

$$\angle(s_1+z_1) - [\angle s_1 + \angle(s_1+p_1) + \angle(s_1+p_2)] =$$
$$(2k+1)\pi$$

即

$$\theta_{z_1} - (\theta_{p_0} + \theta_{p_1} + \theta_{p_2}) = (2k+1)\pi, \quad k = 0, \pm 1, \pm 2, \cdots$$

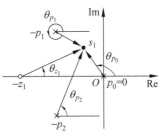

图 5-4　系统极-零点分布图

而 K_1 的值为

$$K_1 = \frac{|s_1||s_1+p_1||s_1+p_2|}{|s_1+z_1|}$$

式中，因子 $|s_1|$，$|s_1+z_1|$ 是从极点 p_0、零点 z_1 画到 s_1 点的向量长度。

综上所述，在给出了开环传递函数 $G(s)H(s)$ 的极-零的分布图后，根轨迹的绘制分两步进行。

(1) 找在 s 平面内满足式(5-5)相角条件的所有 s 值。

(2) 利用式(5-4)的幅值条件确定根轨迹上各点的 K_1 值，并标上。

具体绘图工具为螺旋尺。它是一种能根据相角公式进行向量角度快速加减运算的简单装置。现在我们也可以借助计算机利用 MATLAB 语言来绘制根轨迹。下面简单阐述绘制根轨迹应遵循的几条原则，其中部分原则没有给出详细证明，感兴趣的读者可参看有关书籍。

5.2.1　根轨迹的起点

各条根轨迹都是起始于开环传递函数的极点，起点处 $K_1 = 0$。

$$|G_1(s)H_1(s)| = \frac{\displaystyle\prod_{i=1}^{m}|s+z_i|}{\displaystyle\prod_{j=1}^{n}|s+p_j|} = \frac{1}{K_1}$$

当 $K_1 \to 0$ 时,上式的值趋于 $+\infty$,因此 s 应趋于 $G_1(s)H_1(s)$ 的极点。故当 K_1 从零增大时,根轨迹必定是从各个开环极点开始。开环传递函数 $G(s)H(s)$ 有几个极点,它的根轨迹就应有几个分支,每个分支从一个极点出发。

例 5-2　确定下面闭环特征方程式根轨迹的起点。

$$s(s+2)(s+3)+K_1(s+1)=0$$

【解】

$K_1=0$ 时的三个特征根为 $s_1=0, s_2=-2, s_3=-3$;也就是闭环传递函数的极点。

$$1+G(s)H(s)=1+\frac{K_1(s+1)}{s(s+2)(s+3)}$$

开环传递函数为

$$G(s)H(s)=\frac{K_1(s+1)}{s(s+2)(s+3)}$$

开环传递函数的三个极点为 $0, -2, -3$,和 $K_1=0$ 时特征方程式的三个根相同,如图 5-5 所示。

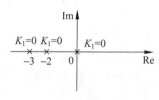

图 5-5　极-零点分布

5.2.2　根轨迹的终点

根轨迹终止于开环传递函数的零点,终点处 $K_1=+\infty$,$K_1 \to +\infty$,$s \to$ 开环零点。又知开环传递函数的极点数 n 大于零点数 m,因此根轨迹只有 m 条趋向于零点,那么剩下 $n-m=a$ 条根轨迹,趋向何处呢?为了说明这个问题,可将幅值条件表达式 $|G_1(s)H_1(s)|$ 改写成如下形式:

$$|G_1(s)H_1(s)|=\left|\frac{s^m+b_1 s^{m-1}+\cdots+b_m}{s^n+a_1 s^{n-1}+\cdots+a_n}\right|=\frac{1}{K_1}$$

当 $K_1 \to +\infty$ 时,s 的值也变得非常大,于是可只保留上式分子和分母中的最高次项,得

$$\frac{1}{K_1}=\frac{s^m}{s^{m+a}}=\frac{1}{s^a}$$

式中,$m+a=n$。

上式表明,$K_1 \to +\infty$,s 必趋近于 $+\infty$。这就是说,剩下的 a 条分支都将趋于无穷远处(这意味着开环传递函数 $G(s)H(s)$ 有 a 个"隐藏的零点"位于无穷远处。如果把无穷远处的零点考虑在内,那么 $G(s)H(s)$ 的零点数和极点数是相等的)。

5.2.3　根轨迹的对称性

一般物理系统的特征方程式,各项系数都是实数,因此它的根是实数或共轭复数,所以它的根轨迹对称于实轴。

例 5-3　绘制下面闭环特征方程式的根轨迹

$$s(s+1)(s+2)+K_1=0$$

【解】

变换

$$1 + \frac{K_1}{s(s+1)(s+2)} = 0$$

开环传递函数为

$$G(s)H(s) = \frac{K_1}{s(s+1)(s+2)}$$

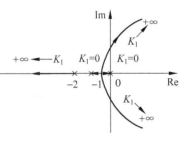

图 5-6　根轨迹起点

它的三个极点 $p_1 = 0, p_2 = -1, p_3 = -2$ 就是根轨迹三条分支的起点。从 p_1 和 p_2 出发的两条根轨迹,随 K_1 的增大,先沿着负实轴相向运动,当 K_1 达到某一数值时,两条根轨迹汇合在一起,然后随 K_1 的继续增大,从负实轴上分离出来进入右半平面,最后趋向无穷远处。另一条从 p_3 出发,随 K_1 的增大一直沿着负实轴趋向于负无穷远处。由图 5-6 可知,根轨迹对称于实轴。

5.2.4　根轨迹的渐近线

已知闭环特征方程分母的阶次 n 大于分子的阶次 m,有 $n-m$ 条根轨迹终止在 s 平面中的无穷远处。因此需要研究根轨迹在无穷远处的特征。

1. 渐近线的倾斜角

如果试验点 s 距离原点很远,那么由各开环零点和极点画到 s 点向量的角度,可以看作是相等的。这时,一个开环零点和一个开环极点的作用互相抵消。因此,当 s 值很大时,根轨迹趋向于某一直线,该直线即为根轨迹的渐近线。

渐近线的倾斜角为

$$\theta_k = \frac{(2k+1)}{n-m}\pi \tag{5-6}$$

式中,$k = 0, 1, 2, \cdots, (n-m)-1$;$n$ 为 $G(s)H(s)$ 的极点数;m 为 $G(s)H(s)$ 的零点数。

因根轨迹分支数有 $n-m$,所以渐近线有 $n-m$ 条。

2. 渐近线与实轴的交点

因根轨迹对称于实轴,故渐近线也对称于实轴,所以渐近线必在实轴相交,其交点为

$$\sigma_1 = \frac{\sum_{i=1}^{n} p_i - \sum_{j=1}^{m} z_j}{n-m} \tag{5-7}$$

由于极点和零点不是实数就是共轭复数,它们的虚部是互相抵消的,这样只要把 $G(s)H(s)$ 的极点和零点的实数部分代入即可。

例 5-4　求下面闭环特征方程式根轨迹的渐近线的倾斜角以及它和实轴的交点。

$$s(s+4)(s^2+2s+2) + K_1(s+1) = 0$$

【解】

开环传递函数为

$$G(s)H(s) = \frac{K_1(s+1)}{s(s+4)(s^2+2s+2)}$$

四个极点为

$$p_1 = 0,\ p_2 = -4,\ p_3 = -1+j,\ p_4 = -1-j$$

因此有三条渐近线($n-m=3$),渐近线如图 5-7
所示。

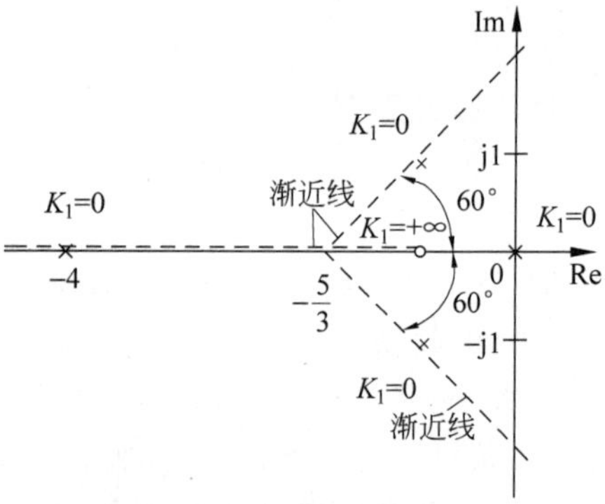

利用式(5-6)计算渐近线倾斜角

$$k=0,\quad \theta_0 = \frac{180°}{3} = 60°$$

$$k=1,\quad \theta_1 = \frac{540°}{3} = 180°$$

$$k=2,\quad \theta_2 = \frac{900°}{3} = 300° = -60°$$

图 5-7　根轨迹的渐近线

这三条渐近线与实轴的交点:

$$\sigma_1 = \frac{(0-4-1-1)-(-1)}{4-1} = -\frac{5}{3}$$

5.2.5　实轴上的根轨迹

　　实轴上的某一线段右边的实零点和实极点总数为奇数时,这些线段就是根轨迹。开环
传递函数的共轭复数极点和零点对实轴上根轨迹的位置没有影响,因为一对共轭复数极点
或零点到实轴上某点产生的相角总是等于360°,如图 5-8 所示。这就是说,在实轴上共轭复
数极点或零点的净作用效果等于零。因此,实轴上的根轨迹仅决定于实轴上的开环极点和
零点。若实轴上某试验点 s_1 右方的实数极点和实数零点总数为奇数,那么,按相角条件,该
试验点 s_1 就位于根轨迹上(因为在 s_1 右方的每一个实数极点产生的相角为 $-180°$,而每一
个实数零点产生的相角则为 $180°$)。图 5-9 中绘出了对应于两种极点-零点分布情况的实轴
上的根轨迹。

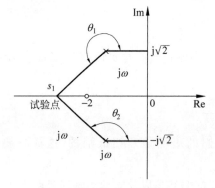

图 5-8　确定实轴上的根轨迹

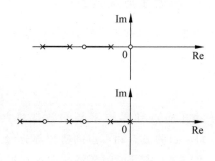

图 5-9　实轴上的根轨迹

5.2.6　根轨迹的出射角和入射角

根轨迹离开开环复数极点处的切线与正实轴的夹角,称为出射角,以 θ_p 表示;根轨迹进入开环复数零点处的切线与正实轴的夹角,称为入射角,以 θ_z 表示。这些角度可由如下关系式求出:

$$\theta_p = 180°(2k+1) + \sum_{j=1}^{m} \alpha_j - \sum_{i=1}^{n-1} \beta_i \tag{5-8}$$

$$\theta_z = 180°(2k+1) - \sum_{j=1}^{m-1} \alpha_j + \sum_{i=1}^{n} \beta_i \tag{5-9}$$

式(5-8)的右端第二项是所有有限开环零点到所论复数极点的矢量幅角 α_j 之和;第三项是其他开环极点到所论复数极点的矢量幅角 β_i 之和。而式(5-9)的右端第二项是其他有限开环零点到所论复数极点的矢量幅角 α_j 之和;第三项是所有开环极点到所论复数极点的矢量幅角 β_i 之和。

为了精确地描绘根轨迹,必须找出复数极点和零点附近根轨迹的变化方向。具体求法见例 5-5。

例 5-5　系统的特征方程式为 $s(s+3)(s^2+2s+2)+K_1=0$,求其根轨迹。

【解】

以图 5-10 中示出的 $G(s)H(s)$ 的极点-零点的位置图说明如何确定根轨迹离开极点 $(-1,+j)$ 的角度。待求的角度 θ_2 是以实轴作基准计算的。设 s_1 是离开极点 $(-1,+j)$ 的根轨迹上的一点,且 s_1 距离这个极点不远。因此,有

$$\theta_2 = 180°(2k+1) - (\theta_1 + \theta_3 + \theta_4)$$

由于 s_1 距离点 $(-1,+j)$ 很近,把从其他三个极点及由 $(-1,+j)$ 点至 s_1 点的向量的角度代入上式,得

$$\theta_2 = 180°(2k+1) - (135° + 90° + 26.6°)$$

最简单的情况是假设 $k=0$,因为取 k 等于其他的数值得到的结果是一样。当 $k=0$ 时,解上

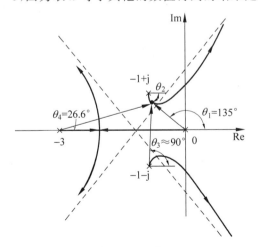

图 5-10　用于说明出射角的 $s(s+3)(s^2+2s+2)+K_1=0$ 的根轨迹

式得 $\theta_2 = -71.6°$,根据对称性,根轨迹在极点$(-1,-\mathrm{j})$处的出射角为71.6°。知道了出射角,就可确定根轨迹离开极点后的变化方向。

5.2.7　根轨迹的分离点与会合点

　　几条根轨迹在复平面上相遇后又分开的那个点称为分离点(或会合点)。当根轨迹在实轴上某点相遇后又分开时,一般将根轨迹离开实轴的那个点称为分离点,如图5-11(a)所示;而将根轨迹进入实轴的那个点称为会合点,如图5-11(b)所示。根轨迹上的分离点(或会合点)是与特征方程的重根相对应的。

　　如果有两条根轨迹分支离开分离点,那么这个分离点就相应于特征方程的一对重根,如果有四条根轨迹分支离开分离点,那它就相应于特征方程的四重根。图5-12示出的是一个四重根的分离点。

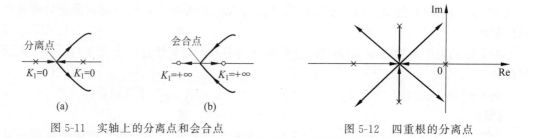

图 5-11　实轴上的分离点和会合点　　　　图 5-12　四重根的分离点

　　当然,一个根轨迹可能有一个以上的分离点,且这些分离点也不一定都在实轴上,但由于根轨迹的对称性,这些分离点或位于实轴上,或出现在共轭复数对中。

1. 分离点和会合点基本分布规律

　　如果根轨迹位于实轴上两相邻的开环极点之间,则这两极点之间至少存在一个分离点。同样如果根轨迹位于实轴上两相邻的开环零点之间(一个零点可以位于无穷远处),那么这两个零点之间至少存在一个会合点。如果根轨迹位于实轴上一个开环极点与一个开环零点(有限零点或无限零点)之间,则这两个相邻的极点、零点之间,或者即不存在分离点也不存在会合点,或者即存在分离点又存在会合点。

2. 重根点(分离点和会合点)的求法

　　图5-13所示为三阶方程 $f(s)=0$ 与 s 的关系曲线,设闭环系统的特征方程式为

$$f(s) = A(s) + K_1 B(s) = 0 \qquad (5\text{-}10)$$

式中,$A(s)$ 和 $B(s)$ 不包含 K_1。

　　曲线1对应 $K_1=0$,曲线2对应 $K_1=K'>0$,曲线2上的 a 点对应重根点 s_1' 和 s_2',在 a 点有

$$f(s) = 0, \qquad \frac{\mathrm{d}f(s)}{\mathrm{d}s} = 0$$

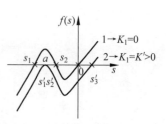

图 5-13　三阶方程 $f(s)=0$
与 s 的关系曲线

则

$$\frac{\mathrm{d}f(s)}{\mathrm{d}s} = A'(s) + K_1 B'(s) = 0 \tag{5-11}$$

在方程式重根点上的 K_1 值可由式(5-11)求得

$$K_1 = -\frac{A'(s)}{B'(s)} \tag{5-12}$$

将 K_1 代入式(5-10)可得

$$f(s) = A(s) - \frac{A'(s)}{B'(s)} B(s) = 0 \tag{5-13}$$

或

$$A(s)B'(s) - A'(s)B(s) = 0 \tag{5-14}$$

可利用式(5-14)求出重根点相应的 s 值。

另由式(5-10)求得

$$K_1 = -\frac{A(s)}{B(s)}$$

所以

$$\frac{\mathrm{d}K_1}{\mathrm{d}s} = -\frac{A'(s)B(s) - A(s)B'(s)}{B^2(s)}$$

若令 $\dfrac{\mathrm{d}K_1}{\mathrm{d}s} = 0$，则所得方程式与式(5-14)相同。故分离点可由 $\dfrac{\mathrm{d}K_1}{\mathrm{d}s} = 0$ 的根直接求出来。

需要说明的是并非满足 $\dfrac{\mathrm{d}K_1}{\mathrm{d}s} = 0$ 的所有解都相应于实际的分离点，只有满足 $\dfrac{\mathrm{d}K_1}{\mathrm{d}s} = 0$ 且 K_1 为正实数的那些点才是实际的分离点。

例 5-6　求特征方程式 $s^3 + 3s^2 + 2s + K_1 = 0$ 表示的系统根轨迹的分离点和会合点。

【解】

$$K_1 = -s(s+1)(s+2) = -(s^3 + 3s^2 + 2s)$$

令 $\dfrac{\mathrm{d}K_1}{\mathrm{d}s} = 0$，得

$$\frac{\mathrm{d}K_1}{\mathrm{d}s} = -(3s^2 + 6s + 2) = 0$$

解上式得

$$s_1 = -0.423, \quad s_2 = -1.577$$

将 s_1 和 s_2 代入 $K_1 = -(s^3 + 3s^2 + 2s)$ 可得相应的 K_1 值：

$$K_1 = 0.038, \quad s_1 = -0.423$$
$$K_2 = -0.385, \quad s_2 = -1.577$$

显然，$s_1 = -0.423$ 才是实际的分离点。例 5-6 的根轨迹如图 5-14 所示。

例 5-7　确定下面闭环特征方程式根轨迹的分离点和会合点。

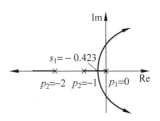

图 5-14　例 5-6 的根轨迹

$$s(s+2) + K_1(s+4) = 0 \tag{5-15}$$

【解】

开环传递函数为

$$G(s)H(s) = \frac{K_1(s+4)}{s(s+2)}$$

开环极点为 $p_1 = 0, p_2 = -2$

开环零点为 $z_1 = -4$

由式(5-15)写出

$$A(s) = s(s+2)$$
$$B(s) = (s+4)$$
$$A'(s) = 2s + 2$$
$$B'(s) = 1$$

代入式(5-14)得

$$s^2 + 8s + 8 = 0$$

解得 $s_1 = -1.172$ 为分离点, $s_2 = -6.828$ 为会合点。在这里分离点和会合点均在实轴上,如图5-15所示。

例 5-8 确定下面闭环特征方程式根轨迹的分离点和会合点。

$$s(s+4)(s^2+4s+20) + K_1 = 0$$

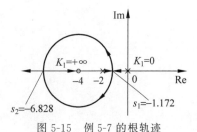

图 5-15 例 5-7 的根轨迹

【解】

开环传递函数为

$$G(s)H(s) = \frac{K_1}{s(s+4)(s^2+4s+20)}$$

开环极点为 $p_1 = 0, p_2 = -4, p_{3,4} = -2 \pm 4j$

由式(5-14)写出:

$$A(s) = s(s+4)(s^2+4s+20)$$
$$B(s) = 1$$
$$A'(s) = 4(s^3 + 6s^2 + 18s + 20)$$
$$B'(s) = 0$$

代入式(5-14)得

$$s^3 + 6s^2 + 18s + 20 = 0$$

由于 $G(s)H(s)$ 的极点是对称的,一个分离点应在 $s_1 = -2$ 上。

$$(s+2)(s^2+4s+10) = 0$$

所以: $s_1 = -2, s_2 = -2+2.45j, s_3 = -2-2.45j$ 为三个分离点,具体如图5-16所示。

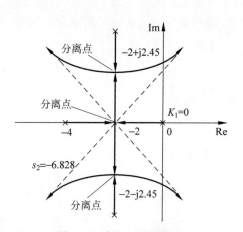

图 5-16 例 5-8 的根轨迹

5.2.8　根轨迹与虚轴的交点

此节可在学完第6章之后学习。

（1）通过劳斯稳定判据来确定根轨迹与虚轴的交点。

闭环的特征方程式为

$$a_0 s^n + a_1 s^{n-1} + \cdots + a_{n-1} s + a_n = 0 \tag{5-16}$$

若劳斯阵列第一列有一为零项，且其余各项都具有正号，则系统为临界状态，即有零或虚根。

例 5-9　确定下面闭环特征方程式的根轨迹。

$$s^3 + 3s^2 + 2s + K_1 = 0$$

【解】

列劳斯表

$$
\begin{array}{ccc}
s^3 & 1 & 2 \\[4pt]
s^2 & 3 & K_1 \\[4pt]
s^1 & \dfrac{6-K_1}{3} & \\[6pt]
s^0 & K_1 &
\end{array}
$$

解得 $K_1 = 6$，此时 s^2 行是多项式的一个因子，即 $3s^2 + K_1 = 3s^2 + 6 = 0$。

求得根轨迹与虚轴的交点：$s = \pm\sqrt{2}\,\mathrm{j}$，也就是根轨迹穿越虚轴时频率值为 $\omega = \pm\sqrt{2}$。

（2）令特征方程式中的 $s = \mathrm{j}\omega$，然后使其中的实部和虚部分别等于零，也可求得根轨迹穿越虚轴时的 ω 和 K_1 的数值。

例 5-10　绘制下面闭环系统特征方程式的根轨迹。

$$s(s+5)(s+6)(s^2+2s+2) + K_1(s+3) = 0$$

【解】

变换

$$1 + \frac{K_1(s+3)}{s(s+5)(s+6)(s^2+2s+2)} = 0$$

$$G(s)H(s) = \frac{K_1(s+3)}{s(s+5)(s+6)(s^2+2s+2)}$$

得

$$A(s) = s(s+5)(s+6)(s^2+2s+2)$$

$$B(s) = (s+3)$$

标准解题步骤：

（1）由于方程式是五阶的，所以根轨迹有五条分支。

（2）五条根轨迹的起点分别为 $G(s)H(s)$ 的五个极点。

即 $p_1 = 0, p_2 = -5, p_3 = -6, p_4 = -1+\mathrm{j}, p_5 = -1-\mathrm{j}$

（3）五条根轨迹的终点是 $G(s)H(s)$ 的零点，即 $z = -3$，以及无穷远处。

（4）有四条根轨迹趋于无穷远处，故有四条渐近线，它们的倾斜角为 $\theta_k = \dfrac{(2k+1)}{5-1}\pi$，取式中的 $k = 0,1,2,3$ 得：$\theta_0 = 45°, \theta_1 = -45°, \theta_2 = 135°, \theta_3 = -135°$。

（5）四条渐近线在实轴上的交点

$$\sigma = \frac{(0-5-6-1+\mathrm{j}-1-\mathrm{j})-(-3)}{5-1} = -2.5$$

根据上面求得的结果可确定根轨迹的趋向,如图 5-17 所示。

(6) 实轴上的根轨迹位于 $p_1=0$ 和 $z_1=-3$,$p_2=-5$ 和 $p_3=-6$ 之间。

(7) 根轨迹离开复数极点 $-1+j$ 的出射角可按式(5-8)确定,取 $k=0$ 得 $\theta=180°+26.6°-(35°+90°+14°+11.4°)=56.2°$,如图 5-18 所示。

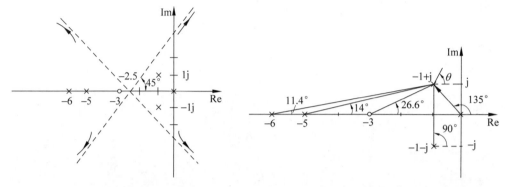

图 5-17 例 5-10 根轨迹的渐近线   图 5-18 例 5-10 求根轨迹出射角的示意图

(8) 根轨迹与虚轴的交点利用劳斯稳定判据确定。

根据特征方程

$$s^5+13s^5+54s^3+82s^3+(60+K_1)s+3K_1=0$$

得劳斯阵列为

s^5	1	54	$60+K_1$
s^4	13	82	$3K_1$
s^3	47.7	$60+0.769K_1$	0
s^2	$65.6-0.212K_1$	$3K_1$	0
s^1	$\dfrac{3940-105K_1-0.163K_1^2}{65.6-0.212K_1}$	0	0
s^0	$3K_1$	0	

为了使劳斯阵列第一列有一为零项,且其余各项都具有正号,下面两式必须成立。

$$65.6-0.212K_1>0$$
$$3940-105K_1-0.163K_1^2=0$$
$$3K_1>0$$

第一个不等式要求:$K_1<309$;第二个等式要求:$K_1=35$ 或 $K_1=0$;第三个不等式要求:$K_1>0$。综合可知,根轨迹在 $K_1=35$ 时穿过虚轴。

相应于 $K_1=35$ 时的频率由辅助方程式确定:$(65.6-0.212K_1)s^2+105=0$ 将 $K_1=35$ 代入上式,$58.18s^2+105=0$,得 $s=\pm j1.34$。

(9) 求根轨迹的分离点。

令 $\dfrac{\mathrm{d}K_1}{\mathrm{d}s}=0$ 得

$$s^5 + 13.5s^4 + 66s^3 + 142s^2 + 123s + 45 = 0$$

用试探法解上式得分离点为 $s = -5.53$，可得根轨迹如图 5-19 所示。

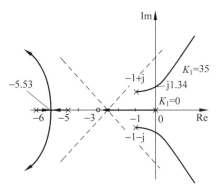

图 5-19　例 5-10 的根轨迹

5.3　增加开环零、极点对根轨迹的影响

5.3.1　增加零点的影响

1. 二阶开环传递函数中增加零点的影响

设开环传递函数为

$$G(s)H(s) = \frac{K_1}{(s+a)(s+b)}, \quad b > a$$

画出根轨迹并求出在实轴上的分离点。

闭环特征方程式为

$$(s+a)(s+b) + K_1 = 0$$

由 $\dfrac{\mathrm{d}K_1}{\mathrm{d}s} = 0$，得 $s = -\dfrac{(a+b)}{2}$。

（1）增加零点的第一种情况：设 $c > b > a$，如图 5-20 所示。此时的特征方程为

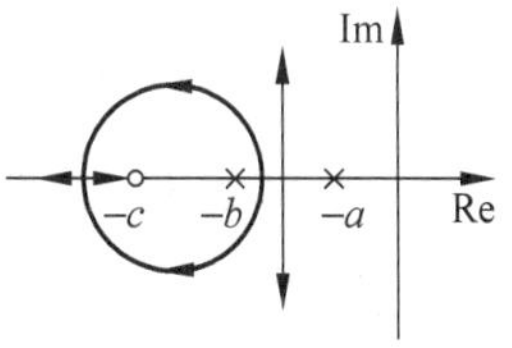

图 5-20　增加零点的第一种情况

$$(s+a)(s+b) + K_1(s+c) = 0$$

得

$$K_1 = -\frac{(s+b)(s+a)}{(s+c)}$$

令 $\dfrac{\mathrm{d}K_1}{\mathrm{d}s} = 0$，得

$$(s+b)(s+a) - (2s+b+a)(s+c) = 0$$

解得

$$s_{1,2} = -c \pm \sqrt{(c-b)(c-a)}$$

由于 $c>b>a$，上式根号内为正值，故：

和 $s_1=-c+\sqrt{(c-b)(c-a)}$ 相应的 K_1 值为

$$K_1=(\sqrt{c-b}-\sqrt{c-a})^2>0$$

和 $s_2=-c-\sqrt{(c-b)(c-a)}$ 相应的 K_1 值为

$$K_1=(\sqrt{c-b}+\sqrt{c-a})^2>0$$

因此 s_1 和 s_2 分别为分离点和会合点。

由于零点在 s 平面中任意点都产生一正相角，所以根轨迹离开负实轴后向左弯曲，提高了系统的相对稳定性。

(2) 增加零点的第二种情况：设 $b>a>c$，如图 5-21 所示。

在这种情况下，$s_{1,2}=-c\pm\sqrt{(c-b)(c-a)}$ 根号内为正值，因而由该式求得的 s 为实数，但相应的 K_1 值为负数，即

$$K_1=-(\sqrt{b-c}\pm\sqrt{a-c})^2<0$$

在此种情况下不存在分离点(或会合点)，根轨迹全部位于负实轴上，系统响应为非周期性的。

(3) 增加零点的第三种情况：设 $b>c>a$，如图 5-22 所示。

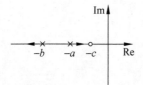

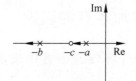

图 5-21　增加零点的第二种情况　　　　图 5-22　增加零点的第三种情况

在这种情况下，$s_{1,2}=-c\pm\sqrt{(c-b)(c-a)}$ 根号内为负值，因此由此式求出的 s 必为共轭复数。由于分离点应位于负实轴上，所以求出的 s 不是分离点。

结论：通常按第一种情况选择 c 的数值，使闭环系统具有一对主导的共轭复数极点。

2. 三阶系统开环传递函数中增加零点的影响

设开环传递函数为

$$G(s)H(s)=\frac{K_1}{s(s+a)(s+b)},\quad b>a$$

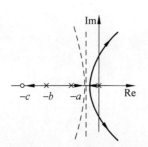

增加零点 $s=-c$ 后的传递函数

$$G(s)H(s)=\frac{K_1(s+c)}{s(s+a)(s+b)}$$

当 $c=b$ 时，即用零点抵消了最大的极点时，根轨迹变成了垂直线，与二阶系统的根轨迹相同，如图 5-23 所示。

当 $c<b$ 时，零点的作用比大极点 $(-b)$ 还强，根轨迹便向左弯曲，趋向于二阶系统增加零点的情况。

图 5-23　三阶系统增加零、极点的情况

结论：适当选择 c 的数值就能使根轨迹通过根据质量要求所选定的闭环系统的主导极点。

5.3.2　增加极点的影响

设开环传递函数为

$$G(s)H(s) = \frac{K_1}{s(s+a)}, \quad a > 0$$

在上式中增加一个极点后：

$$G(s)H(s) = \frac{K_1}{s(s+a)(s+b)}, \quad b > a$$

根轨迹变化如图 5-24(b)所示，增加更多极点的情况在其他的图中也作了说明。

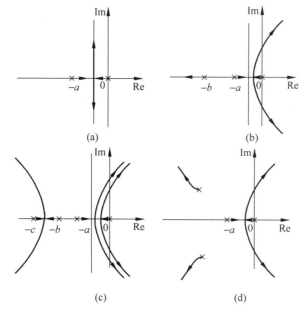

图 5-24　增加极点的情况

极点的增加，使对应同一个 K_1 的复数极点的实数部分和虚数部分的数值减小，系统的调节时间增大，振荡频率减小，原来二阶系统始终是稳定的，而增加一个极点后的三阶系统在 K_1 大于某一临界值后就变得不稳定了。

结论：单独增加一个极点通常是不希望的。但也有例外的情况，增加极点有时用于限制系统的频带宽度。

5.4　利用 MATLAB 语言绘制系统的根轨迹

(1) MATLAB 语言绘制系统的根轨迹的命令：rlocus。

功能：求系统根轨迹

格式：rlocus(num,den)

（2）说明：rlocus 函数可以计算出单输入单输出系统的根轨迹,根轨迹可用于研究增益对系统极点分布的影响,从而提供系统时域和频域响应的分析。

例 5-11 对于一单位反馈系统,其开环系统传递函数为 $G(s) = \dfrac{K(s+3)}{s(s+2)(s^2+s+2)}$,绘制闭环系统的根轨迹。

【解】

可直接利用 rlocus 函数绘制根轨迹,如图 5-25 所示。

MATLAB 程序为

```
num=[1,3];
den1=[1,2,0];
den2=[1,1,2];
den=conv(den1,den2)
rlocus(num,den)
v=[-10 10 -10 10];
axis(v)
grid
```

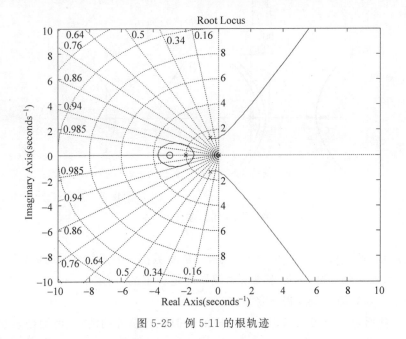

图 5-25　例 5-11 的根轨迹

例 5-12 已知开环传递函数 $H(s)G(s) = \dfrac{K}{s^4+16s^3+36s^2+80s}$,绘制闭环系统的根轨迹。

【解】

MATLAB 程序如下：

```
den=[1 16 36 80 0]
num=[1]
rlocus(num,den)
```

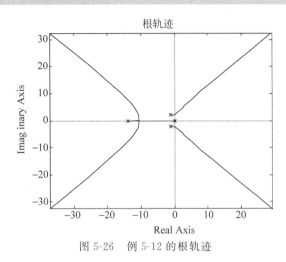

图 5-26　例 5-12 的根轨迹

习　题　5

1. 单选题

(1) 根轨迹与虚轴的交点是系统(　　)状态时的闭环特征根。

　　A. 临界阻尼　　　　　B. 零阻尼　　　　　C. 欠阻尼　　　　　D. 过阻尼

(2) 开环传递函数 $G(s)$ 的极点向右移动,相当于某些惯性或振荡环节的时间常数(　　),使系统稳定性(　　)。

　　A. 增大;变坏　　　　B. 增大;变好　　　　C. 增大;变好　　　　D. 减小;变坏

(3) 确定系统闭环根轨迹的充要条件是(　　)。

　　A. 根轨迹的模方程　　　　　　　　B. 根轨迹的相方程

　　C. 根轨迹增益　　　　　　　　　　D. 根轨迹方程的阶次

(4) 根轨迹法是利用(　　)在 s 平面上的分布,通过图解的方法求取(　　)的位置。

　　A. 开环零、极点;闭环零点　　　　　B. 闭环零、极点;开环零点

　　C. 开环零、极点;闭环极点　　　　　D. 闭环零、极点;开环极点

(5) 欲改善系统动态性能,一般(　　)。

　　A. 增加附加零点　　　　　　　　　B. 增加附加极点

　　C. 同时增加附加零、极点　　　　　　D. A、B、C 均不行而用其他方法

(6) 根轨迹上的点应满足的辐角条件为 $\angle G(s)H(s)=($　　$)$。

　　A. -1　　　　　　　　　　　　　B. 1

　　C. $\dfrac{\pm(2k+1)\pi}{2}(k=0,1,2,\cdots)$　　　　D. $\pm(2k+1)\pi(k=0,1,2,\cdots)$

（7）控制系统的闭环传递函数 $\phi(s) = \dfrac{G(s)}{1 + G(s)H(s)}$，则其根轨迹起始于（　　　）。

    A. $G(s)H(s)$ 的极点　　　　　　　　B. $G(s)H(s)$ 的零点

    C. $1 + G(s)H(s)$ 的极点　　　　　　　D. $1 + G(s)H(s)$ 的零点

（8）单位负反馈系统,开环传递函数为 $G(s) = \dfrac{K}{s(0.5s+1)}$，其开环根轨迹增益为（　　　）。

    A. K　　　　　　B. $2K$　　　　　　C. $0.5K$　　　　　　D. $4K$

（9）某系统根轨迹如习题 5-1 图所示,系统稳定的 K 值范围是（　　　）。

    A. $0 < K < 0.5$　　　B. $K > 0.5$　　　C. $K > 0$　　　D. $K = 0.5$

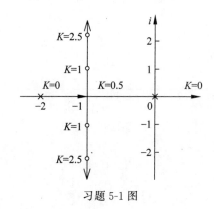

习题 5-1 图

（10）线性系统的闭环极点与（　　　）有关。

    A. 开环零点　　　　　　　　　　　　B. 开环极点

    C. 根轨迹增益　　　　　　　　　　　D. 开环零点、开环极点和根轨迹增益

2. 填空题

（1）根轨迹出现分离点说明特征根出现了（　　　）。

（2）增加一个（　　　）,将使系统的根轨迹向左偏移,提高了系统的稳定度,并有利于改善系统的动态性能。

（3）若要求系统的快速性好,则闭环极点应距离虚轴越（　　　）越好。

（4）根轨迹的（　　　）是决定系统闭环根轨迹的充分必要条件。

（5）根轨迹全部在根平面的（　　　）半部分时,系统总是稳定的。

（6）工程上,常将一对靠得很近的闭环零、极点称为（　　　）。

（7）绘制根轨迹的基本原则中根轨迹起始于（　　　）,终止于（　　　）。

（8）两条或两条以上的根轨迹分支在复平面上相遇又立即分开的点称为（　　　）或者叫（　　　）。

（9）根轨迹的（　　　）与开环极点数 n 相等($n > m$),或与开环有限零点数 m 相等($n < m$)。

（10）如果根轨迹位于实轴上两个相邻的开环极点之间,其中一个可以是无限极点,则在这两个极点之间至少存在一个（　　　）。

3. 简答题

（1）什么是根轨迹？

（2）根轨迹的分支数如何判断？

（3）根轨迹与虚轴的交点有什么作用？

（4）根轨迹的渐近线如何确定？

（5）绘制根轨迹的基本法则有哪些？

4. 分析计算题

（1）设单位负反馈控制系统的开环传递函数为

$$G(s) = \frac{K(3s+1)}{s(2s+1)}$$

试用解析法绘出开环增益 K 从零变到无穷时的闭环根轨迹图。

（2）已知开环传递函数为

$$G(s)H(s) = \frac{K}{s(s+4)(s^2+4s+20)}$$

试概略绘出闭环系统根轨迹图。

（3）设单位负反馈系统开环传递函数如下，试概略绘出相应的闭环根轨迹。

① $G(s) = \dfrac{K}{s(0.2s+1)(0.5+1)}$；

② $G(s) = \dfrac{K(s+1)}{s(2s+1)}$

（4）单位反馈控制系统开环传递函数为

$$G(s) = \frac{K(s+2)}{s(s+3)(s^2+2s+2)}$$

试绘制该系统的根轨迹。

（5）参量根轨迹的绘制。设随动系统如习题 5-2 图所示。加入速度负反馈 K_s 后，试分析 K_s 对系统性能的影响。

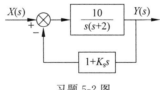

习题 5-2 图

习题 5 参考答案

第6章

控制系统的稳定性分析

自动控制系统的稳定性是自动控制理论研究的主要课题之一。控制系统能在实际中应用的首要条件就是必须稳定。一个不能稳定的系统是不能工作的。经典控制理论为我们提供了多种判别系统稳定性的准则,也称为系统的稳定性判据。劳斯(Routh)稳定判据和赫尔维茨(Hurwitz)稳定判据是依据闭环系统特征方程式对系统的稳定性做出判别,是一种时域(代数)判据。奈奎斯特判据是依据系统的开环奈奎斯特图与坐标上(-1,j0)点之间的位置关系对闭环系统的稳定性作出判别,这是一种频域(几何)判据。对数坐标图判据实际上是奈奎斯特判据的另一种描述法,它们之间有着相互对应的关系。但在描述系统的相对稳定性与稳态裕度这些概念时,对数坐标图判据显得更为清晰、直观,从而获得广泛采用。本章着重讨论上述四种判据的准则与方法。

6.1 稳定性的基本概念及系统稳定条件

6.1.1 稳定性概念

控制系统在扰动信号作用下,偏离了原来的平衡状态,当扰动消失后,系统能以足够的精度恢复到原来的平衡状态,则系统是稳定的;否则,系统是不稳定的。图 6-1 所示系统 1 在扰动消失后,它的输出能回到原来的平衡状态,该系统稳定;而系统 2 的输出呈等幅振荡,系统处于临界状态;系统 3 的输出则发散,故不稳定。

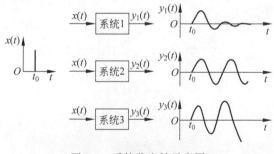

图 6-1 系统稳定性示意图

控制系统的稳定性是由系统本身的结构所决定的,而与输入信号的形式无关。

6.1.2 系统稳定的条件

稳定性研究的问题是扰动作用去除后系统的运动情况,它与系统的输入信号无关,只取决于系统本身的特征,因而可用系统的脉冲响应函数来描述。

设线性系统在初始条件为零时,作用一个理想单位脉冲 $x(t) = \delta(t)$,这时系统的输出增量为 $y(t)$。这相当于系统在扰动信号作用下,输出信号偏离原平衡工作点的问题。若 $t \to +\infty$ 时,脉冲响应

$$\lim_{t \to +\infty} y(t) = 0 \tag{6-1}$$

即输出增量收敛于原平衡点,则线性系统是稳定的。

设线性定常系统输入为 $x(t)$,输出为 $y(t)$,线性定常系统的动态特性,可用下面的常系数线性微分方程来描述。

设系统的闭环传递函数为

$$
\Phi(s) = \frac{Y(s)}{X(s)} = \frac{b_m s^m + b_{m-1} s^{m-1} + \cdots + b_1 s + b_0}{a_n s^n + a_{n-1} s^{n-1} + \cdots + a_1 s + a_0}
$$

$$
= \frac{K \prod\limits_{i=1}^{m} (s + z_i)}{\prod\limits_{j=1}^{q} (s + p_j) \prod\limits_{k=1}^{r} (s^2 + 2\zeta_k \omega_{nk} s + \omega_{nk}^2)} \tag{6-2}
$$

为便于分析,假定闭环传递函数有 q 个相异的实数极点及 r 对不相同的共轭复数极点,当输入单位脉冲函数时,$X(s) = 1$,所以输出的拉氏变换式为

$$
Y(s) = \sum_{j=1}^{q} \frac{A_j}{s + p_j} + \sum_{k=1}^{r} \frac{B_k s + C_k}{s^2 + 2\zeta_k \omega_{nk} s + \omega_{nk}^2}
$$

上式的拉氏反变换为

$$
y(t) = \sum_{j=1}^{q} A_j e^{-p_j t} + \sum_{k=1}^{r} B_k e^{-\zeta_k \omega_{nk} t} \cos \omega_{dk} t + \sum_{k=1}^{r} \frac{C_k - \zeta_k \omega_{nk} B_k}{\omega_{dk}} e^{-\zeta_k \omega_{nk} t} \sin \omega_{dk} t \tag{6-3}
$$

如果所有闭环极点都在 s 平面的左半面内,即系统的特征方程式根的实部都为负,当 $t \to +\infty$ 时,方程式(6-3)中的指数项 $e^{-p_j t}$ 和阻尼指数项 $e^{-\zeta_k \omega_{nk} t}$ 将趋近于零。即 $y(t) \to 0$,所以系统是稳定的。

图 6-2 所示为闭环极点的稳定根和不稳定根的分布图,即闭环特征方程式的根位于复平面的左侧对应的闭环系统是稳定的,位于复平面的右侧对应的闭环系统是不稳定的。

图 6-3 所示为系统特征方程式极点不同时,输入脉冲信号时对应的响应曲线。从图中可以看出,位于复平面左侧的极点响应曲线都收敛;位于虚轴上的极点,响应为等幅振荡;位于复平面右侧的极点响应曲线为发散,对应的系统为不稳定。位于复平面左侧的极点,距离虚轴越远,响应曲线收敛越快,越靠近虚轴收敛越慢;当极点的虚部数值越大,其响应振

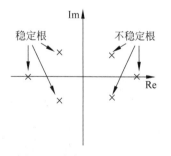

图 6-2 稳定根和不稳定根

荡的频率也就越快。

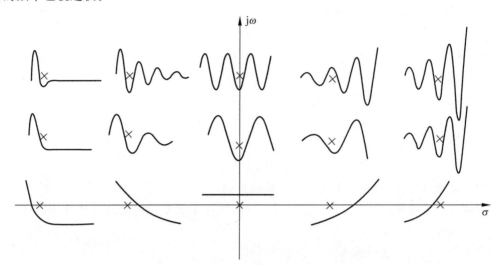

图 6-3 极点位置与脉冲响应的关系

由此可见,系统稳定的充要条件是特征方程的根均具有负的实部,或者说闭环系统特征方程式的根全部位于 s 平面的左半平面内。一旦特征方程出现右根时,系统就不稳定。

应该指出,这里的特征方程实际上就是系统闭环传递函数的分母多项式为零,即

$$a_n s^n + a_{n-1} s^{n-1} + \cdots + a_1 s + a_0 = 0$$

例如某单位反馈系统的开环传递函数 $G(s) = \dfrac{K}{s(Ts+1)}$,则系统的闭环传递函数为

$$\Phi(s) = \frac{G(s)}{1+G(s)} = \frac{K}{Ts^2 + s + K}$$

特征方程式为

$$Ts^2 + s + K = 0$$

特征根为

$$s_{1,2} = \frac{-1 \pm \sqrt{1-4TK}}{2T}$$

因为特征方程根具有负实部,该闭环系统稳定。

6.2 稳定性的时域(代数)判据

判别系统是否稳定,就是要确定系统特征方程根是否全部具有负的实部,或者说特征根是否全部位于 s 平面的虚轴左侧。这样就面临着两种选择:一是解特征方程确定特征根,这对于高阶系统来说是困难的;二是讨论根的分布,研究特征方程是否包含右根及有几个右根。劳斯稳定判据和赫尔维茨稳定判据都属于时域(代数)判据,都是基于特征方程根的分布与系数间的关系来判别系统的稳定性,无须解特征方程而能迅速判定根的分布情况,它们是简单而实用的稳定性判据。

6.2.1 劳斯稳定判据

1. 劳斯稳定判据的必要条件

设系统框图如图 6-4 所示,其闭环传递函数为

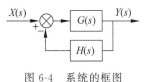

图 6-4 系统的框图

$$\Phi(s) = \frac{Y(s)}{X(s)} = \frac{G(s)}{1 + G(s)H(s)}$$

设开环传递函数为

$$G(s)H(s) = \frac{B(s)}{A(s)}$$

则

$$1 + G(s)H(s) = 1 + \frac{B(s)}{A(s)} = \frac{A(s) + B(s)}{A(s)}$$

系统的特征方程式可表示为

$$D(s) = A(s) + B(s) = a_n s^n + a_{n-1} s^{n-1} + \cdots + a_1 s + a_0$$

$$= a_n \left(s^n + \frac{a_{n-1}}{a_n} s^{n-1} + \cdots + \frac{a_1}{a_n} s + \frac{a_0}{a_n} \right)$$

$$= a_n(s - s_1)(s - s_2) \cdots (s - s_n) = 0 \tag{6-4}$$

式中,$s_1, s_2, \cdots, s_{n-1}, s_n$ 为系统的特征根。

将式(6-4)的因式展开,由对应系数相等,可求得根与系数的关系为

$$\begin{cases} \dfrac{a_{n-1}}{a_n} = -(s_1 + s_2 + \cdots + s_n) \\[2mm] \dfrac{a_{n-2}}{a_n} = +(s_1 s_2 + s_1 s_3 + \cdots + s_{n-1} s_n) \\[2mm] \dfrac{a_{n-3}}{a_n} = -(s_1 s_2 s_3 + s_1 s_2 s_4 + \cdots + s_{n-2} s_{n-1} s_n) \\[2mm] \qquad\qquad\qquad \vdots \\[2mm] \dfrac{a_0}{a_n} = (-1)^n (s_1 s_2 s_3 s_4 \cdots s_{n-2} s_{n-1} s_n) \end{cases} \tag{6-5}$$

从式(6-5)可知,要使全部特征根 $s_1, s_2, \cdots, s_{n-1}, s_n$ 均具有负实部,就必须满足以下两个条件。

(1) 特征方程的各项系数 $a_i (i = 0, 1, 2, \cdots, n)$ 都不等于零。因为若有一个系数为零,则必出现实部为零的特征根或实部有正有负的特征根,才能满足式(6-5)。此时系统为临界稳定(根在虚轴上)或不稳定(根的实部为正)。

(2) 特征方程的各项系数 a_i 的符号都相同,才能满足式(6-5),按照惯例,a_i 一般取正值(如果全部系数为负,可用 -1 乘方程两边,使它们都变成正值)。

上述两个条件可归结为系统稳定的一个必要条件,即特征方程的各项系数 $a_i > 0$。

以上只是系统稳定的必要条件而非充要条件。

2. 劳斯稳定判据的充要条件

特征方程系数的劳斯阵列如下:

$$
\begin{array}{llllll}
s^n & a_n & a_{n-2} & a_{n-4} & a_{n-6} & \cdots \\
s^{n-1} & a_{n-1} & a_{n-3} & a_{n-5} & a_{n-7} & \cdots \\
s^{n-2} & b_1 & b_2 & b_3 & & \cdots \\
s^{n-3} & c_1 & c_2 & & \cdots \\
\vdots & \vdots & \vdots & \vdots \\
s^1 & d_1 \\
s^0 & e_1
\end{array}
$$

在上面的劳斯阵列中,b_i、c_i、d_i、e_i 的计算公式如下:

$$
b_1 = \frac{a_{n-1}a_{n-2} - a_n a_{n-3}}{a_{n-1}}, \quad b_2 = \frac{a_{n-1}a_{n-4} - a_n a_{n-5}}{a_{n-1}}, \quad b_3 = \frac{a_{n-1}a_{n-6} - a_n a_{n-7}}{a_{n-1}}
$$

$$
c_1 = \frac{b_1 a_{n-3} - a_{n-1} b_2}{b_1}, \quad c_2 = \frac{b_1 a_{n-5} - a_{n-1} b_3}{b_1}, \quad c_3 = \frac{b_1 a_{n-7} - a_{n-1} b_4}{b_1}
$$

$$
\vdots
$$

劳斯阵列的计算顺序是由上两行组成新的一行。例如由第 1 行与第 2 行可组成第 3 行,在第 2 行和第 3 行的基础上产生第 4 行,这样计算直到只有零为止。一般情况下可以得到一个 $n+1$ 行的劳斯阵列。而最后两行每行只有一个元素。每行计算到出现零元素为止。

把 $a_n, a_{n-1}, b_1, c_1, \cdots, d_1, e_1$ 称为劳斯阵列中的第一列元素。劳斯稳定判据的充分且必要条件是:

(1) 系统特征方程的各项系数皆大于零,即 $a_i > 0$;

(2) 劳斯阵列第一列元素符号一致,则系统稳定,否则系统不稳定。

第一列元素符号改变次数就是特征方程中所包含的右根数目。

例 6-1 某一系统的闭环传递函数为

$$
\frac{Y(s)}{X(s)} = \frac{G(s)}{1 + G(s)H(s)} = \frac{6s + 4}{s^4 + 7s^3 + 17s^2 + 17s + 6},
$$

试用劳斯稳定判据判别系统的稳定性。

【解】

闭环系统的特征方程式为

$$
1 + G(s)H(s) = s^4 + 7s^3 + 17s^2 + 17s + 6 = 0
$$

劳斯阵列为

$$
\begin{array}{llll}
s^4 & 1 & 17 & 6 \\
s^3 & 7 & 17 \\
s^2 & 14.58 & 6 \\
s^1 & 14.12 \\
s^0 & 6
\end{array}
$$

由于特征方程式的系数以及第一列的所有元素都为正,因而系统是稳定的。

例 6-2　设单位反馈控制系统的开环传递函数为

$$G(s) = \frac{K}{s(s+1)(s+2)},$$

试确定 K 值的闭环稳定范围。

【解】

其单位反馈系统的闭环传递函数为

$$\frac{Y(s)}{X(s)} = \frac{G(s)}{1+G(s)} = \frac{K}{s^3 + 3s^2 + 2s + K}$$

特征方程式为

$$s^3 + 3s^2 + 2s + K = 0$$

劳斯阵列为

$$
\begin{array}{ccc}
s^3 & 1 & 2 \\[4pt]
s^2 & 3 & K \\[6pt]
s^1 & \dfrac{6-K}{3} & \\[6pt]
s^0 & K &
\end{array}
$$

由稳定条件得

$$
\begin{cases}
\dfrac{6-K}{3} > 0 \\[8pt]
K > 0
\end{cases}
$$

因此 K 的稳定范围为 $0 < K < 6$。

例 6-3　设单位反馈系统的开环传递函数为

$$G(s) = \frac{K}{s\left(\dfrac{s}{3}+1\right)\left(\dfrac{s}{6}+1\right)},$$

若要求闭环特征方程式的根的实部均小于 -1,问 K 值应取在什么范围? 如果要求根的实部均小于 -2,情况又如何?

【解】

系统的特征方程式为

$$s^3 + 9s^2 + 18s + 18K = 0$$

令 $u = s+1$,得 u 的特征方程为

$$u^3 + 6u^2 + 3u + (18K - 10) = 0$$

劳斯阵列为

$$
\begin{array}{ccc}
u^3 & 1 & 3 \\[4pt]
u^2 & 6 & 18K - 10 \\[6pt]
u^1 & \dfrac{14-9K}{3} & \\[6pt]
u^0 & 18K - 10 &
\end{array}
$$

所以 $5/9 < K < 14/9$,闭环特征方程式的根的实部均小于 -1。

若要求实部小于 -2,令 $u = s + 2$,得到新的特征方程为

$$u^3 + 3u^2 - 6u + (18K - 8) = 0$$

由稳定条件知:由于特征方程式系数符号不一致,不论 K 取何值,都不能使原特征方程的根的实部均小于 -2。

3. 劳斯稳定判据的特殊情况

1) 某行的第一列元素为零,而其余项不为零的情况

如果在计算劳斯阵列的各元素值时,出现某行第一列元素为零则在计算下一行的各元素值时将出现无穷大而无法继续进行计算。为克服这一困难,计算时可用无穷小正数 ε 来代替零元素,然后继续进行计算。

例 6-4　设有特征方程为

$$s^4 + 2s^3 + s^2 + 2s + 1 = 0,$$

试判断系统的稳定性。

【解】

劳斯阵列如下:

$$
\begin{array}{lccc}
s^4 & 1 & 1 & 1 \\
s^3 & 2 & 2 & \\
s^2 & \varepsilon(\varepsilon \approx 0) & 1 & \\
s^1 & 2 - \dfrac{2}{\varepsilon} & & \\
s^0 & 1 & &
\end{array}
$$

此时第三行第一列元素为零,用一无限小 ε 代替 0,然后计算其余各项,得到劳斯阵列如上,观察第一列各项数值,当 $\varepsilon \to 0$ 时,则

$$2 - \frac{2}{\varepsilon} \to -\infty$$

由于第一列有的元素为负值,且第一列的元素符号有两次变化,表明特征方程在 s 平面的右半平面内有两个根,该闭环系统是不稳定系统。

2) 某行全部元素值为零的情况

如果劳斯阵列中某一行各元素均为零时,说明系统的特征根中,有对称于复平面原点的根存在,这些根应具有以下情况:

(1) 存在两个符号相异,绝对值相同的实根(系统响应单调发散,系统不稳定);

(2) 存在实部符号相异、虚部数值相同的两对共轭复根(系统响应振荡发散,系统不稳定);

(3) 存在一对共轭纯虚根(系统自由响应会维持某一频率的等幅振荡,系统临界稳定);

(4) 以上几种根的组合。

在这种情况下,劳斯阵列表将在全为零的一行处中断,为了构造完整的劳斯阵列,以具体确定使系统不稳定根的数目和性质,可将全为零一行的上一行的各项组成一个"辅助方程式 $A(s)$"。将方程式对 s 求导,用求导得到的各项系数来代替为零的一行系数,然后继续按

照劳斯阵列表的列写方法,计算余下各行直至计算完$(n+1)$行为止。

由于根对称于复平面的原点,故辅助方程式的次数总是偶数,它的最高方次就是特征根中对称复平面原点的根的数目。而这些大小相等、符号相反的特征根,可由辅助方程$A(s)=0$求得。

例 6-5　设某一系统的特征方程式为
$$s^6 + 2s^5 + 8s^4 + 12s^3 + 20s^2 + 16s + 16 = 0,$$
试判断系统的稳定性。

【解】

特征方程各项系数为正,列出劳斯阵列表如下:

$$
\begin{array}{llll}
s^6 & 1 & 8 & 20 \quad 16 \\
s^5 & (2 & 12 & 16) \\
s^5 & 1 & 6 & 8 \qquad\qquad (各元素除以\ 2\ 后的值) \\
s^4 & (2 & 12 & 16) \\
s^4 & 1 & 6 & 8 \qquad\qquad (各元素除以\ 2\ 后的值) \\
s^3 & 0 & 0 \\
\end{array}
$$

取出全部为零元素前一行的元素,得到辅助方程为
$$A(s) = s^4 + 6s^2 + 8 = 0$$

将 $A(s)$ 对 s 求导得到
$$\frac{\mathrm{d}A(s)}{\mathrm{d}s} = 4s^3 + 12s$$

以上式的系数代替全部为零的一行,然后继续作出劳斯阵列表为

$$
\begin{array}{llll}
s^6 & 1 & 8 & 20 \quad 16 \\
s^5 & 1 & 6 & 8 \\
s^4 & 1 & 6 & 8 \\
s^3 & (4 & 12) \\
s^3 & 1 & 3 \qquad\qquad (各元素除以\ 4\ 后的值) \\
s^2 & 3 & 8 \\
s^1 & 1/3 \\
s^0 & 8 \\
\end{array}
$$

从劳斯阵列表的第一列可以看出,各项并无符号变化,因此特征方程无正根。但因 s^3 行出现全为零的情况,可见必有共轭虚根存在,这可通过求解辅助方程 $A(s)$ 得到
$$s^4 + 6s^2 + 8 = 0$$

此式的两对共轭虚根为
$$s_{1,2} = \pm \mathrm{j}\sqrt{2}, \quad s_{3,4} = \pm \mathrm{j}2$$
这两对根,同时也是原方程的根,它们位于虚轴上,因此该控制系统处于临界状态。

6.2.2　赫尔维茨稳定判据

设系统特征方程为

$$a_n s^n + a_{n-1} s^{n-1} + \cdots + a_1 s + a_0 = 0, \quad a_0 > 0 \tag{6-6}$$

各系数排成如下的 $n \times n$ 阶行列式：

$$\Delta = \begin{vmatrix} a_{n-1} & a_{n-3} & a_{n-5} & \cdots & 0 \\ a_n & a_{n-2} & a_{n-4} & \cdots & 0 \\ 0 & a_{n-1} & a_{n-3} & \cdots & 0 \\ 0 & a_n & a_{n-2} & & 0 \\ 0 & 0 & \vdots & 0 & 0 \\ \vdots & \cdots & \cdots & \cdots & \vdots \\ 0 & \cdots & \cdots & a_1 & 0 \\ 0 & \cdots & \cdots & a_2 & a_0 \end{vmatrix} \tag{6-7}$$

系统稳定的充分必要条件是：主行列式 Δ_n 及其对角线上各子行列式 $\Delta_1, \Delta_2, \cdots, \Delta_n$ 均具有正值，即

$$\begin{cases} \Delta_1 = a_{n-1} > 0 \\ \Delta_2 = \begin{vmatrix} a_{n-1} & a_{n-3} \\ a_n & a_{n-2} \end{vmatrix} > 0 \\ \Delta_3 = \begin{vmatrix} a_{n-1} & a_{n-3} & a_{n-5} \\ a_n & a_{n-2} & a_{n-4} \\ 0 & a_{n-1} & a_{n-3} \end{vmatrix} > 0 \end{cases} \tag{6-8}$$

有时称 Δ_n 为赫尔维茨行列式。这个行列式直接由系数排列而成，规律简单而明确，使用也比较方便。但对六阶以上的系统，由于行列式计算麻烦，较少应用。

例 6-6　设某控制系统的特征方程式为

$$s^3 + 5s^2 + 6s + K = 0$$

试应用赫尔维茨稳定判据判定系统稳定时 K 的取值范围。

【解】

各系数排成如下的行列式：

$$\Delta = \begin{vmatrix} 5 & K & 0 \\ 1 & 6 & 0 \\ 0 & 5 & K \end{vmatrix} > 0$$

由赫尔维茨稳定判据，可列出下式

$$\Delta_1 = 5 > 0$$

$$\Delta_2 = \begin{vmatrix} 5 & K \\ 1 & 6 \end{vmatrix} = 30 - K > 0$$

$$\Delta_3 = \begin{vmatrix} 5 & K & 0 \\ 1 & 6 & 0 \\ 0 & 5 & K \end{vmatrix} = K \begin{vmatrix} 5 & K \\ 1 & 6 \end{vmatrix} = K(30 - K) > 0$$

由上述三式可判断系统稳定时 K 的取值范围为 $0 < K < 30$。

6.3　结构不稳定系统

某些系统,仅仅靠调整系统的参数仍无法使其稳定,则称这类系统为结构不稳定系统。

如图 6-5 所示系统,其闭环传递函数为

$$\Phi(s) = \frac{K}{s^2(Ts+1)+K} = \frac{K}{Ts^3 + s^2 + K}$$

则系统特征方程为

$$Ts^3 + s^2 + K = 0$$

由于方程中 s 的一次项的系数为零,由劳斯稳定判据可知,无论 K 取何值,该方程总是有根不在 s 左半平面,即系统总是不稳定,这类系统就是结构不稳定系统。解决这个问题的方法一般有以下两种。

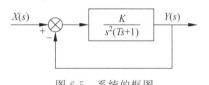

图 6-5　系统的框图

(1) 改变环节的积分性质

可用比例反馈来包围有积分作用的环节。例如,在积分环节外面加单位负反馈,如图 6-6 所示,这时,环节的传递函数变为 $\Phi(s) = \dfrac{1}{1+s}$,由积分环节变成了惯性环节。在原不稳定系统的方框图中加入积分环节反馈环节,改进后的系统框图如图 6-7 所示。

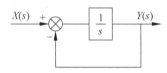

图 6-6　积分环节外加单位负反馈

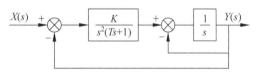

图 6-7　改进后的系统框图

改进后系统的开环传递函数为

$$G(s) = \frac{K}{s(Ts+1)} \frac{1}{s+1} = \frac{K}{s(s+1)(Ts+1)}$$

其闭环传递函数为

$$\Phi(s) = \frac{K}{s(s+1)(Ts+1)+k} = \frac{K}{Ts^3 + (1+T)s^2 + s + K}$$

其特征方程为

$$Ts^3 + (1+T)s^2 + s + K = 0$$

列劳斯表为

$$\begin{array}{ccc} s^3 & T & 1 \\ s^2 & 1+T & K \\ s^1 & \dfrac{1+T-TK}{1+T} \\ s^0 & K \end{array}$$

由劳斯稳定判据,则

$$\begin{cases} T > 0 \\ 1+T-TK > 0 \\ K > 0 \end{cases}$$

得

$$\begin{cases} K < \dfrac{1+T}{T} \\ K > 0 \end{cases}$$

因此要使系统稳定,K 的稳定范围为

$$0 < K < \frac{1+T}{T}$$

（2）加入比例-微分环节

在前述结构不稳定系统的前向通路中加入比例-微分环节,则改进后的系统框图如图 6-8 所示。

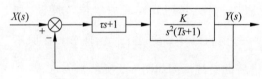

图 6-8　比例-微分改进后的系统框图

改进后系统的闭环传递函数为

$$\Phi(s) = \frac{K(\tau s + 1)}{Ts^3 + s^2 + K\tau s + K}$$

其特征方程为

$$Ts^3 + s^2 + K\tau s + K = 0$$

列劳斯表为

$$\begin{array}{ccc} s^3 & T & K\tau \\ s^2 & 1 & K \\ s^1 & K(\tau - T) & 0 \\ s^0 & K \end{array}$$

由稳定条件则

$$\begin{cases} T > 0 \\ K(\tau - T) > 0 \\ K > 0 \end{cases}$$

得

$$\begin{cases} K > 0 \\ \tau < T \end{cases}$$

按照上述要求适当选取参数,可使系统稳定。

6.4 稳定性的频域(几何)判据及相对稳定性

6.4.1 奈奎斯特稳定判据

奈奎斯特稳定判据简称为奈氏判据,它是利用系统开环奈奎斯特图判断闭环系统稳定性的频率域图解方法。它从代数判据中脱颖而出,故可以说它是一种频域(几何)判据。

利用奈氏判据也不必求取闭环系统的特征根,而是通过系统开环频率特性 $G(j\omega)H(j\omega)$ 曲线来分析闭环系统的稳定性。由于系统的频率特性可以用实验方法得到,所以奈氏判据对那些无法用分析法获得传递函数的系统来说,具有重要的意义。另外,奈氏判据还能表明系统的稳定裕度即相对稳定性,进而指出改善系统稳定性的途径。

如图 6-4 的闭环系统,其传递函数为 $\dfrac{Y(s)}{X(s)}=\dfrac{G(s)}{1+G(s)H(s)}$,这个系统是否稳定,可用奈氏判据判别,其判据为:在开环传递函数 $G(s)H(s)$ 中,令 $s=j\omega$,当 ω 在 $-\infty\sim+\infty$ 范围内变化时,可画出闭合的极坐标图(奈奎斯特图),它以逆时针方向绕 $(-1,j0)$ 点的圈数为 N,假定开环极点在 s 右半平面的个数为 P,当满足于 $N=P$ 的关系时,闭环系统是稳定的。若 ω 从 $0\sim+\infty$ 范围内变化时,当满足 $2N=P$ 的关系时,闭环系统是稳定的。

如图 6-9 所示为两个系统的开环极坐标图,对应图 6-9(a)的开环传递函数为

$$G(s)H(s)=\frac{15s^2+9s+1}{(s-1)(2s-1)(3s+1)}$$

由图可见,极坐标图当频率 ω 由 $-\infty$ 变化到 $+\infty$ 时,以逆时针绕 $(-1,j0)$ 点两圈,即 $N=2$,由上面 $G(s)H(s)$ 可以看出,开环传递函数有两个极点在 s 右半平面,即 $P=2$。由于极坐标图的转向是逆时针的,又由于 $N=P$,所以对应的闭环系统是稳定的。

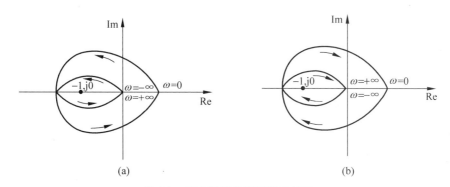

(a)

(b)

图 6-9　两个系统的开环极坐标图

而对应图 6-9(b)的开环传递函数为

$$G(s)H(s)=\frac{15s^2+9s+1}{(s+1)(2s+1)(1-3s)}$$

由图可见,$N=-2$,$P=1$,即 $N\neq P$,所以对应的闭环系统是不稳定的。

但在实际系统中,用得最多的是最小相位系统,因而 $P=0$,为此,这种闭环系统如若稳

定,必须 $N=0$。又因为 ω 变化时,频率 ω 由 $-\infty$ 变化到 0,再由 0 变化到 $+\infty$ 时,所对应的奈奎斯特图是对称的,所以只研究 $0 \sim +\infty$ 这一频率段即可。

如果系统在开环状态下是稳定的,闭环系统稳定的充要条件是:它的开环极坐标图不包围 $(-1,j0)$ 点,如图 6-10(a) 所示。反之,若曲线包围 $(-1,j0)$ 点,则闭环系统将是不稳定的,如图 6-10(c) 所示。若曲线通过 $(-1,j0)$ 点,则闭环系统处于临界状态,如图 6-10(b)所示。

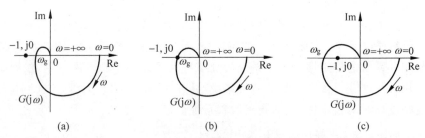

图 6-10 用奈氏判据判断闭环系统的稳定性
(a) 稳定;(b) 临界状态;(c) 不稳定

例 6-7 已知两单位反馈系统的开环传递函数分别为

$$G_1(s) = \frac{K_1}{(T_1 s+1)(T_2 s+1)(T_3 s+1)}$$

$$G_2(s) = \frac{K_2}{(T_1 s+1)(T_2 s+1)(T_3 s+1)}$$

其开环极坐标曲线分别如图 6-11(a)、(b) 所示,试用奈氏判据分别判断对应的闭环系统的稳定性。

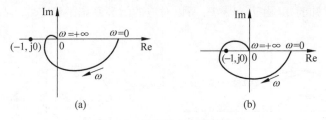

图 6-11 系统的奈奎斯特图

【解】

(1) 系统 1:由开环传递函数 $G_1(s)$ 的表达式知,$P=0$ 开环稳定。由图 6-11(a) 可见,开环奈奎斯特图没有包围 $(-1,j0)$ 点,因此闭环系统稳定。

(2) 系统 2:由开环传递函数 $G_2(s)$ 的表达式知,$P=0$ 开环稳定。由图 6-11(b) 可见,开环奈奎斯特图括入了 $(-1,j0)$ 点。根据奈氏判据该系统闭环不稳定。

例 6-8 四个单位负反馈系统的开环系统奈氏曲线如图 6-12(a)~(d) 所示。并已知各系统开环不稳定特征根的个数 P,试判别各闭环系统的稳定性。

【解】

图 6-12(a)、(b) 两个系统的 $P=0$,故由奈氏判据判定,系统的闭环稳定。图 6-12(c) 开环

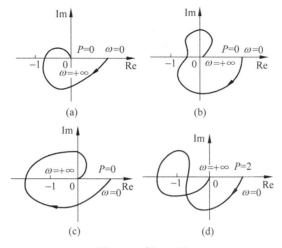

图 6-12　例 6-8 图

幅相特性曲线包围 $(-1,\mathrm{j}0)$ 点,故由奈氏判据可判定,其闭环系统不稳定。图 6-12(d)由于 $P=2$,而 ω 是从 $0\rightarrow+\infty$ 变化的,当 ω 从 $-\infty\rightarrow+\infty$ 变化时,$N=2$,故由奈氏判据知,闭环稳定。

在应用奈氏判据时要注意下述几点:

(1) 要仔细确定开环右极点的数目 P,特别注意,虚轴上的开环极点要按左极点处理;

(2) 要仔细确定开环奈氏曲线围绕点 $(-1,\mathrm{j}0)$ 的圈数 N,这在频率特性曲线比较复杂时,不易清晰地看出,为此引出"穿越"的概念。

所谓"穿越",即奈氏曲线 $G(\mathrm{j}\omega)H(\mathrm{j}\omega)$ 穿过点 $(-1,\mathrm{j}0)$ 左边的实轴 $(-1,-\infty)$。若奈氏曲线由上而下穿过点 $(-1,\mathrm{j}0)$ 左边的实轴时,称"正穿越"(相角增大),用 N_+ 表示;若奈氏曲线由下而上穿越时,称"负穿越"(相角减小),用 N_- 表示。穿过点 $(-1,\mathrm{j}0)$ 左边实轴一次,则穿越数为 1,若奈氏曲线始于(见图 6-13(a))或止于(见图 6-13(b))点 $(-1,\mathrm{j}0)$ 以左的实轴 $(-1,-\infty)$ 上,则穿越数为 1/2,称"半次穿越"。

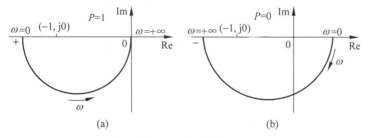

图 6-13　半次穿越

(a) 半次正穿越;(b) 半次负穿越

正穿越一次,对应着奈氏曲线 $G(\mathrm{j}\omega)H(\mathrm{j}\omega)$ 绕点 $(-1,\mathrm{j}0)$ 逆时针转动一圈;负穿越一次,对应着奈氏曲线 $G(\mathrm{j}\omega)H(\mathrm{j}\omega)$ 绕点 $(-1,\mathrm{j}0)$ 顺时针转动一圈。

奈奎斯特利用穿越法判据闭环系统稳定的充要条件是,当 ω 由 0 变化到 $+\infty$ 时,$G(\mathrm{j}\omega)H(\mathrm{j}\omega)$ 曲线的正负穿越之差为 $P/2$(P 为开环传递函数在 s 右半平面的极点数),即 $N_+-N_-=P/2$。

据此可以判定图 6-13(a)所示系统,虽然开环不稳定,但闭环稳定($N_+-N_-=1/2-0=P/2$)。图 6-13(b)所示系统,虽然开环稳定,但闭环不稳定($N_+-N_-=0-1/2\neq P/2$)。

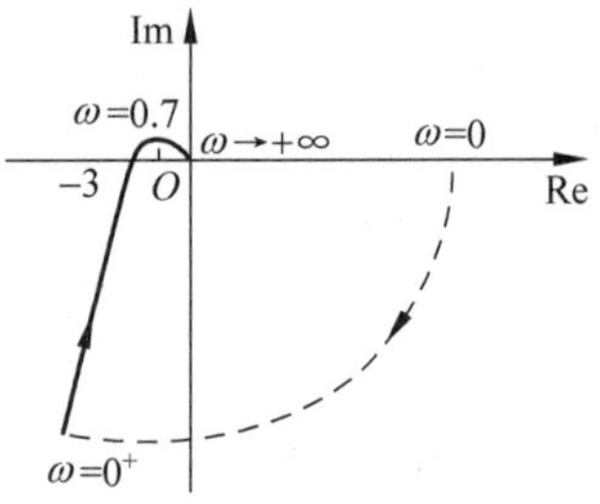

(3) 当开环传递函数含有积分环节 $1/s^\lambda$(即含有落在原点的极点),其开环奈氏曲线不和实轴封闭,难以说明 ω 在零附近变化时的奈氏曲线的变化,以及它们是否包围了临界点($-1,j0$),如图 6-14 中实线所示。为此,可以作辅助圆(见图中虚线所示),这就很容易看出图中曲线是否包围临界点($-1,j0$)。辅助圆的作法是以无穷大为半径,从 $G(j0)H(j0)$ 端实轴起顺时针补画无穷大半径圆心角为 $\lambda90°$ 的圆弧至 $G(0^+)H(0^+)$。

图 6-14　例 6-9 图

例 6-9　若系统开环传递函数为

$$G(s)H(s)=\frac{4.5}{s(2s+1)(s+1)}$$

试用奈氏判据判别其闭环系统的稳定性。

【解】

画出开环系统奈氏图,如图 6-14 所示。从图 6-14 可知,$N=-1$;而由 $G(s)H(s)$ 表达式可知 $P=0$。根据奈氏判据有

$$P-2N=0-2\times(-1)=2$$

所以,闭环系统不稳定。

6.4.2　稳定裕度

在线性控制系统中,劳斯稳定判据主要用来判断系统是否稳定。而对于系统稳定的程度如何以及是否具有满意的动态过程,劳斯稳定判据无法确定。

上述分析表明,系统参数对系统稳定性是有影响的。适当选取系统的某些参数,不但可以使系统获得稳定,而且可以使系统具有良好的动态响应。

由奈氏判据可以推知:对于开环稳定($P=0$)的闭环稳定系统,开环频率特性的奈奎斯特曲线距点($-1,j0$)越远,则闭环系统的稳定性越高;曲线距点($-1,j0$)越近,则其闭环系统的稳定性越低。

图 6-15 所示是系统开环奈奎斯特曲线对($-1,j0$)点的位置与对应的系统单位阶跃响应示意图。图中各系统均为开环稳定($P=0$)。

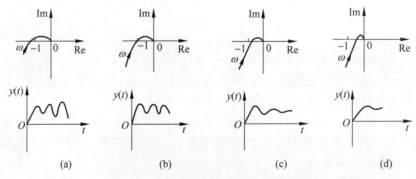

图 6-15　极坐标图与之对应的响应曲线

由图 6-15(a)可见,当开环频率特性的极坐标曲线包围(−1,j0)点时,对应闭环系统单位阶跃响应发散,闭环不稳定;由图 6-15(b)可见,当开环奈奎斯特曲线通过(−1,j0)点时,对应闭环系统单位阶跃响应呈等幅振荡;当开环奈奎斯特曲线不包围(−1,j0)点时,闭环系统稳定。由图 6-15(c)、(d)可见,开环奈奎斯特曲线距(−1,j0)点的远近程度不同,闭环系统稳定的程度也不同。这便是通常所说的系统的相对稳定性,通常以稳定裕度来表示系统的相对稳定性。

1. 稳态裕度极坐标的表示

稳定裕度用相位裕度 γ 和幅值裕度 K_g 来定量描述,如图 6-16 所示。

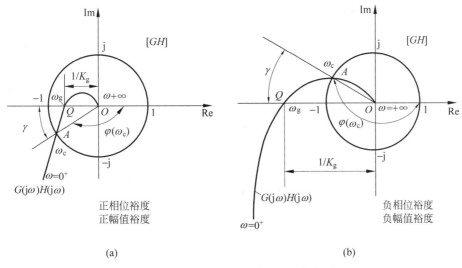

(a)   (b)

图 6-16 表示稳定性裕度的奈奎斯特图

1)相位裕度 γ

在图 6-16(a)和(b)中,以原点为圆心,以单位值为半径,可作成单位圆,它必然通过(−1,j0)点,并与奈奎斯特曲线交于 A 点,连线于 O、A 点得 $\overline{OA}$,$\overline{OA}$ 与负虚轴的夹角 γ 称为相位裕度,大小为

$$\gamma = \varphi(\omega_c) - (-180°) = \varphi(\omega_c) + 180° \tag{6-9}$$

式中,ω_c 为 A 点对应的频率,称为剪切频率或幅值穿越频率,这一频率对应的幅值为 1。

相位裕度 γ 的物理意义是,如果 $\varphi(\omega_c)$ 再滞后 γ 时,系统才处于临界状态。因此,相位裕度 γ 又可以称为相位稳定性储备。

2)幅值裕度 K_g

开环奈奎斯特曲线与负实轴相交于 Q 点,这一点的频率 ω_g 对应的幅值为 $|G(j\omega_g)H(j\omega_g)|$,其倒数定义为幅值裕度 K_g,即

$$K_g = \frac{1}{|G(j\omega_g)H(j\omega_g)|} \tag{6-10}$$

式中,ω_g 为相位穿越频率,对应这点的频率的相角为 $-180°$。

幅值裕度 K_g 的物理意义是:如果将开环增益放大 K_g 倍,系统才处于临界稳定状态。

因此,幅值裕度又称为增益裕度。

由前面分析可见:

(1) 对于闭环稳定系统,应有 $\gamma>0$,且 $K_g>1$;对于不稳定系统,有 $\gamma<0$,且 $K_g<1$。

(2) 系统的稳定程度要由 γ、K_g 两项指标来衡量,通常,为了得到满意的性能,希望 $K_g(\mathrm{dB})$、γ 越大,系统的稳定性越好。但稳定裕度过大会影响系统的其他性能,如响应的快速性等。工程上一般取:

$$K_g(\mathrm{dB}) = (6 \sim 20)\mathrm{dB}$$

$$\gamma = 30° \sim 60°$$

2. 稳定裕度对数坐标图表示

相位裕度和幅值裕度也可以在对数坐标图中表示,如图 6-17(a)、(b)所示。

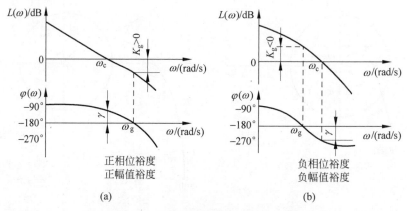

图 6-17　表示稳定裕度的对数坐标图

此时,幅值裕度 K_g 的分贝值为

$$K_g(\mathrm{dB}) = 20\lg K_g = 20\lg \frac{1}{|G(\mathrm{j}\omega_g)H(\mathrm{j}\omega_g)|}$$

$$= -20\lg |G(\mathrm{j}\omega_g)H(\mathrm{j}\omega_g)| \tag{6-11}$$

对于闭环稳定系统,应有 $\gamma>0$,且 $K_g>1$ 即 $K_g(\mathrm{dB})>0$。如图 6-16(a)所示,在对数坐标图上,γ 必在 $-180°$ 线以上,$K_g(\mathrm{dB})$ 在 0dB 线以下。

对于不稳定系统,有 $\gamma<0$,$K_g<1$ 即 $K_g(\mathrm{dB})<0$。如图 6-16(b)所示,此时,γ 在极坐标图的负实轴以上。在对数坐标图上,γ 在 180° 线以下,K_g 在 0dB 线以上。

6.4.3　对数坐标图判据

利用开环频率特性 $G(\mathrm{j}\omega)H(\mathrm{j}\omega)$ 的极坐标图(奈奎斯特图)来判别闭环系统稳定性的方法是奈奎斯特判据的方法。现若将开环极坐标图改画为开环对数坐标图,即伯德图,也同样可以利用它来判别系统的稳定性。这种方法有时称为对数频率特性判据,简称对数坐标图判据或伯德图判据,它实质上是奈奎斯特判据的引申。

开环对数坐标图与开环极坐标图有如下对应关系:

（1）奈奎斯特图上的单位圆相当于对数坐标图上的 0dB 线，即对数幅频特性图的横轴。因为此时

$$20\lg\mid G(j\omega)H(j\omega)\mid=20\lg1=0\text{dB}$$

（2）奈奎斯特上的负实轴相当于对数坐标图上的 $-180°$ 线，即对数相频特性图的横轴。因为此时相位 $\angle G(j\omega)H(j\omega)$ 均为 $-180°$。

由上对应关系，极坐标图也可画成对数坐标图，如图 6-16(a) 可画成图 6-17(a)，图 6-16(b) 可画成图 6-17(b)。

由图 6-16(b) 可见，$G(j\omega)H(j\omega)$ 曲线顺时针包围点 $(-1,j0)$，即曲线先在 ω_g 时交于负实轴，后在 ω_c 时才交于单位圆，亦即在对数坐标图（见图 6-17(b)）中，对数相频特性先在 ω_g 时交于 $-180°$ 线，对数幅频特性后在 ω_c 时交于 0dB 线。图 6-16(a)、图 6-17(a) 的情况则相反。

根据奈奎斯特判据和此种对应关系，对数坐标图判据可表述如下：

（1）对开环稳定的系统（$P=0$）时，在 ω 从 0 变化到 $+\infty$ 时，在 $L(\omega)\geqslant0$ 的区间，若相频特性曲线 $\varphi(\omega)$ 不穿越 $-180°$ 线，则闭环系统稳定，如图 6-17(a) 所示；否则闭环系统不稳定，如图 6-17(b) 所示。

（2）对开环不稳定的系统（$P\neq0$）时，在 ω 从 0 变化到 $+\infty$ 时，在 $L(\omega)\geqslant0$ 的区间，相频特性曲线 $\varphi(\omega)$ 在 $-180°$ 线上正、负穿越次数之差为 $N=P/2$ 次，则闭环系统是稳定的。

例 6-10　试用对数坐标图的稳定判据判断图 6-18 所示系统的稳定性。

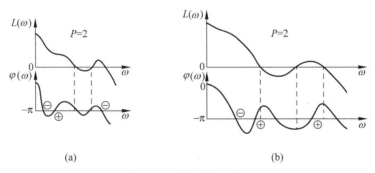

(a)　　　　　　　　　　(b)

图 6-18　开环对数坐标图

【解】

（1）系统（a），根据已知条件，系统的开环右极点数 $P=2$。由图 6-18(a) 知，在 $L(\omega)\geqslant0$dB 的所有频率段内相频特性曲线对 $-180°$ 线的正穿越次数为 1 次，负穿越数为 2 次，故总的穿越次数为 1 次负穿越，$N=-1$。

根据对数坐标图稳定判据，$N\neq P/2$，故闭环系统不稳定。

（2）系统（b），根据已知条件，系统的开环右极点数 $P=2$。由图 6-18(b) 知，在 $L(\omega)\geqslant0$dB 的所有频段内相频特性曲线对 $-180°$ 线的正穿越次数为 2 次，负穿越次数为 1 次，故总的穿越次数为 1 次正穿越，$N=1$。

根据对数坐标图稳定判据，$N=P/2$，故闭环系统稳定。

例 6-11　某系统的开环传递函数为

$$G(s)H(s)=\frac{K}{s(s+1)(0.2s+1)},$$

试分别求 $K = 2$ 和 $K = 20$ 时,系统的幅值裕度 K_g(dB) 和相位裕度 γ。

【解】

由开环传递函数知,系统开环稳定。分别绘制 $K = 2$ 和 $K = 20$ 时系统的对数坐标图,如图 6-19(a)、(b)所示。

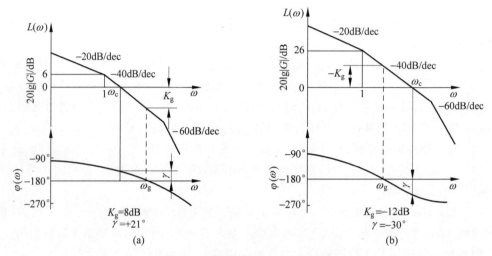

图 6-19　不同 K 值的对数坐标图

(a) $K = 2$；(b) $K = 20$

由图可见:

当 $K = 2$ 时,K_g(dB) $= 8$dB; $\gamma = 21°$。

当 $K = 20$ 时,K_g(dB) $= -12$dB; $\gamma = -30°$。

显然,$K = 20$ 时闭环系统不稳定。$K = 2$ 时系统是稳定的。此时相位裕度 γ 较小,小于 $30°$,因此系统不具备满意的相对稳定性。

通过此例可以看出,利用对数坐标图求取相对稳定性具有下列优点:

(1) 对数坐标图可以由渐近线的方法绘出,故比较简便易行;

(2) 省去了计算 ω_c、ω_g 的繁杂过程;

(3) 由于开环对数坐标图是由各对数坐标图叠加而成,因此在对数坐标图上容易确定哪些环节是造成不稳定的主要因素,从而对其参数重新加以选择或修正;

(4) 在需要调整开环增益 K 时,只需将对数幅频特性曲线上下平移即可,这样可很容易地看出增益 K 取何值时才能使系统稳定。

6.5　用 MATLAB 语言分析稳定性

6.5.1　时域(代数)稳定判断

求解控制系统闭环特征方程式的根并判断所有根的实部是否小于零,在 MATLAB 语言里这是很容易用函数 roots()实现的。

roots(p)函数输入参量 p 是降幂排列多项式系数向量,在控制系统的稳定性分析中,p 就是系统闭环特征多项式降幂排列的系数向量。若能够求得 p,则其根就可以求出。

例 6-12　已知系统的开环传递函数为

$$G(s) = \frac{100(s+2)}{s(s+1)(s+20)}$$

试判断系统闭环系统的稳定性。

【解】

根据题意,利用 roots()函数给出以极点、零点表示的传递函数 MATLAB 程序段:

```
k=100;
z=[-2];
p=[0,-1,-20];
[num,den]=zp2tf(z,p,k);
G=tf(num,den);
p=num+den
roots(p)
```

运行该程序可得特征方程式系数向量 **p** 及其根:

```
p = 1      21      120      200
ans = -12.8990
      -5.0000
      -3.1010
```

计算数据表明所有特征根的实部均为负值,所以闭环系统是稳定的。

例 6-13　已知系统的闭环传递函数为

$$\Phi(s) = \frac{5s + 200}{0.001s^3 + 0.502s^2 + 6s + 200}$$

试判断系统闭环稳定性。

【解】

根据题意,利用 roots()函数给出以下程序:

```
G=tf([5 200],[0.001 0.502 6 200]);
roots(G.den{1})%No 1 method
G1=zpk(G);G1.p{1}%No 2 method
G2=ss(G);eig(G2.a)%No 3 method
```

运行上述程序可得相同的特征方程式系数向量 **p** 及其根:

```
ans = 1.0e+002 *
      -4.9060
      -0.0570+0.1937i
      -0.0570-0.1937i
```

由于闭环系统特征方程式极点的实部在 s 平面的左半面,因而系统是稳定的。

6.5.2　用对数坐标图法判断系统稳定性

有了系统的对数坐标图,就可以计算频域性能指标,可以利用求系统幅值裕度与相位裕度的函数 margin(),既可以绘制系统的对数坐标图,又能够计算频域性能指标。

例 6-14　已知单位反馈系统传递函数为

$$G(s) = \frac{2.7}{s^3 + 5s^2 + 4s}$$

试用对数坐标图法判断系统闭环系统的稳定性。

【解】

根据题意要求,程序如下:

```
num=[0 0 0 2.7];
den=[1 5 4 0];
s1=tf(num,den);
[Gm,Pm,Wcp,Wcg]=margin(s1)
margin(s1)
grid
```

运算结果如下:

Gm=17.4074
Pm=51.7320
Wcp=2
Wcg=0.5783

结果中 Gm 为幅值裕度;Pm 为相位裕度;Wcp 为相位交点频率;Wcg 为增益交点频率。

从对数坐标图(见图 6-20)和性能指标知,闭环系统稳定。

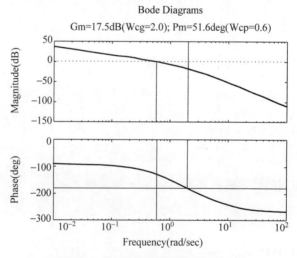

图 6-20　稳定闭环系统的对数坐标图

习　题　6

1. 单选题

（1）一个线性系统稳定与否取决于（　　）。

    A. 系统的结构和参数   B. 系统输入

    C. 系统的干扰   D. 系统的初始状态

（2）系统稳定的充要条件是（　　）。

    A. 幅值裕度大于 0dB

    B. 相位裕度大于 $0°$

    C. 幅值裕度大于 0dB，且相位裕度大于 $0°$

    D. 幅值裕度大于 0dB，或相位裕度大于 $0°$

（3）一个系统稳定的充要条件是（　　）。

    A. 系统特征方程式的全部极点都在 s 平面的右半平面内

    B. 系统特征方程式的全部极点都在 s 平面的左半平面内

    C. 系统特征方程式的全部极点都在 s 平面的上半平面内

    D. 系统特征方程式的全部极点都在 s 平面的下半平面内

（4）关于劳斯稳定判据和奈奎斯特（Nyquist）稳定判据，以下叙述中正确的是（　　）。

    A. 奈奎斯特（Nyquist）稳定判据是用来判断开环系统稳定性的

    B. 奈奎斯特（Nyquist）稳定判据属几何判据，是用来判断闭环系统稳定性的

    C. 劳斯（Routh）稳定判据属代数判据，是用来判断开环系统稳定性的

    D. 以上叙述均不正确

（5）已知系统特征方程为 $3s^4 + 10s^3 + 5s^2 + s + 2 = 0$，则该系统包含正实部特征根的个数为（　　）。

    A. 0   B. 1   C. 3   D. 2

（6）设系统的闭环传递函数为 $G(s) = \dfrac{2s^2 + 3s + 3}{s^3 + 2s^2 + s + K}$，则此系统稳定的 K 值范围为（　　）。

    A. $K < 0$ B. $K > 0$ C. $0 < K < 2$ D. $0 < K < 20$

（7）已知系统的相位裕度为 $45°$，则（　　）。

    A. 当其幅值裕度大于 0dB 时，系统稳定

    B. 当其幅值裕度小于或等于 0dB 时，系统稳定

    C. 系统稳定

    D. 系统不稳定

（8）根据习题 6-1 图的开环对数坐标图，试判断闭环系统的稳定性（　　）。

    A. 稳定   B. 不稳定   C. 临界稳定   D. 无法判断

（9）根据以下最小相位系统的相位裕度，相对稳定性最好的系统为（　　）。

    A. $\gamma = 180°$ B. $\gamma = 1°$ C. $\gamma = 90°$ D. $\gamma = 30°$

（10）根据习题 6-2 图的开环对数坐标图，试判断闭环系统的稳定性（　　）。

　　A. 稳定　　　　　　　　B. 不稳定　　　　　　C. 临界稳定

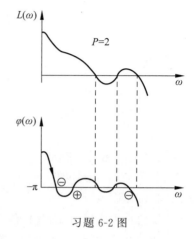

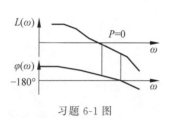

习题 6-1 图　　　　　　　　　　　　　　习题 6-2 图

2. 填空题

　　(1) 极坐标图(Nyquist 图)与对数坐标图(Bode 图)之间对应关系为：Nyquist 图上的单位圆对应于 Bode 图上的(　　)；Nyquist 图上的负实轴对应于 Bode 图上的(　　)。

　　(2) 系统剪切频率对应的对数幅频特性值为(　　)dB 的频率。

　　(3) 奈奎斯特(Nyquist)稳定判据中,系统稳定的条件是 $N=P$,其中 N 是指(　　),P 是指(　　)。

　　(4) 奈奎斯特(Nyquist)稳定判据属(　　)判据,劳斯稳定判据属(　　)判据。

　　(5) 系统稳定的充要条件是幅值裕度大于(　　)dB,且相位裕度大于(　　)度。

　　(6) 系统有二个特征根分布在 s 平面的右半平面,劳斯表中第一列元素的符号应改变(　　)次。

　　(7) 系统相角穿越频率对应相位角为(　　)。

　　(8) 系统稳定的条件是闭环系统特征方程式的根全部位于 s 平面的(　　)半平面。

　　(9) 稳定裕度,是衡量一个闭环系统(　　)的指标。

　　(10) 判定系统稳定性的穿越概念就是开环极坐标曲线穿过实轴上(　　)区间。

3. 简答题

　　(1) 何为相位裕度?

　　(2) 何为幅值裕度?

　　(3) 从系统特征根的分布来分析一个系统稳定的充分和必要条件是什么?

　　(4) 系统稳定性的定义是什么?

　　(5) 若系统有一个特征根在原点,其余特征根均在 s 平面的左半平面,系统是否稳定?若系统有两个或两个以上特征根在原点,其余特征根在 s 平面的左半平面,系统是否稳定?

　　(6) 简述劳斯稳定判据的充分必要条件。

　　(7) 简述奈奎斯特稳定性判据内容。

　　(8) 何为穿越、正穿越和负穿越。

4. 分析计算题

(1) 对于具有如下特征方程的反馈系统,试应用劳斯稳定判据判别系统的稳定性:

① $s^3 - 15s + 12 = 0$;

② $s^4 + 8s^3 + 18s^2 + 16s + 5 = 0$;

③ $s^3 + 4s^2 + 5s + 10 = 0$;

④ $s^5 + s^4 + 2s^3 + 2s^2 + 3s + 5 = 0$;

⑤ $s^3 + 10s^2 + 16s + 160 = 0$

(2) 已知系统的特征方程如下,试求系统在 s 右半平面的根数及虚根值:

① $s^5 + 3s^4 + 12s^3 + 24s^2 + 32s + 48 = 0$;

② $s^6 + 4s^5 - 4s^4 + 4s^3 - 7s^2 - 8s + 10 = 0$;

③ $s^5 + 3s^4 + 12s^3 + 20s^2 + 35s + 25 = 0$

(3) 对于具有如下特征方程的反馈控制系统,试应用劳斯稳定判据求系统稳定的 K 值范围:

① $s^4 + 22s^3 + 10s^2 + 2s + K = 0$;

② $s^4 + 20Ks^3 + 5s^2 + (10+K)s + 15 = 0$;

③ $s^3 + (4+K)s^2 + 6s + 12 = 0$;

④ $s^3 + (0.5+K)s^2 + 4Ks + 50 = 0$

(4) 一个单位反馈系统的开环传递函数为 $G(s) = \dfrac{10(s+a)}{s(s+2)(s+3)}$,试确定:

① 使系统稳定的 a 值;

② 使系统特征根均落在 s 平面中 $\mathrm{Re} = -1$ 这条线左边的 a 值。

(5) 设一个单位反馈系统的开环传递函数为 $G(s)H(s) = \dfrac{K}{s(Ts+1)}$,现希望系统特征方程的所有根都在 $s = -a$ 这条线的左边区域内,试确定所需的 K 值和 T 值。

(6) 设单位反馈控制系统的开环传递函数为

$$G(s) = \frac{as+1}{s^2}$$

试确定使相位裕度等于 $+45°$ 的 a 值。

(7) 对于下列系统,试画出其对数坐标图,求出相位裕度和增益裕度,并判断其稳定性:

① $G(s)H(s) = \dfrac{250}{s(0.03s+1)(0.0047s+1)}$;

② $G(s)H(s) = \dfrac{250(0.5+1)}{s(10s+1)(0.03s+1)(0.0047s+1)}$

(8) 已知系统方块图如习题 6-3 图所示,试用劳斯稳定判据确定能使系统稳定的反馈参数 K 取值范围。

(9) 已知各单位反馈系统的开环奈奎斯特曲线如习题 6-4 图所示。图中 P 为开环右极点的个数,试用奈奎斯特判据分别判定对应闭环系统的稳定性。

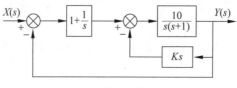

习题 6-3 图

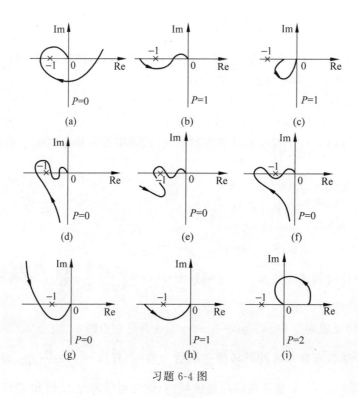

习题 6-4 图

习题 6 参考答案

第 7 章

系统的设计与校正

控制系统的分析是一个相当重要的过程,但控制系统的设计也绝不能忽视。分析与设计犹如鸟的双翼,缺一不可。控制系统的设计,即在给定控制系统性能要求的条件下,设计系统的结构和参数,这也正是控制系统的综合与校正问题,本章主要介绍用频率特性法对系统进行设计与校正的基本原理及一些常用方法。

7.1 概　　述

控制系统一般可分为两大部分:一部分是在系统动静态计算过程中实际上不可能变化的那部分,如执行机构、功率放大器和检测装置等,我们称之为不可变部分或系统的固有部分;另一部分如放大器、校正装置,即在动静态计算过程中较容易改变的这部分,称作可变部分。通常,系统不可变部分的选择不仅受性能指标,而且也受到其本身尺寸大小、质量、能源、成本等因素的限制。因此,所选择的不可变部分一般并不能完全满足性能指标的要求。在这种情况下,引入某种起校正作用的子系统即通常所说的校正装置,其任务是补偿不可变部分在性能指标方面的不足。

7.1.1 控制系统的性能指标分类

如前所述,控制系统的性能指标在其中起着向导作用,其提法有多种,在满足系统稳定的前提下,主要有两类:时域指标和频域指标。

1. 时域指标

(1) 稳态指标:稳态指标对控制系统的稳态精度提出要求,它常用稳态误差表征。

(2) 动态指标:常用的指标参数为调整时间 t_s、超调量 M_p 等。

2. 频域指标

(1) 开环频域指标:主要包括开环截止频率 ω_c(增益交点频率)、相位裕度 γ、增益裕度 K_g 等。

(2) 闭环频域指标:常见的为谐振峰值 M_r、谐振频率 ω_r、闭环截止频率 ω_b 或带宽等。

由于性能指标在一定程度上决定了系统实现的难易程度、工艺要求、可靠性和成本,因此性能指标的提出要有一定依据,不能脱离实际的可能性。

7.1.2　时域指标和频域指标的对应关系

对自动控制系统来说,有时用开环频率特性设计控制系统,有时用闭环频率特性设计控制系统。当用开环频率特性设计系统时,常采用的动态指标有相位裕度 γ 和剪切频率 ω_c。用闭环频率特性设计系统时,常采用的动态指标有谐振峰值 M_r 和谐振频率 ω_r。这些指标在很大程度上能够表征系统的动态品质。其中,相位裕度 γ 和谐振峰值 M_r 反映了过渡过程的平稳性,它们与时域指标超调量 M_p 相对应;剪切频率 ω_c 和谐振频率 ω_r,反映了响应的快速性,它们与时域指标调整时间 t_s 相对应。

在此,主要通过开环频率特性来研究闭环系统的动态性能。

1. 一阶系统

一阶系统传递函数的标准形式为

$$G(s) = \frac{1}{Ts + 1}$$

图 7-1 所示为其闭环结构图,单位阶跃响应曲线以及其开环对数幅频特性和闭环对数幅频特性曲线。

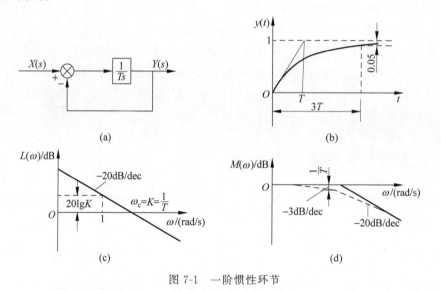

图 7-1　一阶惯性环节

从图 7-1(c)中可以清楚地看出,一阶系统的开环增益交点频率 ω_c 等于开环增益 K,也就是积分时间常数的倒数 $1/T$。从图 7-1(d)中可以看出,闭环对数幅频特性曲线的转角频率为 $1/T$。另外,当 $\omega = 1/T$ 时,闭环频率特性的幅值为 $1/\sqrt{2}$,即频率为零时幅值的 0.707,故这一点的频率值也是一阶系统的闭环截止频率 ω_b。因此,一阶系统的时域指标 t_s,可以用开环指标 ω_c 或闭环指标 ω_b 来表示:

$$t_s = 3T = \frac{3}{\omega_c} = \frac{3}{\omega_b}, \quad \Delta = \pm 0.05 \tag{7-1}$$

故开环指标剪切频率 ω_c 或闭环指标频宽 ω_b,可以反映系统过渡过程时间的长短,即反映了系统响应的快速性。

2. 二阶系统

图 7-2 所示为二阶系统的结构图。其开环传递函数为

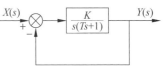

$$G(s)H(s) = \frac{K}{s(Ts+1)} \quad (7-2)$$

如用阻尼比 ζ 和无阻尼自然频率 ω_n 表示,则开环传递函数为

图 7-2 二阶系统方块图

$$G(s)H(s) = \frac{\omega_n^2}{s(s+2\zeta\omega_n)} \quad (7-3)$$

比较式(7-2)和式(7-3)可知

$$\omega_n = \sqrt{\frac{K}{T}}, \quad \zeta = \frac{1}{2\sqrt{TK}} \quad (7-4)$$

1) 开环频域指标与时域指标的关系

由式(7-2)可画出开环对数幅频特性曲线,如图 7-3 所示。其中,转角频率 $\omega_1 = 1/T$,斜率为 -20dB/dec 的直线或其延长线与 0dB 线的交点频率 $\omega_2 = K$。又根据图 7-3 可得如下方程:

$$20\lg\frac{\omega_2}{\omega_1} = 40\lg\frac{\omega_3}{\omega_1}$$

故

$$\omega_3 = \sqrt{\omega_1\omega_2} = \sqrt{\frac{K}{T}} \quad (7-5)$$

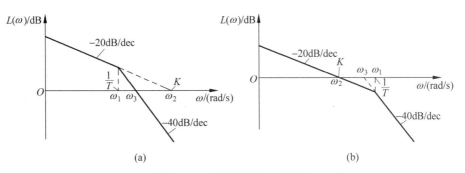

图 7-3 二阶系统对数坐标图

由式(7-4)知,$\omega_n = \sqrt{\dfrac{K}{T}}$,代入上式得

$$\omega_3 = \omega_n$$

即图中斜率为 -40dB/dec 的直线或其延长线与 0dB 线的交点频率 $\omega_3 = \omega_n$,由此可见它恰是 ω_1 与 ω_2 的几何中心。通过上面的分析与推导可以看出,根据对数幅频特性曲线即可确定系统参数。

那么,性能指标与参数之间的关系如何呢?

（1）剪切频率 ω_c。由 ω_c 的定义，知

$$\left| \frac{\omega_n^2}{(j\omega_c)(j\omega_c + 2\zeta\omega_n)} \right| = 1 \tag{7-6}$$

即

$$\frac{\omega_n^2}{\omega_c\sqrt{\omega_c^2 + (2\zeta\omega_n)^2}} = 1$$

化简得

$$\left(\frac{\omega_c}{\omega_n}\right)^4 - 4\zeta^2\left(\frac{\omega_c}{\omega_n}\right)^2 - 1 = 0$$

解得

$$\frac{\omega_c}{\omega_n} = \sqrt{\sqrt{1 + 4\zeta^4} + 2\zeta^2} \tag{7-7}$$

故

$$\omega_c = \omega_n\sqrt{\sqrt{1 + 4\zeta^4} + 2\zeta^2} \tag{7-8}$$

（2）相位裕度 γ。由 γ 的定义，则

$$\gamma = 180° + \left(-90° - \arctan\frac{\omega_c}{2\zeta\omega_n}\right) = \arctan\frac{2\zeta\omega_n}{\omega_c}$$

将式（7-7）代入上式，可得

$$\gamma = \arctan\frac{2\zeta}{\sqrt{\sqrt{1 + 4\zeta^4} + 2\zeta^2}} \tag{7-9}$$

由于二阶系统的超调量 M_p 和相位裕度 γ 都仅由阻尼比 ζ 决定，因此 γ 的大小反映了系统动态过程的平稳性。通过阻尼比 ζ，可得到 ζ 与 M_p 之间的关系，由于是超越函数，故常用曲线来反映，在此不再描述。从式（7-9）可看到，ζ 越大，γ 越大；反之，ζ 越小，γ 也越小。为使二阶系统过渡过程不至于振荡的太厉害，以致调整时间过长，一般希望 $0.4 \leqslant \zeta \leqslant 0.8$，$45° \leqslant \gamma \leqslant 70°$。

由于二阶系统调整时间 $t_s = 3/(\zeta\omega_n)$（$\Delta = 0.05$），将式（7-8）代入可得出

$$t_s = \frac{3}{\zeta\omega_c}\sqrt{\sqrt{1 + 4\zeta^4} + 2\zeta^2} \tag{7-10}$$

显然，当 ζ 一定时，t_s 与 ω_c 成反比，即 ω_c 越大，t_s 越小；反之，ω_c 越小，t_s 越大。因此，剪切频率 ω_c 的大小反映了系统过渡过程的快慢。

2）闭环频域指标与时域指标的关系

（1）谐振频率 ω_r。由式（7-3）可得出，二阶系统闭环频率特性为

$$G(j\omega) = \frac{1}{T^2(j\omega)^2 + 2\zeta T(j\omega) + 1}$$

$$= \frac{\omega_n^2}{(\omega_n^2 - \omega^2) + 2j\zeta\omega_n\omega}$$

故二阶系统的幅频特性为

$$M(\omega) = | G(j\omega) | = \frac{\omega_n^2}{\sqrt{(\omega_n^2 - \omega^2)^2 + (2\zeta\omega_n\omega)^2}} \qquad (7\text{-}11)$$

系统发生谐振时,幅频特性达到最大值,故其值可通过极值条件求得。由式(4-52)知

$$\omega_r = \omega_n\sqrt{1 - 2\zeta^2}$$

由上式可知,只有当 $\zeta < 0.707$ 时,ω_r 才为实数。这说明 $\zeta > 0.707$ 时,系统闭环频率无峰值。显然,在 ζ 一定时,调节时间 t_s 与谐振频率 ω_r 成反比。因此,ω_r 的大小反映了响应的快速性。

（2）谐振峰值 M_r。由式(4-53)可知谐振峰值为

$$M_r = \frac{1}{2\zeta\sqrt{1 - \zeta^2}}$$

可见,谐振峰值 M_r 只与阻尼比 ζ 有关,它反映了系统超调的大小,即系统过渡过程的平稳性。

由上面对一、二阶系统开、闭环频域指标的求取,以及与相应时域指标的比较可知,通过开环或闭环频率特性均能得到系统动态过程的性能。由于高阶系统的闭环频率特性曲线不易得到,故用开环频率特性来研究闭环系统的动态性能更方便。其中相位裕度 γ 的大小用来表征过渡过程的平稳性；剪切频率 ω_c 的大小用来表征系统响应的快速性。

例 7-1　某单位负反馈系统的前向通道传递函数为 $G(s) = \dfrac{16}{s(s+2)}$,试求:

（1）计算系统的剪切频率 ω_c 及相位裕度 γ；

（2）计算系统闭环的谐振频率 M_r 及谐振频率 ω_r。

【解】

（1）系统的开环传递函数为

$$G(s) = \frac{16}{s(s+2)} = \frac{8}{s(0.5s+1)}$$

开环频率特性为

$$| G(j\omega)H(j\omega) | = \frac{8}{\omega\sqrt{0.25\omega^2 + 1}}$$

$$\angle G(j\omega)H(j\omega) = -90° - \arctan 0.5\omega$$

对于 $\omega = \omega_c$,有

$$| G(j\omega_c)H(j\omega_c) | = \frac{8}{\omega_c\sqrt{0.25\omega_c^2 + 1}} = 1$$

求解上式得

$$\omega_c = 3.76\text{rad/s}$$

$$\angle G(j\omega_c)H(j\omega_c) = -90° - \arctan 0.5\omega_c = -90° - \arctan 1.88 = -152°$$

根据相位裕度的定义,得: $\gamma = 180° + \angle G(j\omega)H(j\omega) = 28°$。

（2）计算 M_r 及 ω_r。

系统的闭环传递函数 $\Phi(s) = \dfrac{16}{s^2 + 2s + 16}$,将其与二阶系统的标准形式进行比较,可得

二阶系统的无阻尼自然频率 ω_n 及阻尼比 ζ 为

$$\omega_n = 4\text{rad/s}, \quad \zeta = \frac{2}{2\omega_n} = 0.25$$

已知二阶系统的 M_r 及 ω_r 与参数 ω_n 及 ζ 的关系为

$$M_r = \frac{1}{2\zeta\sqrt{1-\zeta^2}}, \quad \omega_r = \omega_n\sqrt{1-2\zeta^2}$$

由此求得

$$M_r = 0.26, \quad \omega_r = 3.74\text{rad/s}。$$

7.2 设计与校正概述

一个系统的性能指标总是根据系统所要完成的具体任务规定的。以数控机床进给系统为例,主要的性能指标包括死区、最大超调量、稳态误差和带宽等。性能指标的具体数值根据具体要求而定。

一般情况下,几个性能指标的要求往往是互相矛盾的。例如,减小系统的稳态误差往往会降低系统的相对稳定性,甚至导致系统不稳定。在这种情况下,就要考虑哪个性能要求是主要的,首先加以满足;在另一些情况下,就要采取折中的方案,并加上必要的校正,使两方面的性能要求都能得到适当的满足。

7.2.1 系统设计与校正的一般原则

由于系统的开环传递函数和具有单位反馈的闭环传递函数之间有一一对应关系,而且决定闭环系统稳定性的特征方程又完全取决于开环传递函数,因此用频率法进行设计时,通常均在对数坐标图上进行。对于二阶系统,当系统性能指标确定后,其对应的闭环频率特性形状或相应的特征指标就可得到,因为二阶系统的瞬态响应和其频率特性之间有确定的关系。这样,将其转换为开环频率特性后,就可得到满足设计要求的一条希望频率特性曲线。

对于高阶系统,时域指标与开环、闭环频率特性之间不存在二阶系统那样简单的定量关系。因而就不容易找出对应的希望开环频率特性。为此,高阶系统往往考虑采用工程实践中大量系统实验研究而归纳出的经验公式。在第3章中已介绍,如果高阶系统的动态特征主要是由一对闭环共轭复数极点主导,则可将其近似作为二阶系统处理,可应用上面取得的关系式,但为了使系统具有适度的阻尼,一般要求取 $M_r = 1.2 \sim 1.5$。

由于对系统性能指标的要求最终可归结为对系统开环频率特性的要求,因而系统设计的实质就是对开环对数坐标图进行整形。其通常的要求如下:

(1) 在低频段,提供尽可能高的增益,用最小的误差来跟踪输入。

(2) 在中频段(增益交点频率附近的频段),幅频特性曲线应当限制在 -20dB/dec 左右,以保证系统的稳定性。

(3) 在高频段,开环幅频特性曲线尽可能快地衰减,以减小高频噪声对系统的干扰。

7.2.2　设计与校正的方法

设计的方法很多,按考虑问题的出发点的不同而异。

1. 按最终的性能指标

一种是使系统达到最好的目标,即优化设计;另一种就是使系统达到所提出的某项或某几项指标,即特性设计。

2. 按校正装置的构成

如用无源校正装置以改善系统的动态性能,称为无源校正。无源校正装置又可分为超前校正装置、滞后校正装置及超前-滞后校正装置。用有源校正装置改善系统的动态性能,称为有源校正。

在实际的工程控制中,常采用能够实现比例(proportion)、积分(integral)、微分(derivation)等控制作用的校正器,即 PID 校正器。PID 校正器用于对某个控制系统进行校正,进而实现超前、滞后、超前-滞后的校正作用。它的基本原理与串联校正、并联校正相似,但结构的组合形式、产生的调节效果却有所不同。

3. 按所采用的设计工具

如用对数坐标图或奈奎斯特图作为设计工具,称为频率特性设计法;如用根轨迹图作为设计工具,称为根轨迹设计法。

4. 按校正装置处于系统中的位置

如果校正装置与前向通路传递函数串接,称为串联校正,如图 7-4 所示。如果校正装置置于反馈通路中,称为反馈校正或并联校正,如图 7-5 所示。$G_c(s)$ 为校正装置的传递函数。

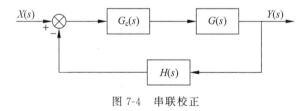

图 7-4　串联校正

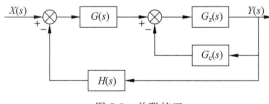

图 7-5　并联校正

但无论采用哪种方法进行系统设计,本质上,都是在稳定性、稳态精度以及瞬态响应这

三项指标上进行折中的考虑。多数情况下,这几方面的要求是互相矛盾的,例如要满足稳态
精度的要求往往会降低系统的相对稳定性。此时,设计人员就要首先考虑为了改善控制系
统的静态和动态性能,在很多情况下需要加入校正装置。引入校正装置的目的就是用改变
系统的开环频率特性曲线形状来改善控制系统的性能。

一个不满足性能指标要求,有待进行校正的系统,反映在它的开环对数幅频特性上是不
满足预期要求的。因此,对系统的校正通常反映在要求对其开环对数幅频特性进行校正上,
要进行校正的开环对数幅频特性可分为以下几类:

(1) 系统是稳定的,并有满意的瞬态响应和频带宽度,但稳态精度是超差的。因此必须
提高低频增益以减小稳态误差,同时维持曲线的高频部分。这种校正可用图 7-6(a)中的虚
线表示。

(2) 系统是不稳定的,或者稳定并具有满意的稳态误差,但瞬态响应不满意。此时必须
改变响应曲线的高频部分以提高增益交点频率,提高响应速度,如图 7-6(b)中的虚线所示。

(3) 系统是稳定的,但无论是稳态误差还是瞬态响应都不满意,因此系统开环频率特性
必须通过增大低频增益和提高增益交点频率来改进。图 7-6(c)说明了这种校正。

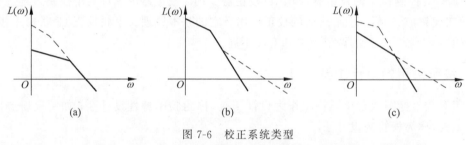

图 7-6　校正系统类型

(a) 提高低频增益;(b) 改善瞬态响应指标;(c) 既提高低频增益又延长高频

7.3　调整增益的校正

一个系统中,改变增益值时,对系统的性能是有影响的,可用图 7-7 来说明这一事实。

一个系统的开环增益为 K_1,根据开环传递函数,可以作出如图 7-7 所示的对数坐标图
(见图中粗线所示)。由于相位裕度 γ_1 为正,因而系统是稳定的。

如果系统的开环增益增加到 K_2,对数幅频特性将往上平行移动,如图 7-7 所示,而对数
相频特性保持不变。由图可见,由于增益交点频率由 ω_1 增加到 ω_2,相位裕度 γ_2 虽然仍为
正,但 $\gamma_2 < \gamma_1$,因而稳定性变差;由于 $K_2 > K_1$,所以稳态精度提高,增益交点频率 ω_2 较之
ω_1 增加,导致了瞬态响应速度加快。

再使系统的开环增益增加到 K_3,对数幅频特性继续往上平行移动,如图 7-7 所示,增益
交点频率变为 ω_3,相位裕度 γ_3 已经变为负值,系统失去了稳定性已不能使用。

选择一定的 K 值,可使系统达到所提出的要求。由于此种方法不常用,所以在此就不
再多述。

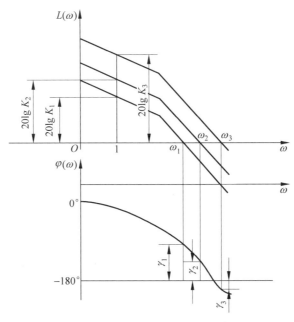

图 7-7　增益对幅频特性的影响

7.4　串联超前校正

7.4.1　串联超前校正的应用场合与校正效果

如果校正装置串联在控制系统的前向通路中,则称这种形式的校正为串联校正。串联校正,又包括超前校正、滞后校正、超前-滞后校正等。超前校正,即指输入在正弦信号作用下,可以使其输出的正弦信号相位超前的意思。串联超前校正主要用于稳态精度已经满足要求,但瞬态响应指标还需进一步改善的情况。从对数坐标图上看,低频部分不需变动,只改变中频部分形状,使增益交点频率向后移动,为达到此目的,可利用串联超前校正装置,如图 7-8 所示。

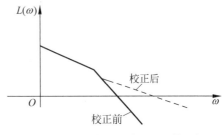

图 7-8　串联超前校正前后的对数坐标图

超前校正可以使相位裕度与带宽增加,因而明显地提高了瞬态响应,但不影响稳态精度。

7.4.2　串联超前校正装置

串联超前校正装置可由如图 7-9 所示的装置实现。相位超前的角度与校正装置的参数、输入信号的频率等因素有关。

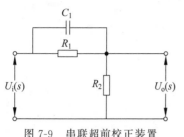

图 7-9　串联超前校正装置

此 RC 超前校正装置的传递函数为

$$\frac{U_o(s)}{U_i(s)} = \alpha \frac{Ts+1}{\alpha Ts+1} \tag{7-12}$$

式中，

$$T = R_1 C_1$$

$$\alpha = \frac{R_2}{R_1 + R_2} < 1$$

这一超前网络对数频率特性为

$$L(\omega) = 20\lg\alpha + 20\lg\sqrt{1+(T\omega)^2} - 20\lg\sqrt{1+(\alpha T\omega)^2}$$

$$\varphi(\omega) = \arctan T\omega - \arctan \alpha T\omega$$

或

$$\varphi(\omega) = \arctan \frac{T\omega(1-\alpha)}{1+\alpha T^2\omega^2} \tag{7-13}$$

它的对数坐标图如图 7-10 所示，图中①为这一网络的对数幅频特性曲线。由于 $\alpha < 1$，所以该网络频率特性具有超前的相位，故称它为相位超前网络。

图 7-10 表明，相位超前网络的相位角将在某一频率出现最大值，称为最大超前角 φ_m，其对应的频率为 ω_m。

将式(7-13)对 ω 求导一次再令其等于零，可求得

$$\omega_m = \frac{1}{\sqrt{\alpha}\, T} \tag{7-14}$$

因为 $\lg(1/T)$ 和 $\lg(1/\alpha T)$ 的中间值为

$$\frac{1}{2}\left(\lg\frac{1}{T} + \lg\frac{1}{\alpha T}\right) = \lg\frac{1}{\sqrt{\alpha}\, T}$$

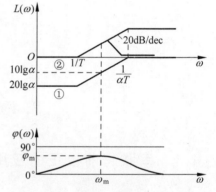

图 7-10　超前校正装置的对数坐标图

故在对数坐标图上，ω_m 正好在 $\lg(1/T)$ 和 $\lg(1/\alpha T)$ 几何位置的中点上。

将式(7-14)代入式(7-13)得

$$\varphi_m = \arctan\frac{1-\alpha}{2\sqrt{\alpha}} \quad \text{或} \quad \varphi_m = \arcsin\frac{1-\alpha}{\alpha+1}$$

得

$$\alpha = \frac{\sin\varphi_m + 1}{\sin\varphi_m - 1} \tag{7-15}$$

利用式(7-15)可以根据 φ_m 确定 α 的大小，通常 α 的最小值在 0.07 左右，如果太小，由于校正造成的衰减较大，则需串联一增益很大的放大器，以补偿超前校正造成的衰减。

由图 7-10 的对数幅频曲线①知，信号通过超前网络时将产生 $20\lg\alpha$ 的增益。因此，为使系统的开环增益不变，用该网络校正系统时还要串接一只增益为 $1/\alpha$ 的放大器，进行增益补偿。补偿后的相位超前网络的对数幅频曲线如图 7-10 中的曲线②所示。

由图 7-10 可见，当 $\omega > 1/T$ 时，增益补偿后的超前网络的对数幅值大于 0dB。故它将使系统校正后的增益交点频率右移，从而加宽了系统的频带，提高了系统的快速性。另外，

通过适当地选择网络的参数,使网络出现最大超前角时的频率,接近系统的增益交点频率,就能有效地增加系统的相位裕度,提高系统的相对稳定性。

7.4.3 利用对数坐标图进行串联超前校正

利用 RC 超前网络校正系统时,主要是根据校正前的性能和校正后的要求确定校正网络的参数。其一般步骤如下:

(1) 根据稳态误差要求,确定系统的开环增益 K;

(2) 计算校正前系统的相位裕度 γ;

(3) 根据系统要求的相位裕度,计算校正网络的最大超前角 φ_m;

(4) 计算参数 α;

(5) 确定校正后的增益交点频率 ω'_c;

(6) 取 $\omega_m = \omega'_c$,计算转角频率 $\dfrac{1}{T}$ 及 $\dfrac{1}{\alpha T}$;

(7) 绘制校正后的对数坐标图,校核幅值裕度;

(8) 计算网络中各元件参数。

例 7-2 某一随动系统的方块图如图 7-11 所示,为达到单位斜坡输入时的稳态误差 $\varepsilon_{ss} = 0.05$,相位裕度 $\gamma \geqslant 50°$,增益裕度 $K_g \geqslant 10\mathrm{dB}$。试确定校正装置及参数。

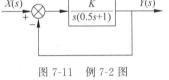

图 7-11 例 7-2 图

【解】

本例可以采用超前校正装置,由于串联超前校正装置可使增益交点频率后移,提高相位裕度。

(1) 按精度要求计算开环增益 K。

由于系统为 I 型系统,且为单位斜坡输入,故有

$$e_{ss} = \frac{1}{K_v}$$

又

$$K_v = \lim_{s \to 0} s \frac{K}{s(0.5s+1)} = K$$

所以

$$K = \frac{1}{e_{ss}} = \frac{1}{0.05} = 20$$

因而系统的开环频率特性为

$$G(\mathrm{j}\omega) = \frac{20}{\mathrm{j}\omega(0.5\mathrm{j}\omega + 1)}$$

(2) 计算校正前系统的相位裕度。

按开环频率特性可作出系统的对数坐标图,如图 7-12 虚线所示。

由图 7-12 可见,校正前的增益交点频率 $\omega_c = 6\mathrm{rad/s}$,

所以

$$相位裕度 \quad \gamma = 17°$$

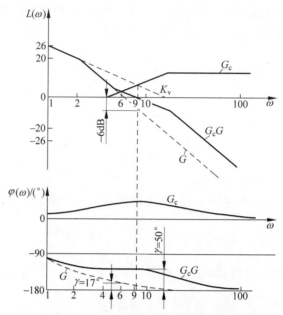

图 7-12　系统校正前后的对数坐标图

$$增益裕度 \quad K_g = +\infty \text{dB}$$

按要求,相位裕度不小于 $50°$,为此需要使相位裕度再增加 $50°-17°=33°$。

(3) 计算校正网络的最大超前角 φ_m。

由图 7-12 知,校正前系统开环频率特性的相位滞后随频率的升高而增大。考虑到增益交点频率 ω_c 到 ω_c'(校正后的增益交点频率)的相位滞后增大量,所以在需要的相位裕度增加量上再增加 $5°$,即达到 $33°+5°=38°$,此角即由超前校正装置产生,所以令 $\varphi_m = 38°$。

(4) 确定校正装置的 α 值。

由 $\alpha = \dfrac{\sin\varphi_m + 1}{\sin\varphi_m - 1}$ 可以确定出 α 值,当 $\varphi_m = 38°$ 时,$\alpha = 0.24$。

(5) 确定校正后的增益交点频率 ω_c'。

校正装置在 $\omega_m = \dfrac{1}{\sqrt{\alpha}\,T}$ 的对数幅频变化量为

$$20\lg|G(j\omega_m)| = 20\lg\left|\frac{1+j\omega_m T}{1+j\omega_m \alpha T}\right|_{\omega_m = \frac{1}{\sqrt{\alpha}T}} = 20\lg\left|\frac{1+j\dfrac{1}{\sqrt{\alpha}}}{1+j\alpha\dfrac{1}{\sqrt{\alpha}}}\right|$$

$$= 20\lg\frac{1}{\sqrt{\alpha}} = 20\lg 2.04\text{dB} = 6.2\text{dB}$$

由图 7-12 所示的校正前的对数坐标图可见,此时新的增益交点频率为

$$\omega_c' = 9\text{rad/s}$$

(6) 确定超前校正装置的转角频率 $\dfrac{1}{T}$、$\dfrac{1}{\alpha T}$。

取 $\omega_m = \omega_c' = 9\text{rad/s}$

则由式(7-15)有

$$T = \frac{1}{\sqrt{\alpha}\,\omega_{\mathrm{m}}} = \frac{1}{\sqrt{0.24 \times 9}}\mathrm{s} = 0.227\mathrm{s}$$

所以

$$\frac{1}{T} = \frac{1}{0.227}\mathrm{rad/s} = 4.41\mathrm{rad/s}$$

$$\frac{1}{\alpha T} = \frac{1}{0.24 \times 0.227}\mathrm{rad/s} = 18.4\mathrm{rad/s}$$

$$\alpha T = \frac{1}{18.4}\mathrm{s} = 0.054\mathrm{s}$$

(7) 确定超前校正装置的传递函数。

由 T 与 αT,本来可以确定校正装置的传递函数为

$$G_{\mathrm{c}}'(s) = \frac{0.24(0.227s + 1)}{0.054s + 1}$$

但由于超前校正装置会使输出衰减,为了不使稳态精度发生变化,必须再串联一放大器,其增益为 $K' = \dfrac{1}{0.24} = 4.17$。

其超前校正装置的传递函数为

$$G_{\mathrm{c}}(s) = G_{\mathrm{c}}'(s)K' = \frac{0.227s + 1}{0.054s + 1} = 4.17\frac{s + 4.41}{s + 18.4}$$

(8) 确定校正装置的 RC 参数。

如选 $C_1 = 10\mu\mathrm{F}$,则由 $T = R_1 C_1$,可以得到

$$R_1 = \frac{T}{C_1} = \frac{0.227}{10 \times 10^{-6}}\mathrm{k\Omega} = 22.7\mathrm{k\Omega}$$

由 $\alpha = \dfrac{R_2}{R_1 + R_2}$ 可以得到

$$R_2 = 7.6\mathrm{k\Omega}$$

(9) 校正后的对数坐标图如图 7-12 实线所示,其方块图如图 7-13 所示。

图 7-13　校正后的系统的方块图

(10) 用 MATLAB 作出未校正系统的对数坐标图及其性能指标程序如下:

```
k0=20;
num1=[1];
den1=[0.5 1 0];
[mag,phase,w]=bode(k0 * num1,den1);
figure(1); margin(mag,phase,w); hold on
figure(2); s1=tf(k0 * num1,den1);
sys=feedback(s1,1); step(sys)
```

其运行结果如图 7-14 和图 7-15 所示。

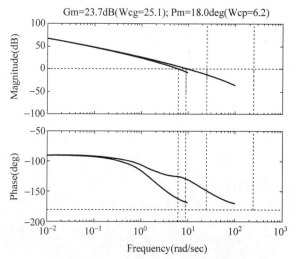

图 7-14　用 MATLAB 语言校正前系统的对数坐标图

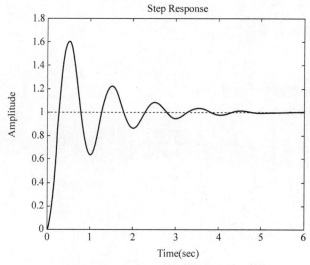

图 7-15　用 MATLAB 语言校正前系统的单位阶跃响应

(11) 用 MATLAB 求其校正函数程序如下：

```
k0＝20;
num1＝[1];
den1＝[0.5  1  0];
sope＝tf(k0 * num1,den1); [mag,phase,w]＝bode(sope);
gama＝33; [mu,pu]＝bode(sope,w); gamal＝gama＋5;
gam＝gamal * pi/180;
alfa＝(1－sin(gam))/(1＋sin(gam));
adb＝20 * log10(mu);
```

```
am＝10 * log10(alfa)；
ca＝adb＋am；
wc＝spline(adb,w,am)；
T＝1/(wc * sqrt(alfa))；
alfat＝alfa * T；
Gc＝tf([T 1],[alfat 1])
```

其运行结果如下：

Transfer function：

0.2292s＋1

······························

0.05451s＋1

（12）作出其校正后的对数坐标图及单位阶跃响应的程序如下：

```
k0＝20；
num1＝[1]；
den1＝[0.5  1  0]；
s1＝tf(k0 * num1,den1)；
num2＝[0.2292 1]；den2＝[0.05451 1]；
s2＝tf(num2,den2)；sope＝s1 * s2；
[mag,phase,w]＝bode(sope)；
figure(1)；margin(mag,phase,w)；hold on
figure(2)；sys＝feedback(s1 * s2,1)；step(sys)
```

其运行结果如图 7-16 和图 7-17 所示。

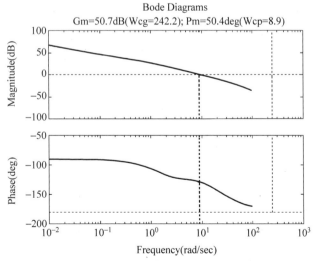

图 7-16　用 MATLAB 语言校正后系统的对数坐标图

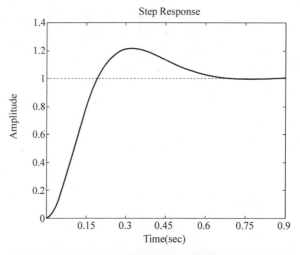

图 7-17　用 MATLAB 语言校正后系统的单位阶跃响应

7.5　串联滞后校正

7.5.1　串联滞后校正应用场合与校正结果

当控制系统具有良好的动态性能,而其稳态误差较大时,一般适合对系统进行滞后校正。使校正后的系统既保持原有的动态性能,又使系统的开环增益有较大幅度的增加,以满足静态精度的要求。从图 7-18 可以看出,串联滞后校正只引起低频部分变化,而对中频及高频部分没有影响,也就是说,对原系统的增益交点频率 ω_c 及相位裕度 γ 不产生影响。

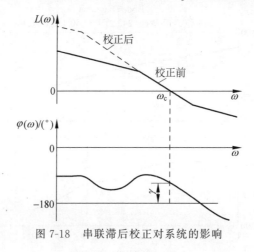

图 7-18　串联滞后校正对系统的影响

7.5.2　串联滞后校正装置

图 7-19 所示的 RC 网络为滞后校正装置。

滞后校正装置的传递函数为

$$\frac{U_{\mathrm{o}}(s)}{U_{\mathrm{i}}(s)} = \frac{Ts+1}{\beta Ts+1} \tag{7-16}$$

式中，$T = R_2 C_2$。

$$\beta = \frac{R_1 + R_2}{R_2} > 1$$

这一滞后网络对数频率特性为

$$L(\omega) = 20\lg\sqrt{1+(T\omega)^2} - 20\lg\sqrt{1+(\beta T\omega)^2}$$

$$\varphi(\omega) = \arctan T\omega - \arctan\beta T\omega$$

或

$$\varphi(\omega) = \arctan\frac{T\omega(1-\beta)}{1+\beta T^2\omega^2} \tag{7-17}$$

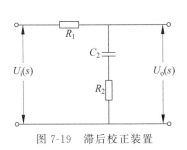

图 7-19　滞后校正装置

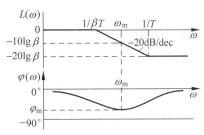

图 7-20　滞后校正装置的对数坐标图

它的对数坐标图如图 7-20 所示，由于 $\beta>1$，所以该网络频率特性具有滞后的相位，故称它为相位滞后网络。

图 7-20 表明，相位滞后网络的相位角将在某一频率时出现最大值，称为最大滞后角 φ_{m}，其对应的频率为 ω_{m}。

将式(7-17)对 ω 求导一次再令其等于零，可求得

$$\omega_{\mathrm{m}} = \frac{1}{\sqrt{\beta}\,T} \tag{7-18}$$

因为 $\lg(1/\beta T)$ 和 $\lg(1/T)$ 的中间值为

$$\frac{1}{2}\Big(\lg\frac{1}{\beta T} + \lg\frac{1}{T}\Big) = \lg\frac{1}{\sqrt{\beta}\,T}$$

故在对数坐标图上，ω_{m} 正好在 $\lg(1/\beta T)$ 和 $\lg(1/T)$ 几何位置的中点上。

将式(7-18)代入式(7-17)得

$$\varphi_{\mathrm{m}} = \arctan\frac{1-\beta}{2\sqrt{\beta}} \quad \text{或} \quad \varphi_{\mathrm{m}} = \arcsin\frac{1-\beta}{\beta+1}$$

得

$$\beta = \frac{\sin\varphi_{\mathrm{m}}+1}{\sin\varphi_{\mathrm{m}}-1} \tag{7-19}$$

7.5.3 应用举例

例 7-3 如图 7-21 所示的随动系统,当输入端加入斜坡信号的幅值为 10rad/s 时,要求输出的最大稳态误差不超过 5°(0.0873rad),试为此系统设计一适当的滞后校正装置,以满足所提出的稳态误差。

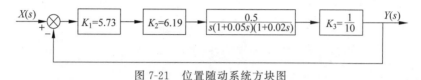

图 7-21 位置随动系统方块图

【解】

此系统的瞬态指标已达到,主要是设计一个适当的校正装置以满足稳态误差的要求,因此用滞后校正方法。

(1)画出未经校正系统的开环传递函数的对数坐标图,如图 7-22 所示。系统的开环传递函数为

$$G(s) = \frac{5.73 \times 61.9 \times 0.5 \times 0.1}{s(1+0.05s)(1+0.02s)} = \frac{17.7}{s(1+0.05s)(1+0.02s)}$$

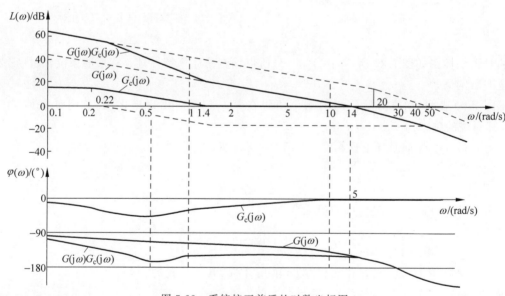

图 7-22 系统校正前后的对数坐标图

(2)求出满足稳态误差系统应具有的增益值。此系统为 I 型系统,且输入为斜坡信号,所以稳态误差为

$$\varepsilon_{ss} = \frac{R}{K} = \frac{10}{K} = 0.0873$$

所以,有

$$K = 114.5(41.2\text{dB})$$

系统校正前的增益值 $K' = 17.7(25\text{dB})$，为达到稳态误差的要求，增益值还要增加：

$$\Delta K = 41.2 - 25 = 16.2(\text{dB})$$

如果仅靠改变增益的办法，由图 7-22 可见，虽然可以使稳态误差达到要求，但瞬态响应指标与稳定性发生了变化，现在本题要求这些指标不变，即保持增益交点频率不变，为此必须加入滞后校正装置。

（3）确定滞后校正装置 β 值。

所增加的增益值，由滞后校正装置提供，所以

$$20\lg\beta = 16.2(\text{dB})$$

$$\beta = 6.46$$

（4）确定滞后校正装置的转角频率 $\dfrac{1}{T}$、$\dfrac{1}{\beta T}$。

由于不要求改变瞬态响应指标，因而校正前后的增益交点频率不变，同时在加入滞后校正装置后，在增益交点频率处产生的滞后角不超过 $5°$，所以一般选择 $\dfrac{1}{T}$ 为

$$\frac{1}{T} = \left(\frac{1}{2} \sim \frac{1}{10}\right)\omega_c, \quad \text{而 } \omega_c = 14\text{rad/s}$$

所以

$$\frac{1}{T} = \left(\frac{1}{2} \sim \frac{1}{10}\right) \times 14 = (7 \sim 1.4)\text{rad/s}$$

本题选

$$\frac{1}{T} = 1.4\text{rad/s}, \quad \text{所以 } T = 0.7\text{s}$$

而

$$\frac{1}{\beta T} = \frac{1.4}{6.45}\text{rad/s} = 0.22\text{rad/s}, \quad \beta T = 4.5\text{s}。$$

（5）确定滞后校正装置的传递函数为

$$G_c(s) = \frac{6.45(0.7s + 1)}{4.5s + 1}$$

（6）确定滞后校正装置的参数。

选 $C_2 = 10\mu\text{F}$，由 $T = R_2 C_2$，得

$$R_2 = \frac{T}{C_2} = \frac{0.7}{10 \times 10^{-6}}\text{k}\Omega = 70\text{k}\Omega$$

$$R_1 = 380\text{k}\Omega$$

（7）校正后系统方块图如图 7-23 所示。

图 7-23　校正后系统方块图

（8）校正后系统的开环传递函数为

$$G(s)G_c(s) = \frac{114.5(1+0.7s)}{s(1+0.05s)(1+0.02s)(1+4.5s)}$$

（9）用 MATLAB 作出未校正系统的对数坐标图及其性能指标程序如下：

```
num1=17.7；den1=[0.001 0.07 1 0]；
s1=tf(num1,den1)；[mag,phase,w]=bode(s1)；
figure(1)；margin(mag,phase,w),grid；hold on
figure(2)；sys=feedback(s1,1)；step(sys)；grid
```

其运行结果如图 7-24 和图 7-25 所示。

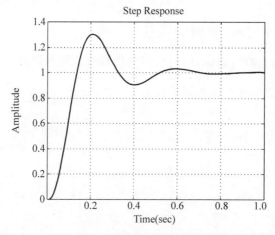

图 7-24　用 MATLAB 语言校正前系统的单位阶跃响应

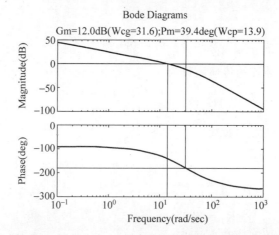

图 7-25　用 MATLAB 语言校正前系统的对数坐标图

（10）用 MATLAB 求其校正函数程序如下：

```
wc=13.9; k0=114.5; num1=[1]; den1=[0.001 0.07 1 0];
na=polyval(k0 * num1,j * wc); da=polyval(den1,j * wc);
g=na/da; g1=abs(g); h=20 * log10(g1); beta=10^(h/20);
T=1/(0.1 * wc); bt=beta * T; Gc=tf([T 1],[bt 1])
```

其运行结果如下：

Transfer function：

0.7194s ＋ 1

....

4.689s ＋ 1

(11) 作出其校正后的对数坐标图(见图 7-26)及程序如下：

```
k0=114; num1=[1]; den1=[0.001 0.07 1 0];
s1=tf(k0 * num1,den1);
num2=[0.7194 1]; den2=[4.689 1];
s2=tf(num2,den2); sope=s1 * s2;
[mag.phase,w]=bode(sope);
margin(mag,phase,w)
```

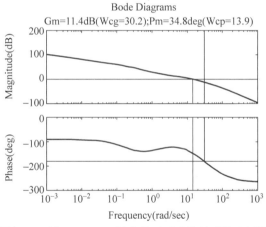

图 7-26　用 MATLAB 语言校正后系统的对数坐标图

7.6　滞后-超前校正

7.6.1　串联滞后-超前校正应用场合与校正结果

从前面讨论可以看出,超前校正可以提高系统的瞬态性能,但对稳态性能的改善却很微小。因此,超前校正一般用于瞬态性能不符合要求的系统。滞后校正可以使系统稳态性能有很大的改善,但往往使系统瞬态性能影响较小。因此,滞后校正一般用于具有满意的瞬态性能,而稳态性能不符合要求的系统。

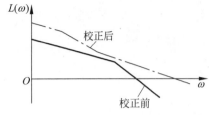

图 7-27　串联滞后-超前校正对系统的影响

如果需要同时改善系统的瞬态性能和稳态性能,则要同时采用超前校正和滞后校正。与其将超前装置和滞后装置作为单个元件同时作用于系统,还不如采用组合式滞后-超前装置更为经济。这种装置综合了滞后装置和超前装置的优点,其影响如图 7-27 所示。

7.6.2　串联滞后-超前校正装置

串联滞后-超前网络可由图 7-28 所示的 RC 网络来实现。

此 RC 滞后-超前校正装置的传递函数为

$$G_c(s) = \frac{U_o(s)}{U_i(s)} = K_c\left(\frac{T_1 s + 1}{\dfrac{T_1}{\beta}s + 1}\right)\left(\frac{T_2 s + 1}{\beta T_2 s + 1}\right) \tag{7-20}$$

式中,

$$T_1 = R_1 C_1$$
$$T_2 = R_2 C_2$$
$$\beta = \frac{R_1 + R_2}{R_2} > 1$$

从式(7-20)可以看出,$\dfrac{T_1 s + 1}{\dfrac{T_1}{\beta}s + 1}$ 是串联超前校正装置的传

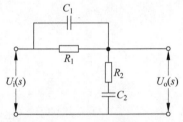

图 7-28　串联滞后-超前校正装置

递函数,$\dfrac{T_2 s + 1}{\beta T_2 s + 1}$ 是串联滞后校正装置的传递函数,因此,图 7-28 所示网络叫做串联滞后-超前校正装置,其对数坐标图如图 7-29 所示。

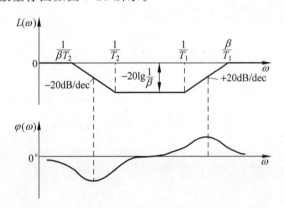

图 7-29　串联滞后-超前校正装置的对数坐标图

7.6.3 利用对数坐标图进行串联滞后-超前校正

用频率法设计滞后-超前校正装置的步骤如下：

(1) 根据稳态性能要求确定开环增益 K 值。

(2) 利用已确定的 K 值绘出待校正系统的对数幅频特性，求出待校正系统的 ω_c、γ、K_g。

(3) 在待校正系统的对数幅频特性上，选择斜率从 -20dB/dec 变为 -40dB/dec 的转折频率作为校正装置超前部分的转折频率 ω_b。ω_b 的这种选法，可以降低已校正系统的阶次，且可保证中频区斜率为希望的 -20dB/dec 值，并占据较宽的频带。

(4) 根据响应裕度的要求选择已校正系统的增益交点频率 ω_c' 和校正装置的衰减因子 β。

(5) 根据相位裕度要求估算校正装置滞后部分的转角频率 ω_a。

(6) 验算性能指标，选择校正装置元件参数。

7.6.4 应用举例

例 7-4 已知单位负反馈系统，其开环传递函数为

$$G(s) = \frac{K}{s(s+1)(s+2)}$$

试用对数坐标图设计方法对系统进行超前-滞后串联校正，使之满足：

(1) 在单位斜坡信号 $r(t)=t$ 作用下，系统的速度误差系数 $K_v = 10\text{rad/s}$；

(2) 系统校正后增益交点频率 $\omega_c \geqslant 1.5\text{rad/s}$；

(3) 系统校正后相位裕度 $\gamma \geqslant 50°$。

【解】

(1) 求 K 假设采用式(7-20)表示的滞后-超前校正装置。已校正系统的开环传递函数为 $G_c(s)G(s)$。因为控制对象的增益 K 是可调的，所以假设 $K_c = 1$，于是 $\lim\limits_{s \to 0} G_c(s) = 1$。

根据对静态速度误差系数的要求，我们得到

$$K_v = \lim_{s \to 0} s G_c(s) G(s) = \lim_{s \to 0} s G_c(s) \frac{K}{s(s+1)(s+2)} = \frac{K}{2} = 10$$

所以

$$K = 20$$

当 $K=20$ 时，画出未校正系统的对数坐标图，如图 7-30 所示。由图可见，未校正系统的相位裕度等于 $-32°$，说明未校正系统是不稳定的。

(2) 设计滞后-超前校正装置的下一步工作是选择新的增益交点频率。从 $G(j\omega)$ 的相频特性曲线可以求出，当 $\omega = 1.5\text{rad/s}$ 时，$\angle G(j\omega) = -180°$。选择新的增益交点频率 $\omega_c' = 1.5\text{rad/s}$ 较为方便。这样在 $\omega_c' = 1.5\text{rad/s}$ 时，所需的相位超前角应大于 $50°$，因此采用一个单一的滞后-超前校正装置是完全可以做到的。

(3) 一旦选择了增益交点频率，就可以确定滞后-超前校正装置相位滞后部分的转角频

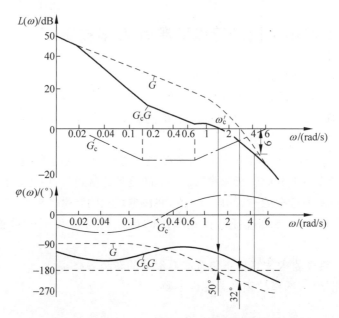

图 7-30　校正前后系统的对数坐标图

率 $\omega_2 = 1/T_2$,选 $\omega_2 = 0.1\omega_c$,且取 $\beta = 10$,则滞后部分的另一转角频率为 $1/\beta T_2 = \omega_2/\beta = 0.015\text{rad/s}$,所以滞后-超前校正装置相位滞后部分的传递函数为

$$\frac{\dfrac{s}{0.15}+1}{\dfrac{s}{0.015}+1} = \frac{6.67s+1}{66.7s+1}$$

(4) 相位超前部分确定如下:因为新的增益交点频率 $\omega_c = 1.5\text{rad/s}$,所以由图 7-30 可以求得校正系统在 ω_c 处的对数幅值 $20\lg|G(\text{j}1.5)| = 13\text{dB}$。因此,如果滞后-超前校正装置在 $\omega = 1.5\text{rad/s}$ 处能够产生 -13dB 的幅值,则新的增益交点频率就是所求的频率。根据这一要求,通过点 $(1.5\text{rad/s}, -13\text{dB})$ 作一条斜率为 -20dB/dec 的直线。该直线与 0dB 线及 -20dB 线的交点,就确定了超前部分的转角频率。从图 7-30 可得相位超前部分的转角频率分别为 $\dfrac{1}{T_1} = 0.7\text{rad/s}$ 和 $\dfrac{\beta}{T_1} = 7\text{rad/s}$。所以滞后-超前校正装置超前部分的传递函数为

$$\frac{\dfrac{s}{0.7}+1}{\dfrac{s}{7}+1} = \frac{1.43s+1}{0.143s+1}$$

将校正装置滞后和超前部分的传递函数组合在一起,可以得到滞后-超前校正装置的传递函数为

$$G_c(s) = \left(\frac{1.43s+1}{0.143s+1}\right)\left(\frac{6.67s+1}{66.7s+1}\right)$$

上面设计出来的滞后-超前校正装置的幅值和相角曲线如图 7-30 所示。已校正系统的开环传递函数为

$$G_c(s)G(s) = \frac{10(1.43s+1)(6.67s+1)}{s(0.143s+1)(66.7s+1)(s+1)(0.5s+1)}$$

（5）用 MATLAB 作出未校正系统的对数坐标图（见图 7-31）及其性能指标程序如下：

```
num1=[20];
den1=[1 3 2 0];
sope=tf(num1,den1);[mag,phase,w]=bode(sope);figure(1);
margin(mag,phase,w);
```

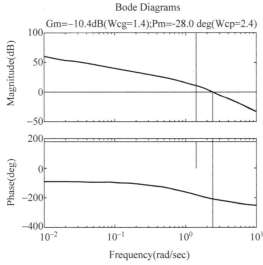

图 7-31　用 MATLAB 语言作出的未校正系统的对数坐标图

（6）求滞后校正装置的传递函数的程序如下：

```
wc=1.5;num1=[20];
den1=[1 3 2 0];
bata=10;T=1/(0.1 * wc);
batat=bata * T;Gc1=tf([T 1],[batat 1])
```

其运算结果为

Transfer function：

6.667s ＋ 1

....

66.67s ＋ 1

（7）求超前校正装置的传递函数的程序如下：

```
num1=conv([0 20],[6.667 1]);
den1=conv(conv(conv([1 0],[1 1]),[1 2]),[66.67 1]);
sope=tf(num1,den1);[mag,phase,w]=bode(sope);
gama=50;[mu,pu]=bode(sope,w);gamal=gama+15;
gam=gamal * pi/180;
```

```
alfa = (1 - sin(gam))/(1 + sin(gam));
adb = 20 * log10(mu);
am = 10 * log10(alfa);
ca = adb + am;
wc = spline(adb,w,am);
T = 1/(wc * sqrt(alfa));
alfat = alfa * T;
Gc = tf([T 1],[alfat 1])
```

其运算结果为

Transfer function：

2.619s + 1

....

0.1287s + 1

(8) 校验系统校正后频域性能是否满足题目要求。

包含滞后与超前校正器的系统的传递函数为

$$G_c(s)G(s) = \frac{20(6.667s + 1)(2.619s + 1)}{(66.67s + 1)(0.1287s + 1)s(s + 1)(s + 2)}$$

程序为

```
num1=20；den1=conv(conv([1 0],[1 1]),[1 2])；s1=tf(num1,den1)；
s2=tf([6.667 1],[66.67 1])；s3=tf([2.619 1],[0.1287 1])；
sope=s1 * s2 * s3；[mag,phase,w]=bode(sope)；
margin(mag,phase,w)
```

程序运行后,可得校正后的对数坐标图,如图 7-32 所示。

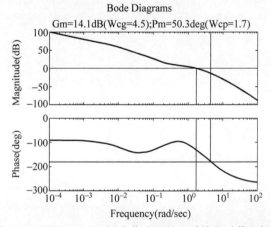

图 7-32 用 MATLAB 语言作出的校正系统的对数坐标图

由图 7-32 可知系统的相位裕度为 50.3°,增益交点频率为 1.7rad/s,满足系统要求。

用 MATLAB 语言计算的结果和画图计算的结果基本一致。

7.7　反馈校正

在工程中,除采用串联校正外,(局部)反馈校正也是常用的校正方法之一,反馈校正不仅能收到和串联校正同样的效果,还能抑制被反馈所包围的环节参数波动对系统性能的影响。因此,当系统参数经常变化而又能取出适当的反馈信号时,一般来说,采取反馈校正是合适的。

7.7.1　反馈的作用

1. 比例负反馈可以减弱所包围环节的惯性,从而扩展该环节的带宽,提高响应速度

如图 7-33 所示系统,有

$$\frac{Y(s)}{X(s)} = \frac{K}{Ts + 1 + KK_{\mathrm{n}}} = \frac{K_1}{T_1 s + 1} \qquad (7\text{-}21)$$

式中,

$$K_1 = \frac{K}{1 + KK_{\mathrm{n}}}, \quad T_1 = \frac{T}{1 + KK_{\mathrm{n}}}$$

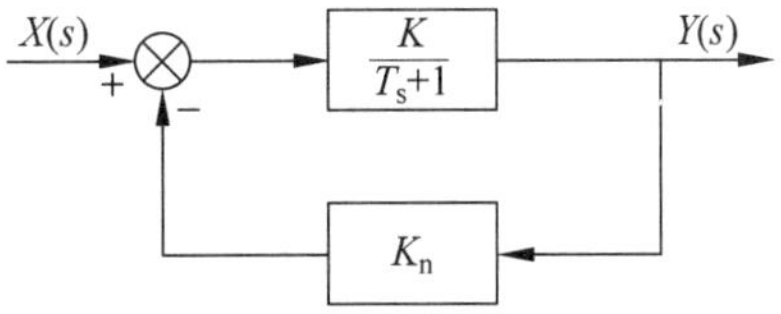

图 7-33　比例负反馈的系统

由于 $T_1 < T$,因此惯性减小,响应速度加快,同时反馈后的放大系数 K_1 也减小($K_1 < K$),但这可以通过提高其他环节(如放大环节)的增益来补偿。

若前向通道为振荡环节或其他环节,其结果完全相同。

2. 负反馈可以减弱参数变化的控制系统的影响

对一个输入为 $X(s)$,输出为 $Y(s)$,传递函数为 $G(s)$ 的开环系统,其输出为 $Y(s) = G(s)X(s)$,由 $G(s)$ 变化 $\Delta G(s)$ 引起的输出变化为 $\Delta Y(s) = \Delta G(s)X(s)$。

对开环传递函数为 $G(s)$ 的闭环系统,当存在 $\Delta G(s)$ 变化时,系统的输出为

$$Y(s) + \Delta Y(s) = \frac{G(s) + \Delta G(s)}{1 + G(s) + \Delta G(s)} X(s)$$

通常 $1 + G(s) \gg \Delta G(s)$,所以有

$$\Delta Y(s) \approx \frac{\Delta G(s)}{1 + G(s)} X(s) \qquad (7\text{-}22)$$

因一般情况下 $1 + G(s) \gg 1$,故负反馈能大大削弱参数变化的影响。

3. 负反馈可以消除系统中某些环节不希望的特性

如图 7-34 所示系统,若 $G_2(s)$ 的特性是不希望的,则加上局部反馈 $H_2(s)$ 后,这个内环稳定,有

$$\frac{Y_1(s)}{X_1(s)} = \frac{G_2(s)}{1 + G_2(s)H_2(s)}$$

若

$$|G_2(s)H_2(s)| \gg 1 \qquad (7\text{-}23)$$

则

$$\frac{Y_1(s)}{X_1(s)} \approx \frac{1}{H_2(s)}$$

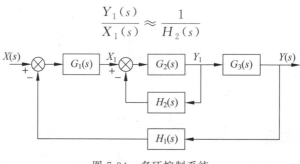

图 7-34　多环控制系统

即在满足式(7-23)的频段里,局部反馈系统的特性可近似地由反馈通道传递函数的倒数来描述。于是,可以适当选取反馈通道的参数,用 $1/H_2(s)$ 取代 $G_2(s)$。由于反馈校正的上述特点,使得它在控制系统的校正方面得到广泛应用。

7.7.2　串联校正与反馈校正的比较

对控制系统进行校正时,究竟是选择串联校正还是反馈校正,这主要取决于具体的控制系统,如系统中的信号性质、系统中各点功率的大小、可供采用的元件以及对系统的性能要求、设计者的经验、经济条件等。

一般来说,串联校正比反馈校正简单。用计算机控制的系统,通过软件编程很容易实现串联校正。但用模拟电路实现的串联校正常常需要附加放大器以增大系统的增益和进行隔离。为了避免功率损耗,串联校正装置通常安排在前向通路中能量较低的位置上。对于反馈校正,需要相应的传感器来检测相关信号,但信号一般是从功率较高的点引向较低的点,因而不一定需要放大器。此外,反馈校正一个很大的特点就是系统对被反馈校正回路的各元件特性参数的变化很不敏感,因此对这部分元件的要求可以低一些,但对反馈元件本身要求较严。

7.8　PID 控制

前面的相位超前校正环节、相位滞后校正环节和相位滞后-超前校正环节都是由电阻和电容组成的网络,统称为无源校正网络。这类校正环节结构简单,本身没有放大作用,且输入阻抗低,输出阻抗高。但是当系统性能要求较高时,不能满足要求,就要采用有源校正环节。被广泛应用于工程控制系统中的有源校正环节常常被称为调节器。调节器通常是由运算放大器、电阻和电容组成的反馈网络连接而成。其中,按偏差的比例、积分和微分进行控制的 PID 调节器(PID 中 P 代表比例、I 代表积分、D 代表微分)是应用最为广泛的一种调节器。

　　PID 调节器已经形成了典型结构,如图 7-35 所示,其参数整定方便,结构改变灵活(P、PI、PD、PID 等),在许多工业控制过程中获得了良好的效果。对于那些数学模型不易求的、参数变化较大的被控对象,采用 PID 调节器也往往能得到满意的控制效果。

　　PID 校正是一种负反馈闭环控制,PID 调节器通常与被控对象串联连接,作为串联校正环节。PID 调节器结构改变灵活,比例与微分、积分的不同组合可分别构成 PD、PI、PID 调节器。单由比例环节构成的调节器为比例调节器(P 调节器),其实现比较简单,作用相当于串联校正中的增益调换,即增大系统的比例系数可以减小稳态误差,提高系统的控制精度。

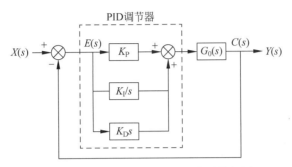

图 7-35　典型 PID 调节器校正的系统框图

1. PID 控制规律

　　所谓 PID 控制规律就是一种对偏差 $e(t)$ 进行比例、积分、微分变换的控制规律。

$$m(t) = K_P\left[e(t) + \frac{1}{T_I}\int_0^t e(\tau)\,d\tau + T_D\frac{de(t)}{dt}\right] \tag{7-24}$$

式中,$K_P e(t)$ 为比例控制项;K_P 为比例系数;$\dfrac{1}{T_I}\displaystyle\int_0^t e(\tau)\,d\tau$ 为积分控制项;T_I 为积分时间常数;$T_D\dfrac{de(t)}{dt}$ 为微分控制项;T_D 为微分时间常数。

　　比例控制项与微分、积分控制项的不同组合可分别构成 PD(比例微分)、PI(比例积分)和 PID(比例积分微分)等三种调节器(或称校正器)。PID 调节器通常用作串联校正环节。

2. 比例调节器 P

　　比例调节器的有源网络如图 7-36(a)所示,其控制结构框图如图 7-36(b)所示,该环节的传递函数为

$$G_c(s) = \frac{U_o(s)}{U_i(s)} = K_P \tag{7-25}$$

式中,$K_P = \dfrac{R_2}{R_1}$。

　　比例调节器的输出与输入反相,此问题可以通过串联一个反相电路解决。比例调节器的作用是调节系统的开环增益,在保证稳定性的情况下提高开环增益可以提高系统的稳态精度和快速性。

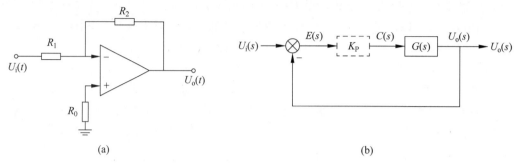

图 7-36 比例调节器

3. 比例积分调节器 PI

比例积分调节器的有源网络如图 7-37(a)所示,其控制结构框图如图 7-37(b)所示,比例积分校正环节的传递函数为

$$G_c(s) = \frac{U_o(s)}{U_i(s)} = \frac{C(s)}{E(s)} = K_P\left(1 + \frac{1}{T_I s}\right) \tag{7-26}$$

式中,$K_P = \dfrac{R_2}{R_1}$; $T_I = R_2 C$。

$G_c(s)$ 的频率特性为

$$G_c(j\omega) = K_P \frac{jT_I\omega + 1}{jT_I\omega} \tag{7-27}$$

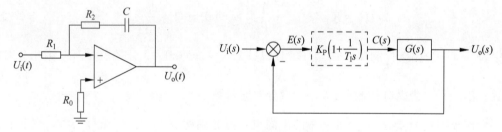

图 7-37 比例积分调节器

对应的对数坐标图如图 7-38 所示。

由图可见,PI 调节器提供了负的相位角,所以 PI 控制也称为滞后校正,并且 PI 调节器的对数渐进幅频特性在低频短的斜率为 -20dB/dec。因此将它的频率特性和系统固有部分的频率特性相加,可以提高系统的型别,消除或减少系统的稳态误差,可以提高系统的稳态精度。从相频特性中可以看出,PI 调节器在低频产生较大的相位滞后,所以 PI 调节器串入系统时,系统的相位裕度有所减小,稳定程度变差,因此在实际应用时,一般要将 PI 调节器的转角频率放在固有系统的转角频率的左侧,并远离,这样对系统的稳定性的影响较小。

4. 比例微分调节器 PD

比例微分调节器的有源网络如图 7-39(a)所示,其控制结构框图如图 7-39(b)所示,其传递函数为

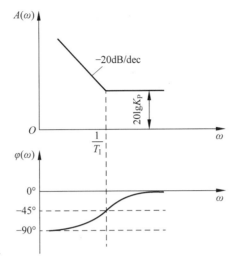

图 7-38　PI 调节器的对数坐标图

$$G_c(s) = \frac{U_o(s)}{U_i(s)} = \frac{C(s)}{E(s)} = K_P(1 + T_D s) \qquad (7\text{-}28)$$

式中，$K_P = \dfrac{R_2}{R_1}$；$T_D = R_1 C$。

$G_c(s)$ 的频率特性为

$$G_c(j\omega) = K_P(1 + j T_D \omega) \qquad (7\text{-}29)$$

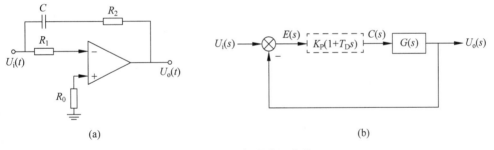

(a)　　　　　　　　　　　　　　(b)

图 7-39　比例微分调节器

对应的对数坐标图如图 7-40 所示。

由图可见，PD 调节器提供了正的相位角，所以 PD 控制也称为超前校正。采用 PD 控制后，可增加系统相位裕量，稳定性随之也增强，剪切频率右移，系统快速性提高。所以，PD 调节器提高了系统的动态性能，但是由于在高频段，增益上升，使系统抗干扰能力减弱。

PD 控制中的微分控制与误差的变化率成正比，因此可以根据误差的变化趋势对误差起修正作用，从而提高系统的稳定性和快速性。但微分的作用也容易放大高频噪声，因此常配以高频噪声滤波环节。

5. 比例积分微分调节器 PID

比例积分微分调节器的有源网络如图 7-41(a)所示，其控制结构框图如图 7-41(b)所

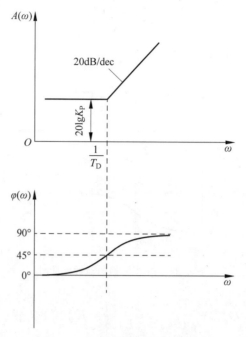

图 7-40　PD 调节器的对数坐标图

示,其传递函数为

$$G_c(s) = \frac{U_o(s)}{U_i(s)} = \frac{C(s)}{E(s)} = K_P\left(1 + \frac{1}{T_I s} + T_D s\right) \tag{7-30}$$

式中,$K_P = \dfrac{R_1 C_1 + R_2 C_2}{R_1 C_1}$,$T_I = R_1 C_1 + R_2 C_2$,$T_D = \dfrac{R_1 C_1 R_2 C_2}{R_1 C_1 + R_2 C_2}$。

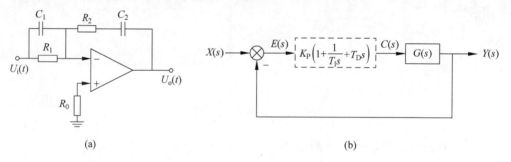

(a)　　　　　　　　　　　　　　　(b)

图 7-41　比例积分微分调节器

$G_c(s)$ 的频率特性为

$$G_c(j\omega) = K_P\left(1 + \frac{1}{jT_I\omega} + jT_D\omega\right)$$

当 $T_I > T_D$ 时,PID 调节器的对数坐标图如图 7-42 所示。

由图可见,PID 调节器在低频段起积分作用,改善系统的稳态性能;在中频段起微分作用,改善系统的动态性能。若配以高频噪声滤波环节,PID 调节器相当于滞后-超前校正环节。工业中用集成运算放大器制成的 PID 调节器可方便地调整其比例系数和时间常数,在

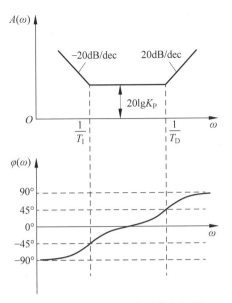

图 7-42　PID 调节器的对数坐标图

调试系统时非常方便,因而得到了广泛应用。

如果既需要改善系统的稳态误差,又希望改善系统的动态特性,这时就应考虑 PID 调节器,PID 调节器实际上综合了 PD 和 PI 调节器的特点,类同于滞后-超前校正装置。

由上所述,PID 调节器的控制作用有以下三点。

(1) 比例系数 K_P 直接决定控制作用的强弱,加大 K_P 可以减少系统的稳态误差,提高系统的动态响应速度,但 K_P 过大会使动态质量变坏,引起被控制量振荡甚至导致闭环系统不稳定。

(2) 比例积分控制可以消除系统稳态误差,因为偏差的积分所产生的控制量总是用来消除稳态误差的,直到积分的值为零,控制作用才停止。但这同时减缓了系统的动态过程,而且过强的积分作用使系统的超调量增大,会给系统的稳定性带来负面影响。

(3) 微分的控制作用和偏差的变换率有关。微分控制能够预测偏差,产生超前的校正作用,它有助于减少超调和振荡,使系统趋于稳定,并能增加系统带宽,加快响应速度,减少调整时间,从而改善系统动态性能。微分作用的不足之处是放大了噪声信号。

习　题　7

1. 单选题

(1) 校正(又称补偿)是指(　　)。

    A. 加入 PID 校正器

    B. 在系统中增加新的环节或改变某些参数

    C. 使系统稳定

    D. 使用劳斯稳定判据

(2) 以下校正方案不属于串联校正的是(　　)。

  A. 增益调整   B. 相位超前校正 C. 相位滞后校正 D. 反馈校正

(3) PD 调节器是一种(　　)校正装置。

  A. 相位超前   B. 相位滞后

  C. 相位滞后-超前   D. 相位超前-滞后

(4) 关于相位超前校正作用和特点的说法错误的是(　　)。

  A. 增大系统稳定性   B. 加大带宽

  C. 降低系统稳态精度   D. 加快系统响应速度

(5) 关于 PI、PD、PID 校正,下列说法正确的是(　　)。

  A. PI 校正可获得快速响应,但存在稳态误差

  B. PD 校正可获得快速响应,并消除稳态误差

  C. PID 校正可获得快速响应,并消除稳态误差

  D. PD 校正降低响应速度,并消除稳态误差

(6) 以下环节中可以作为相位超前校正环节的是(　　)。

  A. $G_c(s) = \dfrac{2s+1}{s+1}$ B. $G_c(s) = 3 \cdot \dfrac{2s+1}{3s+1}$

  C. $G_c(s) = \dfrac{s+1}{2s+1}$ D. $G_c(s) = 3 \cdot \dfrac{s+1}{2s+1}$

(7) 以下关于系统性能指标的说法错误的是(　　)。

  A. 系统性能指标可分为时域性能指标、频域性能指标和综合性能指标

  B. 时域性能指标可分为瞬态性能指标和稳态性能指标

  C. 瞬态性能指标和稳态性能指标可以相互转化

  D. 频域性能指标与时域性能指标存在一定关系

(8) 串联校正环节的传递函数为 $G_2(s) = \dfrac{0.2s+1}{2.0s+1}$,则它属于(　　)。

  A. 增益调整   B. 相位超前校正

  C. 相位滞后校正   D. 相位滞后-超前校正

(9) 以下环节中可作为滞后-超前校正环节的是(　　)。

  A. $G_c(s) = \dfrac{1}{s+1}$ B. $G_c(s) = \dfrac{s+2}{s+1}$

  C. $G_c(s) = \dfrac{s+1}{s+2}$ D. $G_c(s) = \dfrac{s+1}{s+2} \cdot \dfrac{0.3s+1}{3s+1}$

(10) 关于相位滞后校正作用和特点的说法正确的是(　　)。

  A. 增加系统稳定性   B. 加大带宽

  C. 降低系统稳态精度   D. 加快系统响应速度

2. 填空题

(1) 采用(　　)可以同时减小或消除控制输入和干扰作用下的稳态误差。

(2) 校正的实质是改变系统的(　　)和(　　)分布。

(3) 进行校正所采用的元件或装置,称为(　　)和(　　)。

（4）串联校正包括（　　　）、（　　　）、（　　　）、（　　　）和 PID 校正。

（5）利用反馈环节能改变反馈所包围环节的（　　　）和（　　　），消除所包围环节的参数波动对系统性能的影响。

3. 简答题

（1）在系统校正中，常用的性能指标有哪些？

（2）系统各在何种情况下采用相位超前校正、相位滞后校正和相位滞后-超前校正，为什么？

4. 分析计算题

（1）如校正环节传递函数为 $\dfrac{T_1 s + 1}{T_2 s + 1}$，若要求作为超前或滞后校正环节，$T_1$ 和 T_2 之间的关系应如何？

（2）超前校正装置的传递函数分别为

① $G_1(s) = 0.1\left(\dfrac{s+1}{0.1s+1}\right)$

② $G_2(s) = 0.3\left(\dfrac{s+1}{0.3s+1}\right)$

绘制它们的对数坐标图，并进行比较分析 α 大小对相位超前校正装置特性的影响。

（3）滞后校正装置的传递函数分别为

① $G_1(s) = \dfrac{s+1}{5s+1}$

② $G_2(s) = \dfrac{s+1}{10s+1}$

绘制它们的对数坐标图，并进行比较分析 β 大小对相位滞后校正装置特性的影响。

（4）控制系统的开环传递函数为

$$G(s) = \frac{10}{s(0.5s+1)(0.1s+1)}$$

① 绘制系统的对数坐标图，并求相位裕度；

② 采用传递函数为 $G_c(s) = \dfrac{0.37s+1}{0.049s+1}$ 的串联超前校正装置。绘制校正后系统的对数坐标图，并求系统的相位裕度，讨论校正后系统的性能有何改进。

（5）单位反馈系统的开环传递函数为

$$G(s) = \frac{4}{s(2s+1)}$$

设计一串联滞后校正装置，使系统的相位裕度 $\gamma \geqslant 40°$，并保持原有的开环增益值。

（6）单位反馈系统的开环传递函数为

$$G(s) = \frac{K}{s(s+1)}$$

设计串联超前校正装置，使系统满足下列要求：

① 阻尼比 $\zeta = 0.7$；

② 调整时间 $t_s = 1.4\mathrm{s}$；

③ 系统开环增益 $K = 2$。

（7）设单位反馈系统的开环传递函数为

$$G(s) = \frac{126}{s\left(\dfrac{1}{10}s + 1\right)\left(\dfrac{1}{60}s + 1\right)}$$

设计一串联校正装置，使系统满足下列性能指标：

① 斜坡输入信号为 $1\mathrm{s}^{-1}$ 时，稳态误差不大于 $1/126$；

② 系统的开环增益不变；

③ 相位裕度不小于 $30°$，剪切频率为 $20\mathrm{s}^{-1}$。

习题 7 参考答案

第 8 章

计算机采样控制系统

前面各章介绍的系统都是连续系统。在连续系统中,系统中各个变量都是时间 t 的连续函数。但在实际系统中,常常会遇到系统中的某一个或多个变量在时间上是断续的(又称离散的),这种系统称为离散系统,例如数控机床、计算机控制系统等。离散系统与连续系统有着相类似的问题需要我们去进行分析和研究,如系统数学模型的建立、系统性能的分析和系统的校正等。但由于学时的限制,本章对上述问题只能作基本的介绍。

8.1 引　　言

如前所述,控制系统中只要有一个以上的物理量是离散量,就称这个系统为离散系统或采样控制系统,图 8-1 所示是一个典型的计算机采样控制系统。

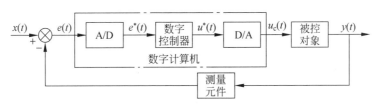

图 8-1　计算机采样控制系统

图 8-1 所示的是一个闭环控制系统,其中计算机作为控制器参与系统的工作。众所周知,计算机所能接受的是时间上离散的、量值上被数字化的信号。系统的控制量和反馈量均为连续变量,所以必须把这个连续的模拟量用采样开关转变为在时间上离散的模拟量,再由模数转换器 A/D 将每个离散点上的模拟量数字化,这两项工作都是由 A/D 转换器来完成的。所谓采样开关就是通过一个重复动作的开关 S 将模拟量 $e(t)$ 变为离散量 $e^*(t)$,这种间断测量的过程称为采样,$e^*(t)$ 称为采样值,S 称为采样开关。A/D 转换器的转换过程可以用一个每隔一定时间 T(即采样周期)瞬时闭合一次的开关来等效。控制计算机对接收到的数字信号进行计算处理,其过程可看成是一个传递函数的环节,有输入也有输出。D/A 数模转换器的工作过程可分为两步:第一步对 $e(t)$ 进行理想开关下的采样,得到脉冲信号;第二步是通过保持器把脉冲信号保持规定的时间,使时间离散的信号变为时间连续的信号 $u_c(t)$。

由上述的分析可知,该系统中的信号是混合式的,即计算机的输入、输出信号是数字量,系统其他部分的信号都是模拟量。图中的 A/D 与 D/A 转换器起着模拟量与数字量、数字量与模拟量之间的转换作用,假设这种转换具有足够的精度,即模拟量与数字量之间有着确定的比例关系。这样对系统而言,A/D 和 D/A 转换器相当于系统中的一个比例环节,因而可以把它们同其他元件的比例系统合并在一起。这样处理后,A/D 转换器相当于一个采样开关,D/A 转换器等效于一个保持器。

在离散系统中,当离散量为数字量时,则称为数字控制系统(如计算机控制系统)。图 8-2 为一个典型计算机控制系统的框图。

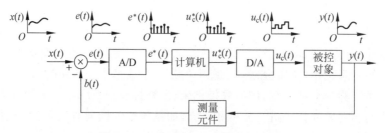

图 8-2　典型计算机控制系统的框图

在计算机控制系统中,通常是数字模拟混合结构,因此需要设置数字量和模拟量相互转换的环节。在如图 8-2 所示的系统中,给定信号 $x(t)$、反馈信号 $b(t)$ 和偏差信号 $e(t)$ 均为模拟量,$e(t)$ 信号经模拟数字转换器(A/D 转换器)转换成离散量 $e^*(t)$,并把其值由十进制数转换成二进制数(即编码),输入计算机进行运算处理;计算机输出二进制的控制脉冲列 $u_c^*(t)$,由于被控对象通常需要(经放大后)模拟信号去驱动,因此再设置数字模拟转换器(D/A 转换器)将离散控制信号 $u_c^*(t)$ 转换成模拟信号 $u_c(t)$,再把二进制数码转换成十进制数,并保持下来(即解码),此信号经放大后去驱动被控对象。在计算机控制系统中,通常用计算机的内部时钟来设定采样周期,整个系统的信号传递($x(t) \to e(t) \to$ A/D $\to$ 计算机运算 $\to$ D/A $\to$ 被控对象)则要求能在一个采样周期内完成。

由于在采样控制系统中引入了计算机,因而使这类系统比一般的连续控制系统具有如下的一些优点:

(1)由于采用计算机作为系统的控制器,因而这类系统不仅能完成复杂的控制任务,而且还易于实现修改控制器的结构和参数,以满足工程实际的需要。

(2)采样信号特别是数字信号的传递,能有效地抑制噪声,从而提高了系统的抗干扰能力。

(3)计算机除了作控制器外,还兼有显示、报警等多种功能。

(4)采样系统中允许采用高灵敏度的控制元件来提高系统的灵敏度,只要数字信号的位数足够,便能保证足够的计算机精度。

(5)采样系统中可以用一台计算机,易于通过改变设计程序而灵活地实现控制所需要的信息处理和校正(如自适应、最优化等),从而大大提高了控制系统的性能。

很容易得出离散控制系统也是一种动态系统,因而和连续控制系统一样,它的性能也是由稳态和动态两个部分所组成。由于采样系统中存在脉冲(或数字)信号,如果仍沿用以拉氏变换为基础的传递函数,我们将会看到,在运算过程中会出现复变量 s 的超越函数。为了克服此障碍,通常采用 z 变换法和状态空间分析法来研究采样系统。通过 z 变换这种数学工具,可以把我们所熟悉的传递函数、频率特性、时间响应等概念应用于采样系统,并且还可以把连续系统的许多方法经适当改变后直接应用到采样系统中来。z 变换与线性定常离散系统的关系类似于拉氏变换与线性定常连续系统的关系;而状态空间分析法是一种既适用于连续系统,又适用于离散系统的方法。

8.2　信号的采样与保持

信号的采样即把连续信号变为脉冲或数字序列的过程,采样的装置称为采样器,也叫采样开关。采样的保持可以看作采样的反过程,即把离散信号恢复为相应的连续信号,也称信号的复现,其实现装置为保持器。

8.2.1　采样过程

以一定的时间间隔对连续信号进行采样,使连续信号转换成时间上离散的脉冲序列,这一过程为采样过程。图 8-3 展示了采样的过程。图中采样的间隔时间 T 称为采样周期,采样持续的时间为 τ。基于采样的持续时间 τ 远小于采样周期 T 和装置的时间常数。因此可近似地认为 τ 趋于零,即把实际的窄脉冲信号视为理想脉冲。这样,图 8-3 所示的连续信号序列即变为图 8-4 所示的理想脉冲序列。

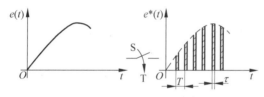

图 8-3　模拟信号的采样

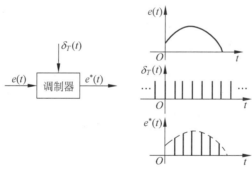

图 8-4　理想的脉冲序列和采样信号的调制过程

由此可见,理想采样开关的输出即为一理想的脉冲序列 $e^*(t)$,它是由一单位理想脉冲序列 $\delta_T(t)$ 与被采样信号 $e(t)$ 相乘后产生的,即

$$e^*(t) = e(t)\delta_T(t) \tag{8-1}$$

式中,$\delta_T(t) = \sum\limits_{k=-\infty}^{+\infty} \delta(t-kT)$,$kT$ 为单位理想脉冲出现的时刻;图 8-4 所示为单位理想脉冲序列和采样信号的调制过程。

由于 $e^*(t)$ 只在脉冲出现的瞬间才有数值,故式(8-1)可改写为

$$e^*(t)=e(t)\delta_T(t)=e(t)\sum_{k=-\infty}^{+\infty}\delta(t-kT)=\sum_{k=-\infty}^{+\infty}e(kT)\delta(t-kT) \qquad (8-2)$$

可见,满足单位脉冲函数定义的脉冲序列 $\delta_T(t)$ 相当于一种载波信号,这种理想的采样过程可以视为一个幅值的调制过程。

实际系统中,$t<0$ 时,通常 $e(t)=0$,所以上式可改写为

$$e^*(t)=\sum_{k=0}^{+\infty}e(kT)\delta(t-kT) \qquad (8-3)$$

由采样开关调制以后的离散序列 $e^*(t)$ 的拉氏变换为

$$E^*(s)=L[e^*(t)]=\sum_{k=0}^{+\infty}e(kT)e^{-kTs} \qquad (8-4)$$

综上所述,采样过程相当于一个脉冲调制过程,采样开关的输出信号 $e^*(t)$ 可表示为两个函数的乘积,其中载波信号 $\delta_T(t)$ 决定输出函数存在的时刻,而采样信号的幅值由输入信号 $e(kT)$ 决定。

8.2.2 采样定理

连续信号在其有定义的时域内任何时刻都是有确切值的,而经过采样后,只能给出采样瞬间的数值。显然,从时域上看,采样过程将采样间隔内连续信号的信息丢失了。我们可直观地感觉到,若采样周期 T 越大(或者说采样频率越低),连续信号变化越快,则采样后信号的丢失越严重,直至难于从采样信号中了解原信号的状况。采样后的信号如果想反映连续信号的实际状况,那么就需要采用适合的采样频率,采样定理(香农定理)对此给出了明确的答案。

设连续信号 $e(t)$ 的频谱 $e(\omega)$ 为有限带宽,其最大频率为 $\omega_{\max}$,如图 8-5(a)所示。作为对比,下面讨论采样后信号 $e^*(t)$ 的频谱情况。

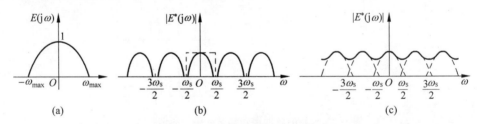

图 8-5 采样前后的信号频谱

由于单位脉冲序列 $\delta_T(t)$ 是一个以 T 为周期的周期函数,因而必能展成傅氏级数:

$$\delta_T(t)=\sum_{k=-\infty}^{+\infty}A_k e^{jk\omega_s t} \qquad (8-5)$$

式中,A_k 为傅氏系数,其值为

$$A_k=\frac{1}{T}\int_{-T/2}^{+T/2}\delta_T(t)e^{-jk\omega_s t}\,dt \qquad (8-6)$$

式中，ω_s 为采样角频率，其值为 $\omega_s = 2\pi/T$。

又因为理想的单位脉冲序列 $\delta_T(t)$，其数学表达式为

$$\delta_T(t) = \sum_{k=-\infty}^{+\infty} \delta(t - kT) \tag{8-7}$$

式中，

$$\delta(t - kT) = \begin{cases} 1, & t = kT \\ 0, & t \neq kT \end{cases}$$

所以有：在 $-T/2$ 到 $+T/2$，$\delta(t)$ 仅在 $t=0$ 处等于 1，其余处均为零，故有

$$A_k = \frac{1}{T}\int_{0_-}^{0_+} \delta_T(t)\mathrm{d}t = \frac{1}{T}$$

将此式代入式(8-5)后再代入式(8-1)得

$$e^*(t) = \frac{1}{T}\sum_{k=-\infty}^{+\infty} e(t)\mathrm{e}^{jk\omega_s t} \tag{8-8}$$

对上式进行拉氏变换，并由拉氏变换的复数位移定理，可推出

$$E^*(j\omega) = \frac{1}{T}\sum_{k=-\infty}^{+\infty} e[j(\omega + k\omega_s)] \tag{8-9}$$

从这一频谱表达式可看出，其含有以采样频率 ω_s 为周期的无穷多个频谱分量，如图 8-5(b)、(c)所示，其中，$k=0$ 的部分称为主频谱，它与连续信号的频谱是相对应的。$k \neq 0$ 时的频谱分量均是在采样过程中引进的高频分量。

比较图 8-5(b)、(c)，显而易见，如果 $\omega_s > 2\omega_{max}$，或者 $T < \pi/\omega_{max}$，则 $e^*(j\omega)$ 的各频谱分量彼此不会重叠，连续信号的频谱 $e(j\omega)$ 可完整地保存下来。这样，通过一个如图 8-5(b)中虚线所示的理想低通滤波器滤掉所有高频分量后，就能复现原连续信号 $e(t)$。反之，如果 $\omega_s < 2\omega_{max}$，则 $e^*(j\omega)$ 的各频谱分量彼此重叠在一起，已无法完整保留连续信号的频谱 $e(j\omega)$，因而也就不可能复现原来的连续信号 $e(t)$。

由此可知，要想使采样信号能够复现原连续信号，采样频率 ω_s 和连续信号最高频率 ω_{max} 之间的关系必须满足如下条件：

$$\omega_s \geqslant 2\omega_{max} \tag{8-10}$$

这就是香农采样定理。它是分析和设计采样离散系统的重要理论依据，该定理的物理意义是：如果选择的是采样频率 ω_s，对连续信号中的最高频率来说，能做到在一个周期内采样两次以上，那么经采样而得到的脉冲序列就能包含连续信号的全部信息；要是采样次数太少，就不可能完整复现原连续信号。

在选择频率时，为了保证采样有足够的精确度，常取 $\omega_s = (5 \sim 10)\omega_{max}$。但在实际上，采样周期的选择，还要受到其他因素的影响，例如采样周期过长，采样会带来较大的误差，会影响系统的动态和稳态性能；若采样周期取得过短，会增加检测的频率，加重计算机不必要的计算负担，而且采样频率过高，还会给系统带来高频干扰。因此在选取采样周期时，对各种因素应给予综合考虑。有时根据经验数据来选择。例如，取采样频率 $\omega_s = 10\omega_c$（ω_c 为系统开环频率特性的穿越频率）；又如取采样周期 $T = t_s/40$ 或 $T = t_r/10$ 等。

8.2.3 采样信号的保持

采样开关后面需串联一个保持器,使脉冲信号 $u_c^*(t)$ 复原成连续信号再加到系统中去。保持器是将采样信号转换成连续信号的元件,其任务是解决各采样时刻之间的插值问题,具有外推功能的保持器能较好地解决此问题。所谓外推,即保持器现在时刻 $t=nT$ 的输出信号,取决于过去时刻 $t=(n-1)T$ 时刻信号值的外推。在采样系统中,最简单、应用最广的是具有常值外推功能零阶保持器,如图 8-6 所示。

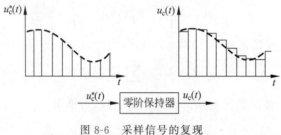

图 8-6 采样信号的复现

零阶保持器是把 kT 时刻的采样值不增不减地保持到下一个采样时刻 $(k+1)T$,如图 8-7(a)所示,为它的单位理想脉冲响应函数。这是一个高度为1,宽度为 T 的方波,高度为1表示采样值通过零阶保持器后既没有被放大、也没有被衰减;宽度 T 表示采样值只能持续一个采样周期 T。

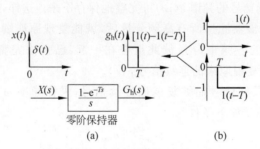

图 8-7 零阶保持器的输入输出特性

为了导出它的传递函数和频率特性,把图 8-7(a)所示的单位理想脉冲响应函数用两个单位阶跃函数之和来表示,如图 8-7(b)所示。它的数学表达式为

$$g_h(t) = 1(t) - 1(t-T) \tag{8-11}$$

对上式取拉氏变换,求得零阶保持器的传递函数为

$$G_h(s) = L[g_h(t)] = \frac{1-\mathrm{e}^{-Ts}}{s} \tag{8-12}$$

它的频率特性为

$$G_h(\mathrm{j}\omega) = \frac{1-\mathrm{e}^{-\mathrm{j}\omega T}}{\mathrm{j}\omega} = T\frac{\sin\omega T/2}{\omega T/2}\mathrm{e}^{-\mathrm{j}\omega T/2} \tag{8-13}$$

把 $T=\dfrac{2\pi}{\omega_s}$ 代入上式,得

$$G_{h}(j\omega)=\frac{2\pi}{\omega_{s}}\frac{\sin\pi(\omega/\omega_{s})}{\pi\omega/\omega_{s}}e^{-j\pi\left(\frac{\omega}{\omega_{s}}\right)} \tag{8-14}$$

由上式作出零阶保持器的幅频和相频特性,如图 8-8 所示。显然,零阶保持器只是一种近似的低通滤波器,它除了让主频谱分量通过外,还允许部分附加的高频频谱分量通过。因此,由零阶保持器恢复的连续函数与原函数是有差别的,如图 8-9 所示,若将阶梯形输出信号的中点连接起来,可以得到一条比连续信号平均滞后 $T/2$ 的曲线。

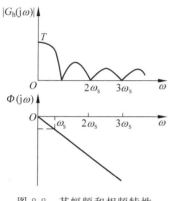

图 8-8　其幅频和相频特性

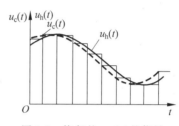

图 8-9　恢复的 $u_{h}(t)$ 的信号

零阶保持器的相频特性表示了它有相位滞后的作用,由于它的引入,有可能使原来稳定的系统而变为不稳定。基于零阶保持器的相位滞后量比一阶和二阶保持器都要小,且其结构简单、易于实现,因而它在控制系统中被广泛地应用。常用的零阶保持器有步进电动机、无源网络等。

8.3　z 变换和z 反变换

在分析连续系统时,用拉氏变换作数学工具,将描述系统的微分方程转化成代数方程,建立了以传递函数为基础的分析方法。而 z 变换是分析离散控制系统的一种常用方法,它是由拉氏变换演变而来的,和线性连续控制系统的传递函数一样,用 z 变换导出离散控制系统的脉冲传递函数同样成为研究这种系统的一种非常有效的数学工具。

8.3.1　z 变换的定义

设采样后的离散信号为

$$f^{*}(t)=\sum_{k=0}^{+\infty}f(kT)\delta(t-kT) \tag{8-15}$$

对上式取拉氏变换,得

$$F^{*}(s)=L[f^{*}(t)]=\sum_{k=0}^{+\infty}f(kT)e^{-kTS} \tag{8-16}$$

在 $F^*(s)$ 中含有非有理函数 e^{TS}，为此引入新变量 z，令 $z = e^{TS}$，将其代入式(8-16)得

$$F(z) = \sum_{k=0}^{+\infty} f(kT) z^{-k} \tag{8-17}$$

此式被定义为采样函数 $f^*(t)$ 的 z 变换。这里 $F(z)$ 为 $f^*(t)$ 的 z 变换，记作

$$z[f^*(t)] = F(z) \tag{8-18}$$

将式(8-17)展开

$$F(z) = f(0)z^0 + f(T)z^{-1} + f(2T)z^{-2} + \cdots$$

上式表明，采样函数的 z 变换是变量 z^{-1} 的幂级数。其一般项 $f(kT)z^{-k}$ 的物理意义为：$f(kT)$ 表示采样脉冲的幅值；z 的幂次表示采样脉冲出现的时刻。显然，前者是量值的信息，后者是时间的信息。

8.3.2　z 变换方法

下面介绍两种常用求取 z 变换的方法。

1. 级数求和法

如果已知连续函数 $f(t)$ 在各采样时刻的采样值 $f(kT)$，就可按式(8-18)写出其 z 变换的级数展开式。由于该级数具有无穷多项，如果不把它写为闭合形式，则难于应用。不过，在一定条件下常用函数 z 变换的级数展开式都能写为闭合形式。

例 8-1　求单位阶跃函数的 z 变换。

【解】

当 $k \geqslant 0$ 时，$f(kT) = 1$，所以有

$$F(z) = z[1(kt)] = \sum_{k=0}^{+\infty} 1 \cdot z^{-k} = 1 + z^{-1} + z^{-2} + z^{-3} + \cdots$$

在上式中，如果 $|z| > 1$，则上式为递减的等比级数，它的闭合形式为

$$z[1(t)] = \frac{1}{1 - z^{-1}} = \frac{z}{z - 1}$$

例 8-2　求指数函数 e^{-at} 的 z 变换。

【解】

根据定义可得

$$z[e^{-akT}] = \sum_{K=0}^{+\infty} e^{-akT} z^{-k} = 1 + e^{-aT}z^{-1} + e^{-2aT}z^{-2} + \cdots + e^{-naT}z^{-n} + \cdots$$

$$= \frac{1}{1 - e^{-aT}z^{-1}} = \frac{z}{z - e^{-aT}}$$

2. 部分分式法

设连续函数 $f(t)$ 的拉氏变换为有理函数式，且可以展开成部分分式的形式，即：

$$F(s) = \sum_{i=1}^{n} \frac{A_i}{s + p_i} \tag{8-19}$$

式中，$-p_i$ 为 $F(s)$ 的极点；A_i 为 $-p_i$ 处的留数。

由拉氏变换可知，$\dfrac{A_i}{s+p_i}$ 所对应的原函数为 $A_i\mathrm{e}^{-p_i t}$，由上例知所对应的 z 变换为

$A_i \dfrac{z}{z-\mathrm{e}^{-p_i T}}$，由此推得

$$F(z) = \sum_{i=1}^{n} A_i \frac{z}{z-\mathrm{e}^{-p_i T}} \tag{8-20}$$

例 8-3　求 $F(s) = \dfrac{a}{s(s+a)}$ 的 z 变换。

【解】

$$F(s) = \frac{1}{s} - \frac{1}{s+a}$$

对上式取拉氏反变换，得

$$f(t) = 1 - \mathrm{e}^{-at}$$

则由上两例知

$$F(z) = z[f(t)] = \frac{1}{1-z^{-1}} - \frac{1}{1-\mathrm{e}^{-aT}z^{-1}}$$

$$= \frac{(1-\mathrm{e}^{-aT})z^{-1}}{(1-z^{-1})(1-\mathrm{e}^{-aT}z^{-1})} = \frac{z(1-\mathrm{e}^{-aT})}{(z-1)(z-\mathrm{e}^{-aT})}$$

8.3.3　z 变换的基本定理

1. 线性定理

设 $f_1(t)$ 和 $f_2(t)$ 的 z 变换分别为 $F_1(z)$ 和 $F_2(z)$，a_1，a_2 为常数，则有

$$z[a_1 f_1(t) + a_2 f_2(t)] = a_1 F_1(z) + a_2 F_2(z) \tag{8-21}$$

2. 滞后定理

设 $t<0$ 时，$f(t)=0$，$z[f(t)]=F(z)$，则

$$z[f(t-kT)] = z^{-k} F(z) \tag{8-22}$$

式中，k、T 均为常量。

3. 超前定理

设 $t<0$ 时，$f(t)=0$，$z[f(t)]=F(z)$，则

$$z[f(t+nT)] = z^n F(z) \tag{8-23}$$

4. 初值定理

设函数 $f(t)$ 的 z 变换为 $F(z)$，并有极限 $\lim\limits_{t\to 0} F(z)$ 存在，则

$$f(0) = \lim_{t\to 0} f^*(t) = \lim_{z\to +\infty} F(z) \tag{8-24}$$

5. 终值定理

设函数 $f(t)$ 的 z 变换为 $F(z)$,且 $(z-1)F(z)$ 的极点全部在 z 平面的单位圆内,即极限存在且原系统是稳定的,则有

$$f(+\infty) = \lim_{t \to +\infty} f^*(t) = \lim_{z \to 1}(z-1)F(z) \tag{8-25}$$

以上证明从略。

8.3.4 z 反变换

上述把采样信号 $f^*(t)$ 变换 $F(z)$ 的过程称为 z 变换;反之,把 $F(z)$ 变换为 $f^*(t)$ 的过程叫做 z 的反变换,并记作 $z^{-1}[F(z)]$。显然,由 z 反变换求得的时间函数是离散的,而不是连续函数。

下面介绍两种常用的 z 反变换方法。

1. 长除法(幂级数法)

$F(z)$ 通常为 z 的有理分式,即

$$F(z) = \frac{b_0 z^m + b_1 z^{m-1} + \cdots + b_m}{a_0 z^n + a_1 z^{n-1} + \cdots + a_n}, \quad n \geqslant m \tag{8-26}$$

把分子多项式除以分母多项式,使 $F(z)$ 变为按 z^{-1} 升幂排列的级数展开式,然后取 z 反变换,求得相应采样函数的脉冲序列。

例 8-4 求 $F(z) = \dfrac{z^2 + z}{z^2 - 2z + 1}$ 的反变换 $f^*(t)$。

【解】

把 $F(z)$ 写成 z^{-1} 的升幂形式,即

$$F(z) = \frac{1 + z^{-1}}{1 - 2z^{-1} + z^{-2}}$$

用 $F(z)$ 的分子除以分母,得

$$F(z) = 1 + 3z^{-1} + 5z^{-2} + 7z^{-3} + 9z^{-4} + \cdots$$

对上式取 z 反变换,则得

$$f(0) = 1$$
$$f(T) = 3$$
$$f(2T) = 5$$
$$f(3T) = 7$$
$$f(4T) = 9$$
$$\vdots$$

2. 部分分式法

步骤:

（1）$F(z)$ 分母的多项式分解为因式。

（2）将 $F(z)/z$ 展开部分分式，使所求部分分式的各项都能查到相应的 $f(t)$。

（3）求各部分分式项的 z 反变换之和。

例 8-5 已知 $F(z) = \dfrac{10z}{(z-1)(z-2)}$，试求其 z 的反变换。

【解】

$$\frac{F(z)}{z} = \frac{c_1}{z-1} + \frac{c_2}{z-2}$$

式中，

$$c_1 = (z-1)\frac{10}{(z-1)(z-2)}\bigg|_{z=1} = -10$$

$$c_2 = (z-2)\frac{10}{(z-1)(z-2)}\bigg|_{z=2} = 10$$

则有

$$F(z) = \frac{-10z}{z-1} + \frac{10z}{z-2}$$

查表 8-1 得

$$z^{-1}\left[\frac{z}{z-1}\right] = 1^k, \quad z^{-1}\left[\frac{z}{z-2}\right] = 2^k$$

所以

$$f(kT) = 10(2^k - 1)$$

常用函数的 z 变换见表 8-1。

表 8-1   常用函数 z 变换表

序号	$E(s)$	$e(t)$ 或 $e(k)$	$E(z)$
1	1	$\delta(t)$	1
2	e^{-kTs}	$\delta(t-kT)$	z^{-k}
3	$\dfrac{1}{s}$	$1(t)$	$\dfrac{z}{z-1}$
4	$\dfrac{1}{s^2}$	t	$\dfrac{Tz}{(z-1)^2}$
5	$\dfrac{2}{s^3}$	t^2	$\dfrac{T^2 z(z+1)}{(z-1)^3}$
6	$\dfrac{1}{1-\mathrm{e}^{-Ts}}$	$\sum\limits_{k=0}^{+\infty}\delta(t-kT)$	$\dfrac{z}{z-1}$
7	$\dfrac{1}{s+a}$	e^{-at}	$\dfrac{z}{z-\mathrm{e}^{-aT}}$
8	$\dfrac{1}{(s+a)^2}$	$t\mathrm{e}^{-at}$	$\dfrac{Tz\mathrm{e}^{-aT}}{(z-\mathrm{e}^{-aT})^2}$
9	$\dfrac{a}{s(s+a)}$	$1-\mathrm{e}^{-at}$	$\dfrac{(1-\mathrm{e}^{-aT})z}{(z-1)(z-\mathrm{e}^{-aT})}$
10	$\dfrac{\omega}{s^2+\omega^2}$	$\sin\omega t$	$\dfrac{z\sin\omega T}{z^2-2z\cos\omega T+1}$

序号	$E(s)$	$e(t)$或$e(k)$	$E(z)$
11	$\dfrac{s}{s^2+\omega^2}$	$\cos\omega t$	$\dfrac{z(z-\cos\omega T)}{z^2-2z\cos\omega T+1}$
12	$\dfrac{\omega}{(s+a)^2+\omega^2}$	$\mathrm{e}^{-at}\sin\omega t$	$\dfrac{z\mathrm{e}^{-aT}\sin\omega T}{z^2-2z\mathrm{e}^{-aT}\cos\omega T+\mathrm{e}^{-2aT}}$
13	$\dfrac{s+a}{(s+a)^2+\omega^2}$	$\mathrm{e}^{-at}\cos\omega t$	$\dfrac{z^2-z\mathrm{e}^{-aT}\cos\omega T}{z^2-2z\mathrm{e}^{-aT}\cos\omega T+\mathrm{e}^{-2aT}}$
14		a^k	$\dfrac{z}{z-a}$
15		$a^k\cos k\pi$	$\dfrac{z}{z+a}$

8.4　采样控制系统的数学模型

在经典控制理论中,连续控制系统的数学模型是微分方程和传递函数(及系统方块图),而在离散系统中,其数学模型为差分方程和 z 传递函数(又称脉冲传递函数),下面先介绍脉冲传递函数。

8.4.1　脉冲传递函数的定义与求解

在线性系统中,我们把零初始条件时的系统输出信号的拉氏变换与输入信号的拉氏变换之比,定义为传递函数。与此相似,在图 8-10(a)的线性采样系统中,我们把零初始条件下系统离散输出信号的 z 变换 $Y(z)$ 与离散输入信号的 z 变换 $X(z)$ 之比,定义为脉冲传递函数,并用 $G(z)$ 表示,即

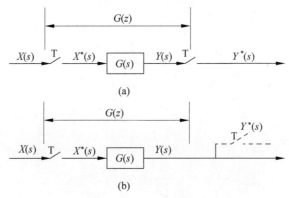

图 8-10　采样系统

(a) 输出有采样开关;(b) 输出含虚设采样开关

$$G(z) = \frac{Y(z)}{X(z)} \tag{8-27}$$

由上式可求得离散系统的离散输出信号

$$y^*(t) = z^{-1}[Y(z)] = z^{-1}[G(z)X(z)] \tag{8-28}$$

此处零初始条件是指 $t=0$ 的时刻，$x(0) = x(T) = x(2T) = \cdots = x[(m-1)] = 0$ 及 $y(0) = y(T) = y(2T) = \cdots = y[(n-1)] = 0$。

实际上，许多采样系统的输出信号是连续信号 $y(t)$，而不是离散信号 $y^*(t)$。在此情况下，为了应用脉冲传递函数的概念，可在输出端虚设一采样开关，如图 8-10(b) 中的虚线所示。这一虚设采样开关的采样周期与输入端采样开关的采样周期 T 相同。

值得指出的是，脉冲传递函数 $G(z)$ 是在两个采样开关之间定义的，其中必须至少有一个是真实的采样开关。

脉冲传递函数的基本求法：

(1) 已知系统连续部分的传递函数 $G(s)$ 或脉冲响应函数 $g(t)$，则对 $G(s)$ 进行 z 变换或利用 $G(z) = z[g^*(t)] = z[g(t)] = \sum_{k=0}^{+\infty} g(kT)z^{-k}$ 就可求得 $G(z)$。

(2) 已知系统的差分方程，则可对差分方程进行 z 变换，从而求得脉冲传递函数。反之若已知系统的 z 脉冲传递函数，则可利用 z 反变换求得系统的差分方程。这就是脉冲传递函数与差分方程之间的关系。

8.4.2　开环采样系统的脉冲传递函数

1. 串联环节的脉冲传递函数

在连续系统中，串联环节的传递函数等于各环节传递函数之积。串联环节的传递函数为

$$G(s) = \frac{Y(s)}{X(s)} = \prod_{i=1}^{n} G_i(s)$$

但是，对采样系统而言，串联环节的脉冲传递函数就不一定如此，这要看各环节之间有无采样开关而有所不同。

在图 8-11(a) 所示的开环系统中，两个串联环节之间有采样开关分隔，此时

$$X_1(z) = G_1(z)X(z)$$
$$Y(z) = G_2(z)X_1(z) = G_1(z)G_2(z)X(z) \tag{8-29}$$

故脉冲传递函数为

$$G(z) = \frac{Y(z)}{X(z)} = G_1(z)G_2(z) \tag{8-30}$$

上式表明，两个串联环节之间有采样开关隔开时，其脉冲传递函数等于各环节各自脉冲传递函数的乘积。这一结论可以推广到有采样开关隔开的多个环节串联的情形。

再来看图 8-11(b) 所示的系统，两个串联环节之间没有采样开关隔开，故

$$G(s) = G_1(s)G_2(s)$$

脉冲传递函数 $G(z)$ 为 $G(s)$ 的 z 变换，故

$$G(z) = z[G(s)] = z[G_1(s)G_2(s)] = G_1G_2(z) \qquad (8\text{-}31)$$

式中，$G_1G_2(z)$ 表示 $G_1(s)G_2(s)$ 乘积经采样后的 z 变换。

上式表明，两个串联环节之间没有开关隔开时，系统的脉冲传递函数等于两个环节传递函数乘积后的 z 变换。同理，此结论适用于多个环节串联而没有采样开关隔开的情形。

通常，有

$$G_1(z)G_2(z) \neq G_1G_2(z)$$

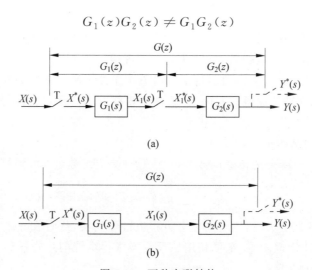

图 8-11　两种串联结构

(a) 串联环节之间有采样开关；(b) 串联环节之间没有采样开关

2. 闭环采样系统的脉冲传递函数

在连续系统中，闭环传递函数与相应的开环传递函数之间存在确定的关系，故可用一个统一的方块图来描述其闭环系统。但是，在采样系统中，由于采样器在系统中的位置可能设置的不一样，因而对采样系统而言，会有多种闭环结构形式。这就导致闭环脉冲传递函数没有一般计算公式，只能根据系统的实际结构来具体求取。

闭环脉冲传递函数是闭环采样离散系统输出信号的 z 变换 $Y(z)$ 与输入信号的 z 变换 $X(z)$ 之比。在求取闭环脉冲传递函数时，一般可先根据系统的结构列出系统中多个变量之间的关系，然后消去中间变量，得到输出量 z 变换与输入量 z 变换之间的关系，由此得出闭环脉冲传递函数。

下面讨论几种基本形式的闭环脉冲传递函数。

1) 有误差采样器的情形

有误差采样器的闭环系统方块图如图 8-12(a)所示，图 8-12(b)所示是其等效结构变换图。由图 8-12(b)可得

$$E(z) = X(z) - Y_1(z)$$
$$Y(z) = G(z)E(z)$$
$$Y_1(z) = GH(z)E(z)$$

对上面三式进行联接，可求得闭环脉冲函数

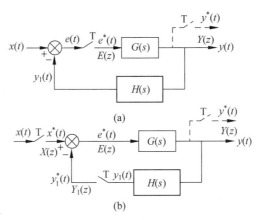

图 8-12　采样控制系统

$$\frac{Y(z)}{X(z)} = \frac{G(z)}{1 + GH(z)} \tag{8-32}$$

2）无误差采样器的情形

无误差采样器的闭环系统方块图如图 8-13(a)所示，图 8-13(b)所示是其等效结构变换图。

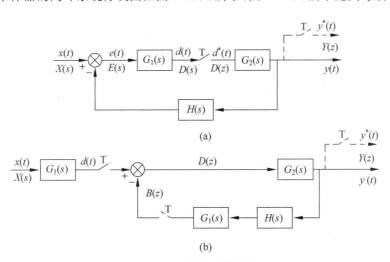

图 8-13　采样系统框图

由于系统没有误差采样器，故误差信号 $e(t)$ 的 z 变换 $E(z)$ 有定义，不难求得

$$E(z) = \frac{R(z)}{1 + GH(z)}$$

则有

$$Y(z) = G_2(z)D(z)$$

$$D(z) = XG_1(z) - B(z) = XG_1(z) - G_2HG_1(z)D(z)$$

消去中间变量后，可得

$$Y(z) = \frac{G_2(z)XG_1(z)}{1 + G_2HG_1(z)} \tag{8-33}$$

由式(8-33)可见,由于式中没有单独的 $X(z)$,因而无法写出 $Y(z)/X(z)$ 的闭环脉冲传递函数形式,而只能得出 $Y(z)$ 的表达式。

典型采样系统及其 $Y(z)$ 和 $\phi(z)$ 见表 8-2。

表 8-2 典型采样系统及其 $Y(z)$ 和 $\Phi(z)$

序号	系统框图	$Y(z)$
1		$Y(z)=\dfrac{G(z)}{1+HG(z)}X(z),\Phi(z)=\dfrac{G(z)}{1+HG(z)}$
2		$Y(z)=\dfrac{G(z)}{1+G(z)H(z)}X(z),$ $\Phi(z)=\dfrac{G(z)}{1+G(z)H(z)}$
3		$Y(z)=\dfrac{XG(z)}{1+HG(z)}$
4		$Y(z)=\dfrac{XG_1(z)G_2(z)}{1+G_1G_2H(z)}$
5		$Y(z)=\dfrac{G_1(z)G_2(z)}{1+G_1(z)HG_2(z)}X(z),$ $\Phi(z)=\dfrac{G_1(z)G_2(z)}{1+G_1(z)HG_2(z)}$
6		$Y(z)=\dfrac{XG_1(z)G_2(z)G_3(z)}{1+G_2(z)G_1G_3H(z)}$

8.5 采样控制系统的性能分析

8.5.1 采样控制系统的稳定性分析

由前面已知,线性连续系统稳定的充要条件是系统特征方程的所有根都位于 s 平面虚轴的左半部,即系统特征方程的所有根都具有负实部。

对线性采样系统进行了 z 变换之后,要用 z 平面分析系统的稳定性。

1. s 平面 z 平面的映射关系

由 z 变换概念知：$z = \mathrm{e}^{Ts}$，T 为采样周期。设复变量 s 在 s 平面上沿虚轴移动，即 $s = \mathrm{j}\omega$，则对应的复变量 $z = \mathrm{e}^{\mathrm{j}\omega T} = 1 \angle \omega T$，它是 z 平面上幅值为 1 的单位旋转向量，相角 ωT 随角频率 ω 而改变。当角频率 ω 由 $-\pi/T$ 变化到 $+\pi/T$ 时，$z = \mathrm{e}^{\mathrm{j}\omega T}$ 的相角由 $-\pi$ 变到 $+\pi$，在 z 平面上画出了一个以原点为圆心的单位圆。

由上可见，s 平面的虚轴在 z 平面上的映射曲线是以坐标原点为圆心的单位圆，如图 8-14 所示。设 $s = \sigma + \mathrm{j}\omega$，则 $z = \mathrm{e}^{Ts} = \mathrm{e}^{\sigma T} \cdot \mathrm{e}^{\mathrm{j}\omega T} = |\mathrm{e}^{\sigma T}| \angle \omega T$，其幅值为 $|z| = \mathrm{e}^{\sigma T}$，当 s 位于 s 平面虚轴的左半部时，σ 为负，这时 $|z| < 1$，反之，若 s 位于 s 平面虚轴的右半部时，σ 为正，这时 $|z| > 1$。所以，s 平面虚轴的左半部在 z 平面上的映象为以原点为圆心的单位圆的内部区域。

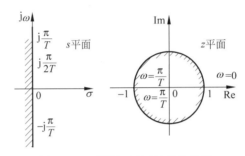

图 8-14　s 平面 z 平面的映射关系

2. 线性采样系统稳定的充要条件

根据以上分析可知，线性采样系统稳定的充要条件是闭环特征方程的所有根（即闭环脉冲传递函数的极点）均位于 z 平面上以原点为圆心的单位圆的内，也就是要求这些根的模均小于 1。

与分析连续系统的稳定性一样，用直接求解特征方程式根的方法判断系统的稳定性往往比较困难，下面介绍一种比较实用的方法。

3. 劳斯稳定判据

连续控制系统中，劳斯稳定判据很容易判别闭环系统的稳定性。

而在采样控制系统中，是将特征方程式中的 z，以 $z = \dfrac{w+1}{w-1}$ 代入后，得到以 w 为变量的方程，再按劳斯稳定判据的方法，即可判别采样系统的稳定性。

例 8-6　设采样系统的方框图如图 8-15 所示，其中 $G(s) = \dfrac{K}{s(s+1)}$，采样周期 $T = 1\mathrm{s}$，试确定闭环采样系统稳定的 K 值范围。

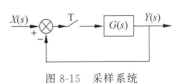

图 8-15　采样系统

【解】

系统的开环脉冲传递函数为

$$G(z) = z\left[\frac{K}{s(s+1)}\right] = \frac{Kz(1-e^{-T})}{(z-1)(z-e^{-T})}$$

则系统的特征方程式为

$$D(z) = (z-1)(z-e^{-T}) + Kz(1-e^{-T})$$

$$= z^2 + (0.63K - 1.37)z + 0.37 = 0$$

将 $z = \dfrac{w+1}{w-1}$ 代入,则有

$$D(w) = (2.74 - 0.63K)w^2 + 1.26w + 0.63K = 0$$

劳斯表为

$$
\begin{array}{lll}
w^2 & 2.74 - 0.63K & 0.63K \\
w & 1.26 & 0 \\
w^0 & 0.63K &
\end{array}
$$

因此,若系统稳定,则应有

$$
\begin{cases}
2.74 - 0.63K > 0 \\
0.63 > 0
\end{cases}
$$

故

$$0 < K < 4.35$$

8.5.2 采样系统极点分布与瞬态响应的关系

研究采样系统的结构、参数对瞬态响应的影响,也可以采用频率法、零点-极点法。这里仅就系统的极点分布与瞬态响应的关系进行讨论。

设系统的闭环脉冲传递函数为

$$\frac{Y(z)}{X(z)} = \frac{U(z)}{V(z)}$$

如假定输入为单位阶跃输入,则 $X(z) = \dfrac{z}{z-1}$,其输出

$$Y(z) = \frac{U(z)}{V(z)}\frac{z}{z-1}$$

为使讨论简单起见,假设无重极点,则上式可改写为

$$\frac{Y(z)}{z} = \frac{A_0}{z-1} + \sum_{i=1}^{n} \frac{A_i}{z - p_i}$$

即

$$Y(z) = \frac{A_0 z}{z-1} + \sum_{i=1}^{n} \frac{A_i z}{z - p_i}$$

取上式的反变换,得

$$y(k) = A_0 + \sum_{i=1}^{n} A_i (p_i)^k$$

式中，p_i 为闭环极点；A_0 为系统响应的稳态分量；$\sum_{i=1}^{n} A_i (p_i)^k$ 为响应的瞬态分量。其中 $A_i (p_i)^k$ 是收敛，还是发散、振荡，完全取决于极点 p_i 在 z 平面上的分布。现讨论如下：

（1）当 $0 < p_i < 1$ 时，极点位于单位圆内的正实轴上，响应为单调收敛，且越靠近原点，收敛越快，如图 8-16 所示。

（2）当 $-1 < p_i < 0$ 时，极点位于单位圆内负实轴上，且当 k 为偶数时，$A_i (p_i)^k$ 为正值；当 k 为奇数时，$A_i (p_i)^k$ 为负值。因此，对应的瞬态分量为正、负交替收敛，或称振荡收敛。

（3）当 $p_i > 1$ 或 $p_i < -1$ 时，极点为单位圆外的实根。当 $p_i > 1$ 时，响应为单调发散；当 $p_i < -1$ 时，响应为正、负交替发散。

（4）当有一对共轭极点时，且分布在单位圆内时，则对应的瞬态分量为衰减的振荡函数，而当分布在单位圆之外时，则瞬态分量呈现发散状态，此时系统不稳定。

（5）如果极点分布在单位圆上时，则瞬态分量呈现持续振荡情况。

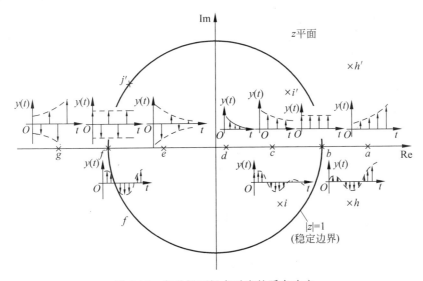

图 8-16　各种闭环极点对应的瞬态响应

综上所述，只要闭环极点位于平面的单位圆内，则该极点对应的瞬态分量总是收敛的；极点离原点越近，收敛越快。

8.5.3　采样系统的稳态误差

设采样系统的框图如图 8-17 所示。该系统的误差为

$$E(z) = \frac{1}{1 + GH(z)} X(z)$$

式中，$X(z)$ 为输入 $x(t)$ 的 z 变换；$GH(z)$ 为开环脉冲传递函数。假设系统是稳定的，且

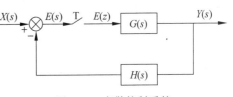

图 8-17　离散控制系统

$E(z)$ 不含有 $z=1$ 的二重及二重以上的极点,则由 z 变换的终值定理得

$$e_{ss} = \lim_{k \to +\infty} e(k) = \lim_{z \to 1}(z-1)E(z) = \lim_{z \to 1}(z-1)\frac{1}{1+GH(z)}X(z) \quad (8\text{-}34)$$

上式表明系统的稳态误差既和输入 $x(t)$ 有关,也和系统的结构和参数有关。由于开环脉冲传递函数 $z=1$ 的极点与开环传递函数 $s=0$ 的极点相对应,因而类似于连续系统,采样系统按其开环脉冲传递函数所含 $z=1$ 的极点数而分为 0 型、Ⅰ型和Ⅱ型系统。下面讨论在典型输入信号作用下,系统稳态误差的计算。

1. 阶跃输入 $x(t) = R_0$

$x(t)$ 的 z 变换为 $X(z) = \dfrac{R_0 z}{z-1}$,由上式得

$$e_{ss} = \lim_{z \to 1}\left[(z-1)\frac{1}{1+GH(z)}\frac{R_0 z}{z-1}\right] = \lim_{z \to 1}\frac{R_0}{1+K_p}$$

式中,$K_p = \lim\limits_{z \to 1}GH(z)$,定义为系统的静态位置误差系数。对于 0 型系统,由于它的 $GH(z)$ 中不含有 $z=1$ 的极点,因而 K_p 为一有限的常值,对应的稳态误差为

$$e_{ss} = \frac{R_0}{1+GH(1)}$$

对于Ⅰ型和Ⅱ型以上的系统,因为它们的 $K_p = +\infty$,所以稳态误差 $e_{ss} = 0$。

2. 斜坡输入 $x(t) = v_0 t$,v_0 为常量

$x(t)$ 的 z 变换为 $X(z) = \dfrac{v_0 Tz}{(z-1)^2}$,由式(8-34)得

$$e_{ss} = \lim_{z \to 1}\left[(z-1)\frac{1}{1+GH(z)}\frac{v_0 Tz}{(z-1)^2}\right] = \frac{v_0}{\lim\limits_{z \to 1}(z-1)GH(z)} = \frac{Tv_0}{K_v}$$

式中,$K_v = \lim\limits_{z \to 1}(z-1)GH(z)$,定义为系统的静态速度误差系数。对于 0 型系统,由于它 $GH(z)$ 的中不含有 $z=1$ 的极点,因而其 $K_v = 0$,对应的 $e_{ss} = +\infty$。对于Ⅰ型系统,K_v 为常值,对应的 e_{ss} 也为一常值。对于Ⅱ型系统,由于其 $K_v = +\infty$,因而对应的 $e_{ss} = 0$。

3. 抛物线函数输入 $x(t) = \dfrac{1}{2}a_0 t^2$,$a_0$ 为常数

$x(t)$ 的 z 变换为 $X(z) = \dfrac{a_0 T^2(z+1)}{2(z-1)^3}$,由式得

$$e_{ss} = \lim_{z \to 1}\left[(z-1)\frac{1}{1+GH(z)}\frac{a_0 T^2(z+1)}{2(z-1)^3}\right] = \frac{a_0}{\lim\limits_{z \to 1}(z-1)^2 GH(z)} = \frac{a_0 T}{K_a}$$

式中,$K_a = \lim\limits_{z \to 1}(z-1)^2 GH(z)$,定义为系统的静态位置误差系数。不难看出,对于 0 型系统和Ⅰ型系统,由于它们的 $K_a = 0$,因而 $e_{ss} = +\infty$。对于Ⅱ型系统,K_a 为一常值,对应的稳态误差 e_{ss} 亦为一常值。

不难看出,上述所得的结果在形式上与连续系统完全相类同。采样系统的稳态误差

除了与系统的结构、参数和输入信号有关外,还与采样周期 T 的大小有关。缩小采样周期 T,将使系统的稳态误差减小。典型输入信号作用下系统的稳态误差见表 8-3。

表 8-3　典型输入信号作用下系统的稳态误差

系统 类型	输入信号		
	阶跃 $x(t)=R_0$	斜坡 $x(t)=v_0 t$	加速度 $x(t)=\dfrac{1}{2}a_0 t^2$
0 型	$\dfrac{R_0}{1+K_p}$	$+\infty$	$+\infty$
Ⅰ 型	0	$\dfrac{v_0 T}{K_v}$	$+\infty$
Ⅱ 型	0	0	$\dfrac{a_0 T^2}{K_a}$

8.6　用 MATLAB 语言设计数字控制系统

利用 MATLAB 语言可以用于离散系统设计,如图 8-18 所示,可以用 c2dm 函数和 d2cm 函数来实现系统的模型转换。c2dm 函数用于将连续系统模型转换成离散系统模型。d2cm 函数用于将离散系统模型转换为连续系统模型。

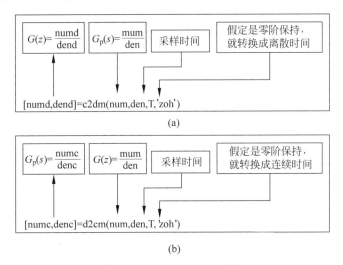

图 8-18　c2dm 和 d2cm 函数
(a) 连续系统模型转换为离散系统的模型;(b) 离散系统模型转换为连续系统的模型

例 8-7　试求 $X(s)=\dfrac{1}{s(s+1)}$ 的原函数 $x(t)$ 的 z 变换。

【解】
将采样周期取为 $T=1\mathrm{s}$,于是有

$$X(z) = \frac{0.3678(z+0.7189)}{(z-1)(z-0.3680)} = \frac{0.3678z+0.2644}{z^2-1.3680z+0.3680}$$

MATLAB 的程序如下:

```
num=[1];
den=[1  1  0];
T=1;
[numz,denz]=c2dm(num,den,T,'zoh');
printsys(numz,denz,'z')
```

运行结果如下:

num/den=

$$\frac{0.36788z+0.26424}{z^{\wedge}2-1.3679z+0.36788}$$

dstep 函数、dimpulse 函数和 dlsim 函数可以用来仿真计算离散系统的响应。有关的说明分别如图 8-19、图 8-20 和图 8-21 所示,其中 dstep 函数用于生成单位阶跃响应,dimpulse 函数用于生成单位脉冲响应,dlsim 函数用于生成任意指定输入的响应。这些函数与用于连续系统仿真的相应函数没有本质差异,它们的输出为 $y(kT)$,而且具有阶梯函数的形式。

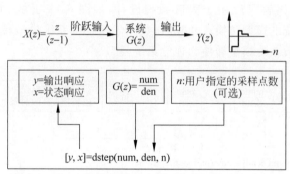

图 8-19　dstep 函数生成对阶跃函数输入的响应 $y(kT)$

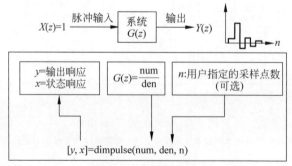

图 8-20　dimpulse 函数生成对脉冲函数输入的响应 $y(kT)$

例 8-8　求闭环 z 传递函数为 $\dfrac{Y(z)}{X(z)} = \dfrac{0.3678z+0.2644}{z^2-z+0.6322}$ 的单位阶跃响应。

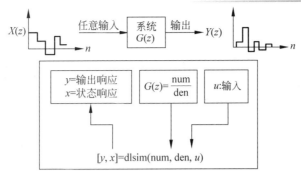

图 8-21　dlsim 函数生成对任意函数输入的响应 $y(kT)$

【解】

MATLAB 的程序如下：

```
num＝[0  0.3678  0.2644];
den＝[1  －1  0.6322];
dstep(num,den)
```

运行结果如图 8-22 所示。

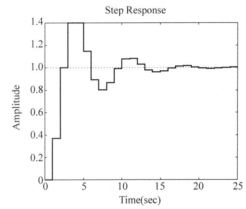

图 8-22　$\dfrac{Y(z)}{X(z)}＝\dfrac{0.3678z＋0.2644}{z^2－z＋0.6322}$ 的单位阶跃响应

习　题　8

1．简答题

（1）计算机反馈控制系统由哪些部分组成？试说明计算机在控制系统中的作用。

（2）试用图说明模拟信号、离散信号和数字信号。

2．计算题

（1）求下列函数的 z 变换：

① $e(t)＝a^n$；

② $e(t)＝t^2 e^{-3t}$；

③ $e(t) = \dfrac{1}{3!}t^3$;

④ $E(s) = \dfrac{s+1}{s^2}$;

⑤ $E(s) = \dfrac{1 - e^{-s}}{s^2(s+1)}$

(2) 求下列 z 函数的反变换：

① $E(z) = \dfrac{10z}{(z-1)(z-2)}$;

② $E(z) = \dfrac{-3 + z^{-1}}{1 - 2z^{-1} + z^{-2}}$

(3) 试求下列函数的初值和终值：

① $X(z) = \dfrac{1}{1 - z^{-1}}$;

② $X(z) = \dfrac{10z^{-1}}{(1 - z^{-1})^2}$;

③ $X(z) = \dfrac{5z^2}{(z-1)(z-2)}$

(4) 已知连续时间信号的拉氏变换式，求其相应离散时间序列的 z 变换：

① $\dfrac{1}{s+a}$；② $\dfrac{a}{s(s+a)}$；③ $\dfrac{1}{s(s+a)^2}$

(5) 系统的方块图如习题 8-1 图所示，求输出量 $y(kT)$ 的 z 变换。

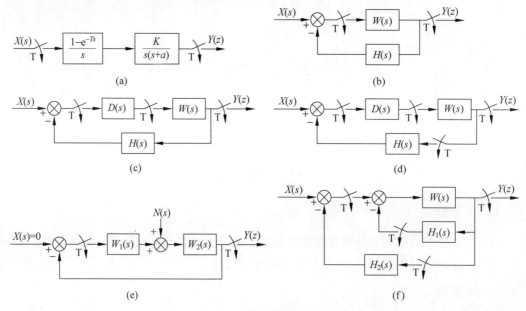

习题 8-1 图

（6）已知系统的特征方程 $z^2-0.632z+0.368=0$,试判断系统的稳定性。

习题 8 参考答案

参 考 文 献

[1] 绪方胜彦.现代控制工程[M].卢伯英,佟明安,罗维铭,译.北京:科学出版社,1976.

[2] 齊藤制海,徐粒.制御工学[M].东京:森北出版株式会社,2003.

[3] 明石一,今井弘之.详解:制御工学演习[M].东京:共立出版株式会社,1981.

[4] 王显正,范崇沱.控制理论基础[M].北京:国防工业出版社,1980.

[5] 杨叔子,杨克冲,吴波,等.机械工程控制基础[M].7版.武汉:华中科技大学出版社,2018.

[6] 钱学森,宋健.工程控制论:下册[M].修订版.北京:科学出版社,1981.

[7] 顾瑞龙.控制理论及电液控制系统[M].北京:机械工业出版社,1984.

[8] 杨自厚.自动控制原理[M].北京:冶金工业出版社,1980.

[9] 刘豹.现代控制理论[M].2版.北京:机械工业出版社,1989.

[10] 胡寿松.自动控制原理[M].7版.北京:科学出版社,2019.

[11] 王积伟,吴振顺.控制工程基础[M].北京:高等教育出版社,2001.

[12] 王益群,孔祥东.控制工程基础[M].北京:机械工业出版社,2001.

[13] 张伯鹏.控制工程基础[M].北京:机械工业出版社,1982.

[14] OGATA K.现代控制工程[M].3版.卢伯英,王海勋,等译.北京:电子工业出版社,2000.

[15] 纳格拉思,戈帕尔.控制系统工程[M].刘绍球,李连升,崔士义,译.北京:电子工业出版社,1985.

[16] 黄忠霖.控制系统MATLAB计算及仿真[M].北京:国防工业出版社,2001.

[17] 薛定宇.反馈控制系统设计与分析:MATLAB语言应用[M].北京:清华大学出版社,2000.

[18] 楼顺天,于卫.基于MATLAB的系统分析与设计:控制系统[M].西安:西安电子科技大学出版社,1998.

[19] 董景新,赵长德,郭美凤,等.控制工程基础[M].4版.北京:清华大学出版社,2015.

[20] 杨振中,张和平,韩致信.控制工程基础[M].北京:北京大学出版社,2007.

[21] 胡寿松.自动控制原理习题解析[M].北京:科学出版社,2007.

[22] 中国机械工程学科教程研究组.中国机械工程学科教程(2017年)[M].北京:清华大学出版社,2017.

[23] 李郝林.机械控制工程基础[M].北京:清华大学出版社,2014.